면역의 힘

Immunity

The Science of Staying Well

면역의 힘

살면서 마주하는 모든 면역의 과학

(보관용)

처방전

Immunity:
the Science of Staying Well

제나 마치오키 지음
오수원 옮김

웅진
북

✓ 복잡한 면역을 한 번에 정리해주는 면역의 바이블
✓ 면역력 증강 라이프스타일 집대성

목차

팬데믹 시대를 위한 서문

다시 시작된 감염의 시대,
우리가 유일하게 통제할 수 있는 것은
면역을 위한 삶 그 자체다

오늘날 우리의 면역계가 마주하는 질병의 스펙트럼은 크게 달라졌다. 애초에 내가 이 책을 쓰는 데 박차를 가하게 된 것도 바로 이러한 변화 때문이었다. 공중위생과 백신과 항생제를 통해 우리가 살고 있는 현대의 문이 열렸고 인류의 건강도 그에 맞추어 변화를 겪었다. 이제 세균은 더 이상 인류 제일의 적이라고 간주되지 않지만 건강을 지키기 위한 전쟁은 분명 끝나지 않았다. 현재 세계적으로 유행하는 비전염성질환과 생활 습관 관련 질환들은 팬데믹(세계적으로 전염병이 대유행하는 상태를 의미하는 말로, 세계보건기구의 전염병 경보단계 중 최고 위험 등급에 해당된다–옮긴이) 수준에 이르렀다. 이러한 팬데믹은 현대인의 생활 속으로 잠입한 이후 지난 수십 년에 걸쳐 아무도 모르는 사이에 조용히 자신의 면모를 드러내고 있다. 현대인의 생활환경은 운동 부재, 넘쳐나는 음식, 퇴근해도 끝나지 않는 일 스트레스, 잠들지 못하도록 유혹하는 끊임없는 영상과 볼거리로 그득하다. 전보다 수명은 길어졌을지 모르지만, 현대인은 감염질환 대신 암, 심장병, 알츠하이머병 같은 비전염성질환에 걸려 사망할 확률이 더 높다. 물론 과거 세대가 감당해야 했던 감염질환에서 해방된 것은 큰 변화다. 하지만 우리는 점점 더 병들고 있으며 그 원인은 감염이 아니다.

대부분의 감염에서 해방된 것은 희소식이다. 나쁜 소식은 코로나19가 새삼 일깨워주듯, 감염질환이 완전히 사라진 것은 아니라는 사실이다. 코로나19의 원인은 전 세계적 유행병을 일으키는 새 바이러스일 수 있다. 하지만 동시에 아주 오래되고 익숙한 적의 귀환을 알리는 표지이기도 하다. 인류 역사상 가장 많은 인간을 죽음으로 몰아넣은 것은 눈에 보이지 않는 아주 작은 미생물이다. 이 글을 쓰는 현재(2020년 4월 1일 기준) 전 세계에서 코로나19 확진을 받은 환자는 47만 명이 넘었고 사망자는 2만 명 이상이다. 남극을 제외한 모든 대륙이 코로나19의 영향에서 자유롭지 못하다. 확진받지는 않았지만 감염되었을 가능성이 있는 환자 수는 두말할 나위 없이 훨씬 더 많을 것이다. 말 그대로 팬데믹 상황이다. 2020년 3월 11일 세계보건기구가 마침내 팬데믹 선언을 하기 훨씬 전부터 이미 그랬을 것이다. 대부분의 사람들은 병이 닥쳐오는 것을 보지 못했다. 이는 인류 전체에게 엄연한 진실을 일깨워주는 지표일 수 있다.

코로나19 팬데믹 때문에 이제 세계의 사람들은 벌떡 일어나 앉아 세균에 주목하기에 이르렀다. 일종의 인지 변화가 일어난 것이다. 이제 팬데믹을 화제로 다루지 않는 대화는 시시해 보이기까지 한다. 이렇게 코로나19가 우리의 관심을 붙잡고 있는 동안에도 우리의 수호자인 면역계를 돌보기 위한 비법과 요령들은 전 세계의 대화 석상에서 여전히 견고한 자리를 차지하고 있다. 사스-코로나바이러스2SARS-

CoV-2라고도 불리는 코로나19는 우리가 얼마나 취약한 존재인가에 관한 고통스러운 방증이다. 이는 아마도 현대인의 생활 속에 전염성을 지닌 다른 많은 측면이 있기 때문일 것이다. 비만, 고독, 그리고 수많은 심리사회적 · 사회경제적 문제들이 다 함께 인류의 면역력을 조용히 좀먹고 있는 것이다. 질병이건 감염이건 혹은 다른 무엇이건 새 환자의 숫자가 회복자의 숫자를 넘어서는 경우 그것은 인구 집단 내에서 거점을 확보하게 된다. 비전염성질환으로 인해 조기에 사망하는 사람들의 비율이 전 세계적으로 늘고 있고, 이러한 패턴은 팬데믹과 유사한 점이 있지만 공공보건 전문가들은 비전염성질환에 팬데믹이라는 이름을 붙이는 시각이나 조치를 예나 지금이나 탐탁지 않아 하며 저항하고 있다.

감염질환과 비감염질환 혹은 비전염성질환은 서로 배타적인 현상이 아니다. 비전염성질환은 감염이 일어날 경우 심각한 질병으로 악화되는 데 주도적으로 기여하는 위험 요인이기 때문이다. 게다가 감염성 팬데믹과 다른 계절성 감염으로 인한 사망률이 폭발적으로 증가하고 나면 그 후에는 대개 다른 원인으로 인한 사망자들이 집단적으로 늘어난다. 특히 심장발작과 뇌졸중으로 인한 사망자들이 많다. 감염질환과 별 관련이 없어 보이는 이러한 사망률의 증가는 면역계의 염증반응이 간접적으로 초래한 부수적 피해의 결과다. 아직 알아내야 할 것은 많지만 코로나19를 단순히 호흡기질환으로만 여기는 것은 올바른 이해가 아닐 수 있다.

팬데믹 같은 건강상의 부정적 추세가 급속도로 퍼지고 있는데도 인간의 사고는 이러한 흐름을 따라잡지 못한 채 여전히 과거에 묶여 있다. 만성질환을 개인의 고통으로만 돌리는 잘못된 생각이 우리 사회에 아직도 가득하다. 그 결과 우리 또한 비만 같은 만성질환에 시달리는 특정 개인을 탓하는 문화를 되풀이한다. 오히려 코로나19라는 팬데믹 탓에 사회 전체를 봉쇄하는 지옥의 경계를 오가면서 면역계 이면의 진실 하나를 깨닫게 되었다고 보아야 할 것 같다. 감염질환과 비전염성질환은 개인 층위가 아니라 인구 전체의 층위에서 맞붙어 싸워야 하는 대상이라는 진실이다. 면역은 생명현상이지만 사회적 현상이기도 하다. 감염질환과 비전염성질환 모두 우리가 구축한 보건 시스템 전체를 휘청거리게 만들 만큼 어마어마한 비용을 치러야 한다. 물론 감염질환보다는 비감염질환이 시스템을 압도하는 강도와 속도가 더 느리고 비가시적이긴 하다. 게다가 특별히 진단받은 질환이 없어도 대부분의 사람들이 늘 최상의 몸 상태보다 20퍼센트는 못한 상태로 살아가고 있다고 느끼는 21세기식 생활환경에서는 이러한 추세가 쉽게 역전되기도 어렵다. 현대인은 대부분 면역계가 원하는 것을 충분히 충족시키지 못하고 있다는 신호를 무시하고 살아왔다. 이제는 더 이상 안 된다. 면역계가 보내는 신호에 귀를 기울여야 한다.

코로나19바이러스에 면역력이 있는 사람은 없다. 이 팬데믹이 일깨워준 것은, 일부 사람들은 다른 사람들보다 이 바이러스에 취약하다는 사실이었다. 면역에는 나이나 다른 특성에 따른 서열 또한 거의 없다. 면역계는 그 정도로 단순하지 않다. 당신이 '지나치게 어리지도 지나치게 늙지도 않은 건강한 성인' 범주에 든다고 해도 누구의 면역계가 바이러스에 과민반응을 보여 그를 위험에 빠뜨리는 배신자가 될지 알 수 있는 단서는 거의 없다는 뜻이다. 면역계의 복잡한 메커니즘을 파악하는 일이야말로 면역학의 성배로 남아 있는 작업이다. 1장에서 논하겠지만 우리의 '적합유전자'는 감염질환에 대한(그리고 필시 비감염질환에 대한) 유전적 취약성을 설명해줄 수 있는 원형이 될 만한 후보다. 인간의 유전자는 총 2만 5000개 정도다. 우리 각자는 이 유전자 세트를 비슷하게 갖고 있지만 그 가운데 개인차가 가장 심한 유전자는 면역 적합유전자다. 이 적합유전자는 지문과 같아서 개개인을 고유하고 독특한 존재로 만든다.

인류종 전체를 보호해주는 요소는 종 전체가 고유하게 보유하고 있는 면역 다양성이다. 그러나 종을 아우르는 면역의 특성 말고도 인간은 개인마다 다 다르다. 또 그래야 마땅하다. 이것이 인간종 전체가 멸종하지 않고 지금껏 살아 있도록 유지해준 진화의 방식이기 때문이다. 인간이 모두 감염에 똑같이 반응한다면 지금쯤 인류는 아예 생존 가망이 없을 것이다. 또 다른 한편으로 진화를 통해 배울 수 있는 진실이 하나 더 있다. 세균이라는 녀석은 똑같은 기회를 찾아다니는 킬러가 아니라는 점이다. 1918년에서 1919년까지 전 세계에서 유행했던 스페인독감은 젊고 건강한 성인을 표적으로 삼았던 반면 코로나19는 노인층, 그리고 이미 건강이 약해진 사람들을 겨냥하는 경향이 있다.

코로나19는 또한 우리가 감염을 예방할 수 있다는 점도 가르쳐준다. 그러나 감염을 예방하려면 초현대적인 대응책뿐 아니라 실제로 중세적 대응이라고밖에 할 수 없는 방책도 필요하다. 전 세계 과학자들은 첨단 연구와 기술을 활용하여 감염을 이해하고 정보를 공유하며 전 세계적으로 협력한다. 따라서 전보다 훨씬 더 빠른 속도로 일이 진행된다. 그러는 동안 우리 사회가 효과적으로 이 감염에 대처할 수 있는 방안은 사회를 폐쇄하는 것, 즉 봉쇄다. 우리 조상들이 전염병의 발발을 중단시키기 위해 시도했을 법한 조치와 그다지 다르지 않은, 그야말로 중세적인 접근법이다. 지금쯤이면 누구나 과할 정도로 개인위생에 신경을 쓰기 시작했을 수 있다. 그러나 과하다 해도 이러한 변화는 '기침과 재채기는 질병을 일으킨다는 것', 그리고 손 씻기가 감염질환 예방의 초석이라는 것, 그런데도 그동안 우리가 이러한 규칙을 제대로 지키지 않았다는 것(혹은 최소한 충분한 시간 동안 지키지 않았다는 것)을 적시에 상기시켜주는 데 효과적인 지표일 수 있다.

전 세계가 하나의 질병에 맞서 유례없는 대응을 진행하는 와중에 우리는 자문한다. '팬데믹은 대체로 얼마나 오래 지속되는가?'라는 물음이다. 인류는 20세기 최악의 재앙을 이미 망각했다. 불과 100여 년 전에 발병했던 소위 '스페인 독감'이라 불리는 재앙이다. 누가 됐건 지금 현재 할 수 있는 최선의 말은 다음과 같다. 질병의 단서를 찾기 위해 질병의 모델을 만드는 전문가들이 자주 하는 격언이다. "팬데믹 하나를 보았다면… 그 팬데믹 하나를 본 것뿐이다(일반화할 수 있는 팬데믹 패턴은 존재하지 않는다는 뜻—옮긴이)." 코로나19는 독감과 행태가 다르며 독감은 또 에볼라바이러스와 행태가 다르다. 공통점이 없지는 않지만 규칙은 다르다. 진실은 이렇다. 이 팬데믹의 물결이 쓸려나가려면 오랜 시간이 소요될 수 있다는 것, 얼마나 오랜 시간이 들지 실제로 아는 사람은 없다는 것이다.

하지만 사회를 봉쇄하는 동안 우리의 면역은 어떻게 되는 것일까? 생활은 전과 달라졌다. 이제 정상적인 생활을 영위하는 것은 당분간 불가능하다. 누구나 혼란에 빠진 자기 모습을 발견하게 된다. 일상생활이 힘들어진 가운데 지구상 어느 곳에서나 수면 패턴은 엉망진창이 되어버렸고 평소에 지키던 리듬과 일상은 제자리를 이탈했다. 사람들은 조금이라도 더 움직이려 고군분투한다. 이 와중에서 또 빠른 즉효 방안을 탐색하기 시작한다. 술과 정크푸드는 기운을 북돋기 위한 손쉬운 방책처럼 느껴진다. 또 한편으로는 '면역력을 증강하기 위한 보조제'를 검색한다. 팬데믹으로 인해 긴급해진 요구들은 평소와 다른 독특한 환경과 필요를 생겨나게 하지만, 이러한 환경과 필요는 우리의 장기적인 건강에 필요한 핵심 사항과 반드시 일치하지는 않는다. 그러나 면역계를 돌보는 일은 팬데믹이 횡행하는 동안만이 아니라 평생 동안 해야 할 일이다. 코로나19 이전이 있었듯이 그 이후에도 인류는 살아가야 한다.

세계적으로 사망률의 주된 원인은 이미 비전염성질환이 되었을 수 있다. 비전염성질환이 세균을 앞질러 전 세계의 사망률을 견인하고 있을 수 있다는 뜻이다. 그럼에도 불구하고 코로나19라는 팬데믹은 미생물의 힘이 얼마나 큰지를 일깨워주는 기준으로서, 그리고 우리의 생활 방식과 사회라는 생태계가 그동안 얼마나 취약해졌는가를 알려주는 척도로서 중요하다. 사람들은 실제로 세균 때문에 패닉에 빠지고 어쩔 줄 몰라 한다. 세균은 도처에 존재하고 그중 99퍼센트는 인간에게 전혀 해가 되지 않는데도 사람들의 태도는 바뀌지 않는다. 사실 많은 감염성 바이러스는 20세기 백신의 눈부신 발전으로 궁지에 빠져 있는 상태다. 그러나 모든 바이러스백신이 개발되어 있는 것은 아니다(가령 HIV백신은 없다). 게다가 전례 없을 만큼 빠른 속도로 전 세계 사람들이 이곳저곳을 움직여 다니게 되면서 신종 바이러스도 속속 출현하고 있다. 이제 팬데믹의 위협은 인류 사회 언저리를 맴돌며 인류를 유혹하고 있는지도 모른다.

팬데믹 예방 조치로 인해 사람들은 이제 손 세정제를 과도하게 사용한다. 그러나 알코올을 기반으로 만든 손 세정제를 과도하게 쓰는 경우 피부를 덮고 있는 정상적인 세균총까지 제거될 수 있다. 언뜻 생각하면 이해가 가지 않지만, 이로 인해 장기적으로 다른 감염과 건강상의 위험이 커질 수 있을까? 3장에서 설명하겠지만 우리는 과거 수십 년에 걸쳐 감염성 세균을 모조리 제거하려는 시도가 있었다는 것을 알고 있다. 이미 유익한 세균 중 너무 많은 것을 제거해버린 듯하다. 우리 건강의 동맹군인 유익한 미생물을 파괴하는 경우 면역계의 정상 발전이 저해되어 궁극적으로는 면역계의 교란 확률이 높아질 수 있다.

유익한 세균과 관련해 말하자면, 세균은 분명 바이러스보다는 평판이 좋다. 장내 건강을 지키자는 매력적인 마케팅이나 광고의 상승세도 바이러스가 아니라 세균으로 인한 것이다. 바이러스는 세균처럼 눈부시게 좋은 대접을 받지 못한다. 영국의 생물학자 피터 브라이언 메더워는 바이러스를 "단백질 막에 싸인 나쁜 소식"이라고 정의한 바 있다. 라틴어로 독을 뜻하는 바이러스는 도처에 있다. 독감에 걸리지 않았다고 해서 몸 안팎에 바이러스가 득실대지 않는다는 뜻은 아니다. 인간의 몸에 상주하는 바이러스 총체를 인간 바이롬virome이라고 한다. 이에 대한 우리의 이해는 형편없는 수준이다. 하지만 모든 바이러스가 우리를 아프게 하지 않는다면 나머지 바이러스들은 도대체 무엇을 하고 있는 것일까? 바이러스는 노출된 신체 표면의 온갖 부위를 뒤덮고 있으며, 내부에는 훨씬 더 많다.

인류가 싸우는 적은 팬데믹만이 아니다. 소문과 잘못된 정보의 '인포데믹infodemic(위기, 논란 혹은 사건과 관련하여 입증되지 않은 정보가 빠르게 확산하는 현상-옮긴이)'도 만만치 않은 적이다. 익명의 전문가들이 써놓은 입증되지 않은 정보를 복사해 붙인 게시물이 소셜미디어에 홍수처럼 유입되고 있다. 이는 미심쩍은 조언이나 부정확한 정보의 확산을 촉진시키며 세균보다 더 빠르게 퍼져나간다. 바이러스를 방불케 할 지경이다. 과거 팬데믹이 횡행할 때도 잘못된 정보는 퍼져나갔지만 소셜미디어가 전 세계로 정보를 쏜살같이 실어 나르면서 편견 가득한 정보는 유례없는 속도로 증폭된다. 정신 건강은 신체 건강과 다를 바 없다. 5장의 내용처럼 면역계는 감지 체계로서 뇌와 끊임없이 접촉하고 있다. 불확실성은 공포를 키운다. 늘 가동되는 현대식 미디어에서는 채워야 할 방송 시간이 엄청나다. 미디어에서 끊임없이 퍼붓는 나쁜 소식은 스트레스와 절망감을 보탠다. 게다가 미디어는 대체로 장기적인 관점에서 팬데믹을 전망하지 않는다. 뉴스의 양을 최소화하고 가능하면 텔레비전이나 인터넷, 소셜미디어를 멀리하라.

팬데믹이 강타할 때 벌어지는 일 가운데 많은 것은 너무도 압도적이라 우리의 통제 범위를 벗어난다. 그렇지만 가능한 범위 내에서 개개인이 할 수 있는 일은 분명 있다. 생산성을 주제로 글을 쓰는 저술가 스티븐 코비Stephen Covey 박사가 말한 명언이 떠오른다. "나는 상황이 아니라 내 결정의 산물이다." 우리는 적응하고 창조해야 한다. 적응과 창조야말로 생명체가 실행하도록 설계된 작용이다. 정상 상태에 대한 감각을 보존하기 위해 노력하고, 매일과 매주 각자의 리듬과 일상을 창조하는 일은 어느 날 떨어지는 갑작스러운 행운보다 더 강하게 자신을 보호해주는 힘이다. 게다가 적응과 창조를 실천하는 경우 자신이 행위의 주체라는 느낌, 재난이 닥치기 전에 먼저 능동적으로 조치를 취한다는 의식도 얻을 수 있다. 행운과는 비교할 수 없을 만큼 근사한 선물이다. 이러한 의식은 심리적으로 중요하다. 그리고 바로 그런 이유로 면역에도 매우 중요하다.

봉쇄 상황에서 바깥출입도 못 한 채 권태로운 생활을 이어가야 할 때는 할 수 있는 일이 그다지 많지 않다. 집에서 꼼짝 못 한 채 스크린에 붙어 움직이지 않는 생활에 빠지기 쉽다. 그러나 지금이야말로 면역력을 챙기기 위해 움직여야 할 때다. 자신의 림프계를 아끼고 스트레칭을 휴식으로 삼고 운동을 간식으로 삼아야 한다. 아주 미미한 움직임이라도 상관없다. 모두 중요하다. 온종일 움직이고, 또 움직이라. 꼭 움직이라. 집에서 하는 운동은 복잡하지 않아도 되고, 대부분 연령과 능력에 맞춘 운동이라 선택지도 다양하다. 특히 30세가 넘은 사람들은 근력운동을 빠뜨리면 안 된다. 30세가 넘으면 자연스러운 노화의 일부인 사코페니아라는 과정을 통해 뼈와 근육이 쇠퇴하기 시작하기 때문이다. 근육은 쓰지 않으면 잃게 된다. 그리고 6장에서 논하겠지만, 운동은 면역에 큰 영향을 끼친다. 폭식과 폭음은 비단 넷플릭스와 관련된 문제만이 아니라 봉쇄 기간 내내 스트레스성으로 빠져들기 쉬운 덫이다. 7장에서 다룰, 지속적이고 과도한 열량 섭취는 정밀한 면역 방어에 치명적으로 나쁜 소식이다. 슈퍼 푸드를 먹는다고 서두르기 전에 우선 식사의 일관성을 목표로 삼으라. 다량의 섬유질과 식물성 영양소를 포함시키되 양질의 지방과 단백질에 집중하라. 그러나 무엇보다 중요한 것은 맛을 무시하지 말라는 점이다. 식사 시간에 자신을 챙기기 위해 소소하지만 규칙적으로 밖으로 나가서 장을 보라.

아무리 완벽하게 대응한다 해도 팬데믹은 끝나지 않을 것이다. 이런 상황에서 누구나 해야 할 역할이 있다. 개인들에게는 지금 이 시기야말로 자신의 취약함과 보잘것없음에 무기력을 느끼는 때다. 하지만 팬데믹 기간은 자신에게—그리고 서로에게—인류 가족의 구성원이 된다는 것이 무엇을 의미하는지 일깨워줄 수 있는 절호의 기회이기도 하다. 팬데믹과 봉쇄로 인해 생활 방식을 갑자기 바꾸어야 하는 변화의 시기를 맞이하면서 자신에게 유익하지 않았던 생활 습관의 측면을 더 잘 인식할 기회가 되기를 바란다. 언젠가 우리는 2020년의 팬데믹이 모든 것을 바꾸어놓았다는 점을 되새길 것이다. 그렇다면 지금 어쩔 수 없이 대면해야 하는 일상생활의 붕괴를 더 나은 삶으로 나아가는 변화의 기폭제로 바라보는 것이 어떨까? 휘청거리는 작은 발걸음이지만 장기적인 게임이 될 건강에 집중하는 일부터 시작해보라. 단, 유념해야 할 점이 하나 있다. 모든 것을 확 바꾼 다음 상황이 다 끝나면 제자리로 돌아가리라 작심하며 순식간에 열정을 불사르는 무모함만은 피하자.

2020년 4월

제나 마치오키

의료 전문가들께 드리는 말씀

이 책에서 나는 내 전공인 면역학에서 현재 진행되는 커다란 논의의 일부를 소개했다. 그리고 내가 하고 싶은 이야기와 개인적 경험담, 면역이라는 주제를 향한 열정을 버무려놓았다. 면역계라는 고요한 세계와 그곳에 담겨 있는 복잡하고도 거대한 과학, 이를 향한 경외감도 전하고 싶었다. 이 책은 면역계 지식을 총체적으로 정리한 내용이 아니며, 그럴 수도 없다. 일반 독자가 이해할 수 있도록 과학 개념과 논의를 가능한 한 명확하고 쉽게 전달하려고 애썼다. 원하는 만큼 깊이 있는 내용을 다룰 수 없었다는 점을 이해해주기 바란다. 교과서 수준의 완벽한 설명을 제시하기보다는 더 넓은 최근 쟁점들에 집중하면서, 현대적인 생활 방식과 급속한 환경 변화가 어떻게 면역을 형성하고 면역과 상호작용 하는지에 관해 전하고자 했다. 증거를 바탕으로 논의를 진행해야 했기 때문에 문헌을 뒤지고 동료들과 의논하고 다른 전문가들에게 조언을 구했다. 그뿐 아니라 다양한 정보에 사례연구와 대체요법 문헌까지 추가하여 균형 있고 유기적인 정보를 제공하려고 노력했다. 구할 수 있는 유일한 '증거'가 너무 부족한 경우도 있었고 엄정성이 떨어지는 경우도 있었다. 그러나 가능한 한 엄밀하게 접근하고자 노력했음을 알린다. 결국 책 한 권으로 전할 수 있는 이야기는 한정되어 있다. 이 책이 앞으로 나올 이야기의 제1편이 되기를 바란다.

1장

우리 시대의 건강법

'질병을 막을 수 있는 궁극의 방법은 없다.
모래 흐르듯 부단히 지속되는 노화가 있을 뿐.'

매트 리들리Matt Ridley

동물학 박사, 과학 저널리스트
『이타적 유전자The Origins of Virtue』 저자

미국 국립의학도서관National Library of Medicine이 기술한 바에 따르면, 인간의 면역계는 '몸에서 가장 복잡한 체계'다. 면역계는 인간의 몸 구석구석을 아우르는 세포와 분자의 거대한 집합체다.

면역이란 대체 무엇인가?

면역immunity이란 단어는 '면제'라는 뜻이 있는 라틴어 '이무니스immunis'에서 유래했다. 면역이란 인간 면역계(건강을 유지해주는 생명의 다양한 방어 체계)의 기술과 역량을 가리킨다. 면역계는 조용한 경이로움이다. 인간이라면 누구나 자신의 심장이 뛰고 있으며 매 순간 숨을 들이쉬고 내쉰다는 사실을 알지만, 자기 몸의 면역계에 관해서는 거의 알지 못한다. 하물며 면역계가 몸의 건강을 유지하기 위해 맡고 있는 수많은 기능에 대해서는 더 말할 것도 없다. 면역계라는 강력한 체계는 달갑지 않은 감염에 저항하고, 몸의 질서와 균형을 유지하며, 상처를 치유함으로써 건강을 지킨다. 한마디로 면역계는 건강의 기초다.

면역계를 다루는 면역학은 이례적일 만큼 풍성하고 복잡하다. 면역학은 지난 30년 동안 현대 의학의 모습을 바꾸어놓았다. 지금이야말로 면역학 지식의 힘을 활용할 적기다. 면역학이 연구해놓은 내용을 살펴 건강을 증진시키는 데 활용하자. 이 책 또한 바로 그런 일을 하고

자 한다. 최신 과학 연구를 바탕으로 면역학에서 발견한 놀라운 지식을 훑어보는 여정이 여러분을 기다리고 있다. 이 책을 통해 면역계의 안팎을 파악하고 그 작동 원리의 본질을 이해하게 될 것이다.

몸속 하나의 체계가 아플 때와 건강할 때 모두 생명 활동의 수많은 측면을 관장하는 것은 흔한 일이 아니다. 그렇기 때문에 면역계는 이해하기 불가능한 신비의 영역 같다. 하지만 사실은 목적의 다층성과 단순성을 동시에 보여주는 완벽한 모범이다.

면역계는 건강 유지를 위한 가장 귀중한 자산이다. 그러나 우리가 면역계라는 본질적인 방어 체계가 지닌 진가를 알아보게 되는 것은 뭔가 잘못되었을 때다. 겨울 내내 감기에 시달리다 정신없이 비타민C를 찾아 먹고 나서야 면역계에 고마움을 느끼는 식이다. 면역계가 빚어내는 다른 기적은 또 어떠한가? 만약 면역계가 매년 추운 겨울이 시작하는 몇 주 동안만 존재한다면 모두 심각한 곤경에 처하게 될 것이다. 면역계는 날씨가 추울 때뿐 아니라 대부분의 시기에 눈에 띄지 않는 후미진 곳에서 자기 역할을 충실히 해내고 있다. 그러나 정작 우리는 면역계의 노동을 눈치채지도 못한다. 면역계는 신체적 · 정신적 건강의 온갖 측면과 밀접히 얽혀 있고 건강과 장수의 기초를 닦는 역할을 충실히 수행하고 있다.

면역계는 경이로울 정도로 복잡하고 정교한 체계다. 하지만 면역계의 존재에도 불구하고 자가면역질환부터 알레르기, 정신 건강과 신진대사 문제, 심지어 암까지 병이라는 복병은 도처에 널려 있다. 현대인은 건강과 행복에 병적으로 매달리지만 오히려 옛날보다 점점 더 병들고 불행해지고 있다. 나날이 빨라지는 생활의 속도와 무자비한 스트레스, 공해, 과식, 몸을 움직이지 않는 생활까지 이 모든 것 때문에 섬세한 균형을 유지하고 있는 면역이 쉽게 위태로워진다. 흔히 말하는 '건강한' 현대인의 삶이라는 것이 실제로는 병든 삶일 수 있다. 현대인은 다른 어떤 원인보다 생활 방식 관련 질환으로 사망할 확률이 더 높아졌다. 그러나 그중 많은 질병은 건강을 잘 챙긴다면 예방할 수 있다.

이제 현대 면역학을 탐색하는 여정을 시작하자. 면역계가 환경, 느낌, 감정과 개인의 건강을 연결하는 역할을 하는 이유가 무엇인지, 거의 아프지 않은 사람들의 비결은 무엇인지, 만성질환이 있다면 어떻게 해야 할지, 그리고 면역력 '증강'이 실제로 무슨 뜻인지 알게 될 것이다.

건강에 없어서는 안 될 면역이라는 거대하고 섬세한 체계에 대한 끝 모를 경외감은 내 일과 삶을 이끄는 추진력이다. 나는 어릴 때부터 인간의 몸과 건강, 질병에 깊은 흥미를 느꼈다. 요리사였던 어머니는 건강이 각자에게 달렸다는 굳은 신념으로 내게 전통 요리를 가르치셨다. 그 시절 배운 요리의 기초는 역시 엄마가 된 내 생활에서 꼭 필요한 도구가 되었다. 어머니는 사람들 사이에서 전해지는 미심쩍은 이야기들을 독창적으로 전하는 데 일가견이 있으셨다. 어머니의 말씀에는 아직 손대지 않은 지혜가 무궁무진했고, 그 지혜가 불러일으킨 호기심은 내내 사라지지 않았다. 결국 그 이야기들은 과학과 삶을 잇는 내 활동들에 중요한 자양분이 되어주었다.

면역계에 관해 더 많이 알아갈수록 내가 배운 지식에 맞추어 생활 방식을 바꾸어갔다. 그리고 건강을 지키기 위해 노력하는 현대인의 생활 방식 탓에 오히려 면역력이 엇나가는 모습을 보았고, 의구심이 들기 시작했다. 나는 요즘에도 매일 실마리를 찾아 헤맨다. 면역계의 진화를 살피고 인간의 건강을 만들어온 전통적 생활 방식을 생각한다. 전통적인 생활 방식을 반짝거리는 현대의 방식으로 갈아치우면서 결국 빈대 잡으려다 초가삼간 태우는 꼴이 된 것은 아닐까. 이 질문이 끊임없이 뇌리를 맴돈다. 앞으로 펼칠 한 장 한 장의 논의에서 대답해야 할 질문이다. 어떻게 해야 우리가 알고 있던 면역에 관한 지식을 전통적인 방식을 통해 복원하고, 이를 과학으로 뒷받침할 수 있을지도 탐색하려 한다. 이 책을 읽으면서 염두에 두어야 할 점이 있다. 면역계가 꾸불꾸불 몸을 움직이는 문어와 비슷하다는 사실이다. 면역계는 변화무쌍하게 움직이는 성질 때문에 지나치게 단순화해 다루거나 사안별로 따로따로 다루기가 어렵다. 한 가지 사항을 알게 되어도 또 다른 사실이 튀어나와 전에 알았던 사실이 쏙 빠져나가 버리기 때문이다. 문어를 닮은 면역계와 관련된 수많은 질문에 '변수가 많다' 혹은 '복잡하다'라는 말로 시작되는 대답을 들을 수 있다. 건강과 행복의 비결을 알아내는 일은 단순하지 않다. 그 비결을 이해하려면 새로운 아이디어가 기존의 생각과 반대되는 내용으로 보이더라도 개방적인 태도를 가져야 한다. 동시에 낡은 개념과 새로운 개념 모두 꼼꼼히 검토해야 한다. 중요한 건 균형이다.

면역계가 이미 엄청난 힘을 지녔는데도 우리는 음식이나 운동이나 건강을 위한 행동으로 면역력을 '키우라'는 말을 자주 듣는다. 면역계의 상호 연계성과 복잡성에 관해 알아야 할 것이 아직 많다. 그럼에도 분명한 점 하나는, 면역계라는 전체 체계가 제대로 작동하기 위해서는 증강이 아니라 **균형**이 필요하다는 사실이다. 지금부터 면역계의 균형이라는 말이 건강에 어떤 의미인지 설명할 것이다. 이 여정을 잘 따라와 주시길.

감염 보호

면역계란 나와 나를 부단히 위협하는 미생물균(세균으로 대표되는 미생물은 세균, 균류, 바이러스를 포함하는 미세한 유기체로서 육안으로 볼 수 없을 만큼 작다) 사이에 존재하는 모든 것을 뜻한다. 히포크라테스(기원전 460~377년)는 질병을 과학적으로 설명한 최초의 인물이다. 그는 4체액설(황담즙, 흑담즙, 점액, 혈액)이라는 이론을 주장했다. 네 가지 체액이 균형을 이루고 있을 때 건강하며, 체액의 균형이 깨지면 병이 든다고 보는 이론이다. 4체액설에 따르면 질병은 네 가지 체액 중 한 가지가 지나치게 많아지는 데서 비롯된다. 그 원인은 미아즈마miasma(썩은 물질에서 나오는 독성 가득한 공기)나 미아즈마타miasmata(폐기물이나 퇴비나 사체처럼 썩어가는 유기물질에서 나오는 공기)라고 생각했다. 지금 우리에게는 괴상하게 들리지만 당시에 사용할 수 있었던 도구와 기술에 한계가 있었다는 뜻이기도 하다. 세균을 '볼' 방법이 없었던 당시의 학자들에게는 최선이었을 것이다. 1800년대 후반, 대상을 찔러 살피는 장비와 기술이 발전하면서 루이 파스퇴르Louis Pasteur(면역학의 아버지)

와 동시대 연구자들은 '세균설germ theory'을 창안했고 이 이론은 곧 4체 액설을 대신하는 이론이 되었다. 대부분 면역을 생각할 때 세균은 해로운 존재이고 면역계의 백혈구는 우리 몸을 지켜주는 보호자라는 세균설을 떠올린다. 물론 건강과 면역의 어떤 측면도 그렇게 간단하지는 않다.

면역은 본디 나의 것(자기self)과 세균처럼 낯선 것(비자기non-self)을 감지해 구별한다. 이를 통해 무엇을 공격해야 할지 쉽게 결정할 수 있다. 비자기는 잠재적으로 위험한 세균이므로 제거해야 하며, 소중한 조직은 위험한 세균을 제거함으로써 (일반적으로) 보호받는다.

면역계는 오랫동안 세균과 복잡하고 좋지 않은 관계를 맺어왔다. 인류는 수백 년 동안 아주 작은 세균 때문에 질병이 생긴다는 인과론을 견지해왔다. 이유 또한 타당했다. 새롭게 발생한 치명적인 질병, 감염병 유행, 당혹스러운 질환은 모두 우리와 지구를 공유하고 있는 작은 미생물의 잔치로 유발된 것이다. 미생물에 대한 인간의 공포는 지난 수십 년 동안 신종플루, 지카바이러스, 에볼라바이러스 등으로 현실이 되었고, 이러한 병이 생길 때마다 새로운 우려가 촉발되었다. 하지만 우리는 태어나서 죽는 순간까지 시시각각 헤아릴 수 없을 만큼 많은 잠재적 감염 위협으로부터 조용히 공격받는다. 병에 걸리는 문제는 면역계가 온전한지 아닌지에 따라 결정된다. 대부분의 시간에 우리 몸의 면역은 우리가 자각하지도 못하는 사이 이러한 세균에 대처하고 있다. 면역계는 실로 그만큼 강력하다. 감염원으로 가득 찬 세계에서 면역계만큼 우리를 보호해줄 수 있는 약은 없다.

한눈에 정리하는 면역

면역학을 전공하는 학생들에게 물어보라. 한결같이 면역은 경탄할 만큼 복잡하고 혼란스럽다고 말해줄 것이다. 그렇다 해도 정말, 정말 간단하게 면역을 설명해보겠다.

면역계는 사실 하나가 아니며 한 곳에 있지도 않다. 면역계는 백혈구leukocyte라는 유명한 세포로 이루어진 은하계 전체다. 또한 면역계에는 림프 기관(림프샘, 골수, 비장 등)과 분자(사이토카인), 그리고 이들의 집단적인 생물학적 기능도 포함된다. 골수는 면역세포를 만드는 공장이다. 골수는 줄기세포로부터 새 면역세포를 만들어낸다. 새 면역세포는 수많은 유형의 면역세포 중 어떤 것으로든 진화할 수 있다. 백혈구는 혈액세포지만 혈액이 아니더라도 전략상 필요한 곳이라면 몸속 어디든 나타난다. 백혈구 하나하나는 다양한 면역반응을 유발할 수 있는 수용체와 분자를 특징으로, 그들만의 특별한 기술을 제공한다.

국경 통제

면역계를 이해하기에 가장 좋은 방법은 성채로 비유하는 것이다. 우리 면역계는 다양한 방어 층위를 갖추고 모든 부분이 긴밀하게 엮인, 하나의 집단으로 작동하는 요새기 때문이다. 우리 몸의 국경은 피부, 입, 코, 소화관 등 열린 부분의 안쪽에 위치한 점막 같은 부위다. 이 국경은 면역이라는 방어 작용의 제1 방어선이다. 면역계의 일부로서 특정

물질을 만들어 방출함으로써 침입자에게 적대적인 환경을 만들거나 침입자를 직접 공격해 파괴한다. 제1 방어선은 보호 기능을 하는 만큼 연약하고 섬세하기도 하다. 따라서 지난 수천 년간 우리 몸속으로 침입하려는 거의 모든 세균은 몸으로 들어올 방법을 개발해왔고, 면역력이라는 요새 또한 이러한 침입에 대응해 정교한 방어 체계를 고안해냈다. 그중 최상의 것을 선택하고 유용성이 가장 떨어지는 방안은 폐기함으로써 장벽의 모든 표면이 특정 장소에 맞는 고유한 면역을 자체적으로 구축하도록 진화한 것이다.

우선 감지: 전방의 선천면역

간단히 말해 면역계의 세포와 분자들이 담당하는 면역 작용은 선천면역과 후천면역 두 가지다. 태어날 때부터 가지고 있는 선천면역과 후천적으로 생긴 후천면역은 몸의 안전장치 노릇을 한다. 선천면역반응은 아프기 시작할 때 우리가 알아차리는 증상과 관련이 있다(염증은 선천면역반응의 대표적 예다). 선천면역은 격렬하면서도 신속한 반응이다. 특정한 공격체를 알고 방어하는 것이 아니기 때문에 구체적이지 않다는 단점이 있다. 이러한 단점을 보충하려면 속도가 빨라야 한다. 면역을 개시하는 제1선 부대원들은 선천면역세포다. '적의 움직임을 감지하기 위해 이곳저곳 산발적으로 설치해놓은 전방 초소'처럼 이 선천면역계는 몸 곳곳에 존재한다. 이들은 일종의 감지기로서 평상시와 다른 몸의 변화를 모조리 알아차리도록 설계되어 있다. 선천면역계라는 보병부대는 세균과 찌꺼기를 먹어치우고 다른 부대의 지원을 요청한다.

이들은 서둘러 문제를 진단하고 강력한 킬러들을 배치해 문제가 되는 침입자를 공격함으로써 몸을 방어하지만, 동시에 부작용이 있다. 우리 몸의 조직에 부수적 피해를 일으키는 것이다. 면역계가 추는 아름다운 파괴의 춤사위는 열과 부기와 발진과 통증을 수반한다. 이들이 외부 침입자와 싸우는 장면은 마치 다중 차량 충돌 장면을 방불케 한다. 이런 일이 벌어지면 익숙한 징후를 느끼게 된다. 코막힘, 따끔거리는 목, 복통, 열, 피로, 혹은 두통 같은 증상이다. 그런 다음 콧물, 고름, 기침처럼 또 친숙한 증상이 나타난다.

염증은 건강에 꼭 필요한 근본적 면역반응이지만 설계상 단기에 끝나야 하는 급성 공격이다. 염증반응은 침입자뿐 아니라 방어하는 내 몸의 조직에도 해롭기 때문이다. 시작부터 우리 몸과 맞지 않는 이 면역반응은 초기의 위험이 사라지고 한참 지난 후에도 문제를 일으킬 수 있다. 앞으로 살펴보겠지만 염증은 현대인이 겪고 있는 건강 문제의 핵심이며, 체중 증가와 피로처럼 경미한 증상부터 심장병, 우울증, 자가면역질환까지 광범위한 형태로 존재한다.

염증 해소로 가는 길

몸이 아프면 염증이 필요하다. 그러나 염증이라는 면역반응이 지나치게 장기간 지속되면 역효과가 난다. 선천면역세포가 마구잡이로 휘두르는 부정확한 염증 방어는 몸의 연약한 조직을 파괴하고 심지어 장기 전체를 망가뜨릴 수 있다. 따라서 면역계는 특정 시점에서 염증을 줄여야 하고, 그런 이유로 염증을 조절할 도구를 구했다. 염증은 어떻게 줄어들까? 한번 살펴보자.

급성염증, 그리고 이와 관련된 모든 화학무기는 수많은 항염증 작용 역시 증가시킨다. 염증이 일어나는 동안 (분자들에게 신호를 보내는) 염증 해소 중재 물질이 몸에서 생성된다. 이 물질은 전체 염증 과정을 마무리한다. 면역계의 작동을 완전히 중지함으로써 감염 위험을 초래하지 않고, 염증과의 협업을 통해 염증이 할 일을 하도록 방치한 다음 원만하게 원래의 몸 상태를 회복시키는 역할을 맡은 셈이다.

이부프로펜이나 아세트아미노펜(파라세타몰)처럼 약국에서 흔히 파는 항염증제는 이렇듯 중요한 염증 해소 신호를 미연에 막아버리기 때문에 우리 몸이 자연스레 염증을 해소하는 과정을 억제하게 된다. 따라서 이러한 항염증제는 장기적인 치료책으로는 권고하지 않는다. 반면 아스피린은 염증 해소를 억제하기보다는 부드럽게 완화시킨다. 동시에 염증 해소를 자극하기 때문에 특정 염증성질환에 저용량으로 처방하는 경우가 있다. 염증성 해소는 그다지 큰일로 보이지 않을 수 있지만 사실 중요하며 치료의 패러다임을 바꿀 정도로 대단한 작용이다. 염증 해소에는 만성 염증성 질환을 통제하고 상처 치료를 촉진시키는 등 현대인이 처한 건강상의 위기를 해결해줄 엄청난 가능성이 잠재되어 있기 때문이다. 염증 해소를 지원하는 다른 방안들도 있다. 앞으로 살펴보겠지만 이러한 방법들은 장차 해결해야 할 건강 관련 난제를 해결할 최고의 수단을 제공할 수 있다.

선천면역은 해를 끼칠 가능성이 있는 세균을 신속히 감지해 제거하고 손상을 찾아내 수리하며 낡거나 기능이 망가진 세포를 조용히 없애는 일에 매우 능하다. 그러나 침입자에 맞서 신속한 보호를 제공하는 만큼 아무래도 불완전하다. 싸움에서 막다른 골목에 몰린 선천면역이라는 녀석은 형님을 호출한다. 바로 후천면역이다.

선천면역이 악당을 향해 쏘아대는 산탄총이라면 후천면역은 정교한 표적미사일이다. 제2 방어선으로 기능하는 후천면역은 일을 시작하는 데 시간이 좀 걸린다. 5일에서 7일 정도다. 백혈구가 벌이는 난리법석이자 파괴의 잔치인 선천면역과 달리 후천면역은 림프구의 통제를 받는다. 림프구는 T림프구와 B림프구로 나뉜다. T림프구는 주요 제어기로서 몸속에 파견되어 다른 면역 무기들의 레버를 조절하고, B림프구는 특별 정찰대로서 항체를 생산한다.

우리 각자는 T림프구와 B림프구의 고유한 레퍼토리를 갖고 있다. 면역과 건강의 정도가 각자 다른 것은 바로 이 레퍼토리 때문이다. 노화도 예외가 아니다. 자세한 내용은 2장에서 살필 것이다. 고유의 T림프구와 B림프구를 생산하지 못하는 면역계는 특정 세균이나 바이러스를 놓치거나 '보지 못하게' 되고, 면역계에게 들키지 않은 세균이나 바이러스는 세력을 확장해 질병을 일으킨다. 후천면역은 놀라울 정도로 효과적인 작용이다. 그러나 후천면역도 제대로 작동하지 않으면 건강에 해를 끼친다는 면에서 선천면역과 다를 바 없다. 이 점 역시 곧 설명할 것이다.

공조

감염과 질병을 물리치려면 선천면역과 후천면역이 공조해야 한다. 이들은 몸속에서 이질적이거나 위험하다고 인식한 모든 것을 감지해 파괴한다. 우선 선천면역이 세균을 포착한 다음 매우 중요한 적합유전자 compatibility molecules(잠시 후 다시 살펴볼 것이다)를 통해 세균을 대기 중인 T림프구로 보낸다. 선천면역계는 후천면역계가 알아볼 수 있는 형태의 세균으로 후천면역반응을 깨우는 초인종 역할을 수행한다.

이제 후천면역 기능을 하는 T림프구가 행동에 돌입한다. T림프구는 전투력을 최대치로 끌어올리기 위해 자신을 복제해 거대 군단으로 키우고, 특수한 하위 집단으로 분화해서—다른 면역세포들의 작용을 추진하고 미세하게 조정하며 때로는 규제도 하면서—최소한의 비용으로 침입자들을 제거할 확률을 극대화한다. 림프샘은 적절한 시점에 적재적소에서 B림프구와 T림프구, 선천면역세포의 힘을 결합시킨다. 감기에 걸리면 림프샘이 부어오르는 것은 이러한 협공 때문이다.

전체적으로 볼 때 면역계는 사실 엄격한 분업보다는 다층적 협업에 가깝다. 목이 따끔거리면서 아플 때 부어오른 림프샘을 만져보라. 선천면역계와 후천면역계가 성공적으로 협력했다고 면역계를 칭찬할 일이다.

면역계의 기억력은?

선천면역은 생명 유지에 꼭 필요하지만 기억력이 나쁘다. 따라서 원래 알던 무단침입자가 들어왔을 때도 빠르고 효과적으로 대응하지 못한 채 매번 처음부터 공격해야 한다. 반면 후천면역계는 '기억'세포의 도서관 같다. 한 번이라도 침입해 면역계에게 패배한 적이 있는 온갖 바이러스와 세균에 관한 정보를 보관해놓고 분자 형태로 이들을 알아본다. 이를 면역기억이라 한다. 면역기억은 결코 실수하는 법이 없다!

기억을 담당하는 후천면역세포는 발생한 감염원에 즉시 덤벼들어 싸우지 않는다. 대신 동일한 세균이 다시 나타날 미래를 대비하여 몸속을 순찰한다. 따라서 후천면역세포가 기억한다는 것은 몸속에서 똑같은 병원균을 만나면 증상을 겪기 전에 세균을 쳐부술 방법을 면역계가 미리 안다는 뜻이다. 천연두 같은 특정 질환에 여러 번 노출되어도 병을 한 번만 앓는 이유가 바로 이것이다. 그러나 인플루엔자바이러스와 감기 바이러스(리노바이러스) 같은 더 교활한 바이러스는 면역기억을 피할 수 있도록 분자 정보를 계속 바꾸는 엉큼한 방법을 진화시켰다.

내추럴 본 킬러

자연살해세포NK cell, Natural Killer cell는 이름처럼 살인 기계다. T세포나 B세포와 달리 특정 항원(독소)에 대응하여 만들어지지 않는다. 이들은 몸속 세포의 변화를 인식한다. 자연살해세포는 건강에 매우 중요하다. 몸속 세포가 바이러스에 감염되었을 때 신속히 대응하여 그 세포를 죽인다.

자연살해세포는 몸에서 암을 감시하는 주요 방편이다. 자연살해세포는 특화된 수용체를 이용해 몸속을 돌며 세포를 하나하나 검사한다.

이들은 새로 형성된 종양과 비정상적으로 자란 세포에 반응한다. 임신의 운명을 결정하는 것도 자연살해세포다. 이 세포는 백혈구의 10퍼센트를 차지하지만 간과 폐, 림프샘을 비롯해 다양한 곳에 흩어져 있다. 자연살해세포는 소수의 병사로 이루어져 있지만 보병대 전체에 못지않은 최정예 부대다.

관용적인 T세포

군대 비유는 우리 몸의 면역을 설명할 때 유용한 방법이지만 미묘한 차이를 고려하지 않으면 위험한 비유이기도 하다. 면역계는 무력을 휘두르는 무자비한 방어 부대가 아니라 정교하고 섬세한 방어 부대다. 끊임없이 유혈 낭자한 전투를 일으키기보다 안정되고 조화로운 상태를 지키려 애쓰는 평화유지군과 더 비슷하다는 뜻이다. 면역계는 물론 사악한 적을 물리치는 데 집중해야 하지만 전투를 진행하면서도 아군이 입는 피해를 가능한 한 줄여야 한다. 우리 몸의 소중한 조직 손상을 최대한 피해야 한다는 뜻이다.

그렇다면 평화유지군을 지키는 방어 부대는 누구일까? 평화유지군의 사슬 꼭대기에는 조절T세포Tregs, T regulatory cells가 자리 잡고 있다. 조절T세포는 면역계의 다른 세포들이 명령에 따라 의무를 다하도록 통제한다. 조절T세포는 면역 작용이 공격을 멈추고 후퇴해야 한다는 신호를 보내도록 설계되어 있다.

이 세포가 없다면 처음에는 외부 위협을 파괴하는 데 도움이 되었던 염증이 우리 몸까지 파괴하는 사태에 이르게 된다. 조절T세포는 면역의 전체 균형에 없어서는 안 될 긴요한 존재다. 이들은 '이로운' 세균에 대한 관용tolerance을 유지하고 자가면역질환을 예방하며 염증성 질환을 억제한다. 그러나 면역계를 억눌러 면역계가 감염과 종양에 제대로 맞서지 못하게 방해할 수도 있다. 최적의 건강을 지키려면 조절T세포가 면역 작용을 충분히, 그러나 과도하지 않게 조절해야 한다. 면역계 중 아주 작지만 분명하게 자기 몫을 차지하는 체계가 따로 조절 기능을 한다고 상상해보라. 이 체계 중 일부는 유전자에 의해 결정되지만 또 일부는 식사와 운동, 스트레스와 수면 같은 생활 습관에 의해 결정된다. 결국 면역계는 끊임없는 줄타기를 하고 있는 셈이다. 불충분한 면역(조절T세포의 과도한 활동)은 감염과 암의 발생을 증가시키는 반면 지나친 '아군의 포격(조절T세포의 부족한 활동)'도 세포와 기관에 손상을 입힐 수 있다.

백신접종: 집단면역의 위대한 스승

백신접종은 공중보건의 가장 큰 성공 신화다. 그러나 지난 20년의 보건정책 중 가장 큰 논란을 키운 것도 역시 백신접종이다. 오늘날 면역 분야에서 백신접종보다 의견이 분분한 사안은 거의 없을 정도다(상세한 내용은 2장 참조).

백신은 자연 감염과 동일한 원리로 작동한다. 자연 감염이 일어나면 후천면역계인 T세포, B세포, 항체는 세균을 물리칠 준비를 한다. 그런 다음 면역기억이 남아 수십 년 동안(아마 평생) 몸속을 순찰하면서 같은 세균이 다시 감염을 시도할 경우 몸을 보호할 채비를 갖춘다.

백신에 대한 면역계의 반응은 질병의 침략에 대한 반응과 동일하다. 따라서 우리는 약화시킨 바이러스나 세균을 주입함으로써 면역계에게 실제 바이러스나 세균을 어떻게 다루어야 할지 가르쳐준다. 약화시킨 침략자들은 면역기억을 산출함으로써 실제 세균이 올 때 면역계가 대비할 수 있도록 해준다. 세균은 고유성이 있기 때문에 백신 또한 고유성이 있다. 백신이 만들어낸 기억은 유형마다 다르다. 약효가 지속되도록 예방주사를 두 차례 맞아야 하는 경우가 있는 것은 이 때문이다. 백신이 감염의 자연적 경로를 100퍼센트 복제하는 것은 불가능하므로 이들은 (대부분 백신에 따라) 자연 감염과 동일한 수준의 면역기억을 완벽하게 제공하지는 못한다.

왜 어떤 사람들은 전혀 아프지 않은 것 같을까?

직업상 나는 내가 가르치는 면역 관련 실천을 즐기는 편이다. 나는 꽤 건강한 편이지만 매년 희한한 감기나 질환에 걸린다. 성인은 1년 평균 2~4회 정도 감기에 걸리지만 운 좋은 일부는 감기에 걸리지 않고 병가도 전혀 내지 않는다. 가족 중에도 이런 사람이 있고 직장에도 있다. 이들은 감기와 독감의 계절을 코 한 번 훌쩍이지 않고 아주 수월하게 넘어간다. 이런 사람들의 비결은 무엇일까? 어떻게 해야 우리도 이들처럼 될 수 있을까?

면역은 사람마다 다르며 면역을 결정하는 요인도 여러 가지다. 유전도 일정 역할을 하지만 면역이 작동하는 방식은 우리 생각과는 다르다. 인간은 각자 약 2만 5000개의 유전자를 갖고 있지만 유전암호genetic code는 옆 사람의 암호와 약 1퍼센트 정도의 차이가 날 뿐이다. 이러한 차이의 대다수가 외모와 머리색, 키나 성격의 차이를 만든다고 생각할지도 모르겠다. 그러나 뇌를 제외하고 사람들 사이의 가장 큰 차이를 만드는 유전자는 사실 우리의 건강에서 극도로 큰 역할을 수행하는 작디작은 무리다. 이 유전자군gene cluster을 인간백혈구항원HLA, human leukocyte antigen이라 한다. 주조직적합복합체MHC, major histocompatibility complex라고도 한다. 지금부터 간단히 '적합compatibility' 유전자라 부르기로 하자.

우리의 적합유전자는 면역을 부호화encode한다. 그러나 적합유전자는 자신이 막으려는 병원체(세균이나 바이러스)만큼 변덕이 심하다. 적합유전자 분자는 다양한 형태와 크기로 변할 수 있도록 진화해왔다. 이들은 몸속 다른 어떤 유전자와도 달리 세대마다 돌연변이를 일으킨다. 우리가 마주하는 변화무쌍한 감염의 위협을 추적하기 위해서다. 면역은 이 감염 위협의 조합에 따라 달라진다. 적합유전자는 바이러스와 세균에 표시를 한 뒤 이들을 제거하기 위해 면역계로 보낸다. 적합유전자의 크기와 형태가 다양하기 때문에 바이러스나 세균이 돌연변이를 일으켜 감염 대상인 인간 면역계의 작용을 피하려 해도 피할 수가 없다. 적합유전자의 유연성이 이러한 회피 작용을 미연에 방지해주기 때문이다.

이 특별한 유전자는 우리의 건강뿐 아니라 인간종 전체의 생존에 필수적인 복잡한 균형 작용에 관해 많은 점을 시사한다. 인간들은 믿을 수 없을 정도로 유사하면서도 근본적 측면에서는 또 다양하다. 적합유전자는 인간이 지닌 개성의 핵심이다. 간단히 말해 모두의 면역체계가 똑같다면 치명적인 질환이 단 하나만 닥쳐와도 인간은 멸종할 것이다. 적합유전자의 고유성이라는 이 기발하고 독창적인 특징에는 대가가 따른다. 가령 몸을 구성하는 장기나 조직을 다른 장기나 조직으로 쉽게 대체하지 못한다는 점이 그러하다. 장기이식을 받는 경우 몸이 새로 이식한 조직을 거부하지 못하도록 조치를 취해야 하는 어려움에 평생 익숙해져야 하는 것이다. 누군가를 보호하는 기적을 행하는 면역은 다른 사람의 생명에는 치명적일 수 있다.

똑같은 감염원을 만나도 사람마다 다르게 반응하는 것은 적합유전자 때문이다. 가령 일반적인 감기처럼 특정한 바이러스 대응에 특화된 적합유전자를 물려받을 수 있다. 그렇다고 그 사람의 면역계가 다른 사람의 면역계보다 더 우월하다거나 열등하다는 뜻은 아니다. 그저 그 사람의 면역계가 가벼운 계절 질환과 싸우는 능력이 더 낫다는 뜻일 뿐이다. 또 다른 유형에 대해서는 그 사람보다 다른 사람이 더 잘 대처할 수 있는 것이다. 게다가 고유한 적합유전자 조합이 영향을 끼치는 것은 감염에 대한 개별적인 취약성뿐만이 아니다. 가령 면역 적합유전자에는 일부 사람들을 사람면역결핍바이러스HIV에서 보호해주지만 강직성척추염에 걸릴 확률이 80퍼센트나 되는 유전자 변이가 있다.

지문과 마찬가지로 면역은 진정한 개성을 준다. 면역계가 상이한 질환에 대응하는 방식이 선천적으로 다양하다는 사실은 대자연의 우열 없는 설계를 드러낸다. 세상에서는 사람들 사이의 물리적 · 가시적 차이를 놓고 설전을 벌이느라 분주하지만 인간의 면역 적합유전자는 차별을 모른다. 더 이롭거나 해로운 유전자군을 갖고 있는 사람은 없다. 중요한 것은 집단의 다양성이다. 이 다양성은 진화를 통해 주의 깊게 빚어진 산물이다. 수백만 년에 걸친 진화 작용은 면역계가 최적으로 운영되도록 이런저런 변화를 만들어놓았다. 질병에 완전히 저항하기는 불가능할지 몰라도 인류가 절멸하지 않은 것은 바로 이러한 변화 때문이다.

인류의 면역은 약 5억 년간 자리를 잡아 현재에 이르렀다. 면역의 역사를 살피려면 까마득한 과거까지 거슬러 올라가야 한다. 인류는 파충류, 양서류 등 턱뼈가 있는 유악류와 동일한 면역계를 공유하고 있을 정도다. 이러한 면역은 처음 진화를 겪은 이후 대체로 큰 변화를 겪지 않았다. 그래도 수천 년 세월 동안 형성되고 다듬어진 덕분에 면역은 자기 분야의 탁월한 전문가다. 인간의 면역계가 진화의 영향을 크게 받지 않았다는 사실은 중요하고도 효과적인 면역이 언제나 이러한 효과를 유지해왔음을 드러내는 명백한 증거다. 진화는 미리 결정된 설계 과정이 아니다. 우연과 필요, 그리고 간헐적인 시행착오를 거치며 진행된다. 우리의 후손은 이러한 노력의 최종 산물인 유일하고 완벽한 면역계를 얻을 것이고 그뿐 아니라 면역계의 흔적과 잔여물도 지니게 될 것이다.

면역계의 보호를 받는데도 왜 병에 걸릴까?

우리 몸은 세균과의 전투에서 대체로 승자다. 그러나 패배할 때도 있다. '도대체 아플 줄 모르는' 사람들조차 이따금씩 약한 감기에 걸리거나 통증에 시달린다. 우리가 미생물의 세계에 살고 있다는 점을 감안하면 당연한 이야기다. 미생물은 우리보다 먼저 지구상에 존재했다.

미생물은 인간의 건강을 위협해왔을 뿐 아니라 현재의 건강 상태를 만든 장본인이기도 하다. 미생물은 생명이 출현했음을 증명하는 최초의 흔적이다. 그리고 세월이 훨씬 더 많이 흐른 후, 초창기 미생물 생태계로부터(그리고 그 생태계와 한 번도 분리된 적이 없는 채로) 더 큰 다세포 유기체가 진화해 나왔다. 인간도 그 유기체 중 하나다. 이후 인류는 미생물과 떨어져 산 적이 한 번도 없다.

현재 지구상에는 최대 1조 개의 미생물종이 있다. 그중 질병을 일으키는 종은 극소수다. 따라서 이 극소수 때문에 모든 미생물을 비방하는 것은 큰 실수다. 아마 우리가 저지르는 가장 큰 실수 중 하나일 것이다(이유는 3장에서 밝힐 예정이다). 그런데도 대중의 의식 속에는 미생물에 대한 공포가 똬리를 틀고 사라지지 않는다. 앞에서 이야기했듯, 매년 (감기처럼) 사소한 감염 몇 가지에 영향받는 것은 매우 정상이다. 그러나 현대적 위생과 백신접종과 항생제가 이러한 감염을 퇴치하면서 우리는 이제 '비감염' 생활 방식으로 인한 질환을 훨씬 더 많이 앓게 되었다. 앞으로 보겠지만 이러한 변화는 우연의 일치가 아니다.

감염이 어떻게 확산되는지 살펴보자. 감기의 원인인 리노바이러스 rhinovirus를 예로 들면 다음과 같다. 대체로 다섯 명 중 한 명의 비강에는 리노바이러스가 있다(리노바이러스의 접두사 'rhin'은 그리스어로 '코'라는 뜻이다). 리노바이러스가 감염을 일으키려면 다음 세 가지가 필요하다.

- 병원소(현재 바이러스가 살고 있는, 내 옆에 앉은 아픈 사람)를 벗어날 방법
- 새 숙주로 들어갈 이동수단(옆 사람이 재채기를 한다. 재채기는 4만 개의 비말을 일으키며 그중 하나만 흡입해도 감염이 이루어진다)
- 새 숙주(내 몸)로 들어갈 방법

세균이 확산되는 또 하나의 전형적인 통로는 위생 불량이다. 특히 손 씻기가 불충분한 경우다. 세균은 우리가 만지는 모든 것을 통해 옮아간다. 그러니 꼼꼼하게 손을 씻는 개인위생만 철저히 지켜도 질병을 일으키는 세균을 피해 건강을 유지할 수 있다. 감염된 사람이 내 주위에서 행동하는 방식을 통제할 수 없고 물려받은 면역유전자 또한 마음대로 바꿀 수 없지만, 그래도 생활 방식을 관리한다면 자신이 갖고 있는 면역 방어를 최대한 활용할 수 있다.

자연 대 양육 혹은 선천 대 후천

지문처럼 면역계도 사람마다 다르다. 우리는 모두 고유한 면역유전자 세트를 물려받지만 이것은 설명서에 불과하다. 면역유전자의 암호는 바뀌지는 않아도 수많은 방식으로 해석될 수 있다. 유전암호는 훈련과 유지도 가능하다. (유전암호가 해석되는 방식을 살피는) 후성유전Epigenetic은 생활 방식이라는 요인에 의해 좌우된다. 후성유전의 사례 하나는 DNA 메틸화methylation라는 것이다(본질적으로 메틸화는 유전자에 수갑을 채우는 것과 같아서 특정 유전자를 쓸 수 없게 만든다. 가령 특

정 유전자가 메틸화될 경우 세포는 중요한 기능을 못하게 되어 암세포로 변한다). 흡연과 부실한 식사, 대기오염, 술 같은 다양한 환경요인은 우리 몸의 메틸화 패턴을 바꿀 수 있다. 후성유전 패턴이 변화하면 생명 유지에 중요한 면역반응 중 일부가 엇나갈 수 있다. 과학자들이 즐겨 사용하는 비유는 이런 것이다. '총을 장전하는 것은 유전자지만 방아쇠를 당기는 것은 환경이다.' 그러나 대부분의 사람들은 면역을 좀 챙기기만 해도 면역기능의 모든 요소를 더 오랫동안, 원활하게 기능하도록 할 수 있다.

유전은 면역에서 두드러진 역할을 맡지만 그렇다고 해서 면역이 유전자에 고정되는 것은 아니다. 면역은 우리의 수많은 만남과 모험에 지속적으로 영향받고, 변화하는 감정과 환경에 의해 형성되며 우리가 삶을 살아가는 방식에 대응하여 바뀐다.[1] 면역은 심지어 기억을 학습하고 발전시킬 역량까지 있다. 평생에 걸쳐 집단적으로 쌓이는 이 영향력은 특정 시점에 병에 걸릴지의 여부, 얼마나 오래 아플지 등을 결정한다. 감염, 식사, 생활 방식, 그리고 사회적 영향 등 평생 동안 건강을 위협하는 모든 것의 정점인 '환경요인exposome'이야말로 우리의 면역 생애사immunobiography를 결정한다. 한마디로, 우리가 **양육/후천**이라고 지칭하는 것이다(자연/선천은 유전 부분이다).

면역을 둘러싼 사실과 허구

시작은 콧물이다. 다음은 빤하다. 온 식구가 코를 훌쩍거리고 기침을 해대며 서로 휴지를 주고받는다. 머지않아 감기, 더 심하게는 계절독감이 사람들에게 닥친다. 이 세균을 피하거나 면역력을 '증강'시키려면 어떻게 해야 할지 궁금한가? 서로 상충하는 조언이 넘쳐나 뭘 믿어야 할지 알기 어렵다. 그러니 간단한 가이드를 통해 거짓 신화를 깨는 일에서 출발해보자.

감염을 피하는 방법

19세기 중반, 헝가리의 의사 이그나즈 제멜바이스Ignaz Semmelweiss는 중대한 사실을 발견했다. 당시 병원에서 출산한 여성들의 건강을 위협하던 산욕열의 원인을 찾은 것이다. 그는 시체 해부를 한 뒤 손을 씻지 않고 분만을 도운 의사들 때문이라고 생각했다. 감염을 줄이는 방법은 간단했다. 손을 씻는 것이다. 제멜바이스는 자신의 가설이 지지받기 전에 사망했지만 손 씻기는 우리 시대 감염예방의 주춧돌이 되었다.

감염력은 증상 발현 전에도 있다

당신은 증상이 나타나기 전부터 이미 감염력을 갖고 있다. 감염 과정은 어떤 세균에 감염되었는가에 따라 다르다. 호흡기 바이러스는 신체적 증상이 있을 때 가장 잘 퍼진다. 예를 들면 재채기와 기침 같은 증상이 나타날수록 감염시킬 가능성도 커진다. 그러나 증상이 없을 때도 바이러스를 남에게 옮길 수 있다. 독감의 경우 감염력이 있는 시기는 증상 발현 하루 전과 발현 5~7일 이후다. 어린아이나 면역계가 변형된 환자들은 더 오랫동안 바이러스를 퍼뜨릴 수 있다.

가벼운 감기는 감염력도 가벼울까?

증상이 가볍다고 바이러스가 약하다는 뜻은 아니다. 단지 당신의 적합 유전자가 당신이 감염된 세균에 잘 맞을 만큼 운이 좋다는 뜻, 즉 면역계가 감염을 통제할 수 있다는 의미일 뿐이다. 이런 이유 때문에 최소한의 증상만으로도 남을 감염시킬 수 있고, 일부 사람들을 크게 앓게 만들 수 있다. 특히 몸이 약하거나 나이가 많거나 어린 사람들은 특히 취약할 수 있다는 점을 유념해야 한다.

감기와 독감은 왜 겨울에 걸릴까?

영국의 독감 철은 10월에 시작되어 12월까지 기승을 부리다가 대체로 2월에 정점을 찍고 3월에 끝난다. 호주의 경우는 정반대다. 간단히 말해 독감은 겨울과 연관이 깊다. '인플루엔자influenza'라는 단어가 실마리일 수 있다. 원래 이탈리아어인 '**인플루엔자 디 프레도**influenza di freddo'는 '추위의 영향'이라는 뜻이다.

그러나 독감의 **원인**이 추위 때문이라는 것은 흔한 오해다. 이는 사실이 아니다. 독감의 **원인**은 인플루엔자바이러스다. 추위는 바이러스가 퍼지기 쉬운 조건을 조성할 뿐이다. 오늘날 과학자들은 온도와 습도가 낮을수록 인플루엔자바이러스가 잘 퍼진다는 사실을 알고 있다. 따라서 독감을 일으키는 바이러스는 겨울에 잘 살아남아 대부분의 사람들을 감염시킨다. 감기가 겨울에 잘 퍼지는 또 한 가지 이유는 햇빛

부족과 겨울의 생활 습관이다. 겨울에는 낮에도 춥고 해도 짧아지므로 더 많은 시간을 실내에서 보낸다. 따라서 감염된 사람과 공기를 만날 확률도 커진다. 게다가 햇빛 부족은 중요한 면역 증강 영양소인 비타민D의 수치를 떨어뜨린다. 비타민D의 섭취가 줄어들면서 바이러스와 싸우는 면역력도 떨어지는 것이다.[2]

추워서 감기에 걸린다

'재킷을 걸치지 않으면 감기에 걸릴 거야.' 어릴 때 꼭 들어보았을 법한 말이다. 요즘 이 말은 구식 편견이라고 치부된다. 앞에서도 말했지만 감기의 원인은 바이러스지 기온이 아니니까. 그렇지 않은가? 뭐, 그렇긴 하다. 하지만 재킷을 걸치라는 조언에는 일부 진실도 담겨 있다. 새로 밝혀진 사실이다. 오랜 기간 추위에 노출되면 활발한 면역 공격이 시작되지 못한다는 점이 밝혀졌다. 건강한 사람들에게는 추위의 영향이 미미할 수도 있겠지만 나이 든 노인이나 어린아이나 건강 문제가 있는 사람이라면 낮은 온도 탓에 바이러스를 물리치는 일이 더 힘들 수도 있다. 그러니까 추운 날씨에 밖으로 나갈 때는 부모님의 말씀에 귀를 기울이고 따뜻하게 옷을 입을 것! 겨울에 스카프를 두르면 목 주변의 공기를 덥혀 찬 공기를 좋아하는 계절 바이러스에게 불리한 환경을 만들 수 있다.

질병의 증상은 면역계가 자기 일을 하고 있다는 증거다

세균과 바이러스, 균류가 질병의 증상을 일으키는 원인이라는 말을 들어보았는가? 전문적 측면에서 보면 이 말은 틀렸다. 질병의 증상은 침입한 세균이나 바이러스가 일으키는 것이 아니라, 대개 면역계가 침입자에게 대응하면서 발생하기 때문이다.

가령 감기를 보자. 면역계는 감기 바이러스가 기도의 상피세포를 공격할 때 대응 행동에 돌입한다. 면역계 화학물질은 혈관을 확장하여 투과성을 증가시켜 단백질과 백혈구가 코와 부비강과 목구멍의 감염된 조직에 도달하게 해준다. 그러면 투과성이 있는 모세혈관에서 액체가 더 많이 새어 나오고 여기에 면역반응 자체가 초래하는 점액 산출까지 겹쳐 콧물이 줄줄 나올 수 있다. 다음 증상은 열이다.

인간은 진화를 통해 감염 대응책으로 열을 내게 되었다. 체온상승은 세균 번식의 효율성을 떨어뜨리고 면역세포가 효과적으로 활동하게 한다. 심지어 열은 세균을 죽이는 항생제의 능력을 향상시킨다는 증거도 있다.[3] 열의 이러한 작용을 인식하게 되면서 설득력 있지만 반대되는 두 가지 이론이 나왔다. 하나는 열이 감염에 대한 자연스러운 면역반응이므로 방해하면 안 된다는 이론이고, 또 하나는 열이 감염의 해로운 결과이므로 합병증을 최소화하려면 열을 억제해야 한다는 이론이다.

과학은 이 상충하는 이론들에 관해 무엇을 말해야 할까? 실제로 열 자체, 심지어 높은 열이 해롭다는 증거는 거의 없다.[4] 크게 불편하지 않다면, 호흡이 어렵거나 열이 여러 날 계속되지 않는다면 파라세타몰이나 이부프로펜 같은 해열제를 쓰지 않는 것이 보통은 현명한 처사다. 이들 약물도 부작용이 없지 않기 때문이다. 면역계는 해열제를 먹어도 할 일을 하지만 효과가 덜해지며, 해열제를 복용해도 면역 과정의 속도가 빨라지지는 않는다.

처방전 없는 약

감기나 독감에 걸려 비참한 기분으로 집에 누워 있으려는 사람은 없다. 게다가 아프지만 누워 있지 못할 때도 있다. 그렇다면 처방전 없는 감기약을 먹어도 괜찮을까? 대부분의 약국에서 처방전 없이 파는 기침약은 성인이든 어린이든 모두에게 효과가 없다.[5] 영국 국민보건서비스NHS는 기침용 시럽보다는 꿀을 권장한다. 처방전 없는 감기약은 감기나 독감을 '치료'하지 못하고 심지어 기간을 줄이지도 못하지만, 성인의 증상을 어느 정도 완화할 수 있다는 증거가 있다. 내 남편의 경우 감기에 걸릴 때마다 약국으로 달려가 치료약을 사느라 돈을 쓴다. 아마 증세가 심해지기 전에 대비한다는 생각 자체가 감기에 걸린 상황 때문에 우울해진 기분을 좋게 해주고, 이 덕에 약간의 위약효과를 보는 것인지도 모른다. 그러나 남편이 사는 약은 감기를 치료하지 못한다.

하지만 증상 완화는 대개 바람직할뿐더러, 생활 때문에 움직여야 한다면 꼭 필요한 일이기도 하다. 그렇다면 감기에 걸려도 일을 쉬지 못할 때 어떤 약이 증상 완화에 가장 좋을까? 그 답을 소개한다.

항생제는 감기와 독감을 일으키는 바이러스에는 절대로 도움이 되지 않으니 쓰지 말아야 한다. 감기와 독감 약제는 코막힘 완화제와 진통제, 항히스타민제, 기침 억제제를 함유하고 있을 것이다. 따라서 제품을 고를 때는 주 증상을 주의 깊게 생각해보고 약에 붙은 라벨을 잘 읽어보라. 필요 없는 약 복용을 피해야 부작용의 위험을 줄일 수 있다. 코막힘 완화제는 코막힘에는 효과가 있지만 고혈압 같은 다른 질환을 악화시킬 수 있다. 이러한 약물을 복용하기 전에는 약사에게 상담하라.

면역에 즉효가 나는 약은 없다. 특정 치료를 통해 얻을 수 있는 작은 이점과 부작용의 위험, 약을 사는 데 드는 비용을 비교해볼 것. 빠른 치료제는 없다. 약 없이 감기를 완화시키는 영양가 있는 방법이 약간 있기는 하지만 뭐니 뭐니 해도 최고의 약은 휴식이다. 쳇바퀴처럼 돌아가는 생활에서 벗어나 충분한 시간을 보낼 수 있다면 제일 좋다.

면역 '증강'은 필요할까?

면역계가 제 기능을 다하는 것이 건강한 삶과 장수의 비결이라면, 면역력을 강화할 수 있다는 관념은 분명 매력적이다. 온라인에서 '면역'을 검색하거나 건강 식품점을 지나가다 보면 면역력 '증강'을 보장하는 건강보조식품, 감기약, 강화식품이 즐비하다. 모두들 면역력을 키워 감기와 독감을 피할 수 있게 해준다고 난리다. 하지만 이러한 주장에 과학적 근거가 있을까?

'면역 증강' 상품의 소비자들에게는 안됐지만, 면역계를 증강할 수 있는 신체 내부의 힘으로 보는 통념은 과학적으로 이치에 맞지 않는다. 이는 내가 면역 분야에서 일하면서 만난 가장 큰 면역 관련 오해 중 하나다.

면역계가 설계된 방식을 안다면 면역 증강은 바랄 수 없는 일이다.

말 그대로 생각하면 '면역 증강'이라는 단어는 불행한 말이다. 면역계는 결코 켜고 끄는 스위치 하나만 있는 이항 대립적 체계가 아니다. 면역계는 제대로 작동시키기 위해 부단히 조절해야 하는 조절 스위치와 비슷하다. 따라서 면역세포를 '증강'시키려는 시도는 지극히 복잡하다. 너무도 상이한 미생물에 너무도 많은 방식으로 대응하는 종류가 수도 없다. 그중 어떤 것을 얼마나 증강시켜야 할까? 이에 대한 단일한 정답은 존재하지 않는다.

그동안 에키네시아와 녹차와 마늘과 밀싹 보충제 같은 것들이 세균을 방어하는 데 도움이 되는지 연구했지만 단일한 면역 증강 영양소나 슈퍼 푸드를 뒷받침할 만한 증거는 약하다. 면역력을 키우는 법을 찾는다면, 앞으로 소개할 정보에 기반을 둔 접근법들을 조합하는 것이 가장 좋다.

모든 세균이 나쁜 것은 아니다

모든 세균이 해로운 것은 아니며 질병이 죄다 세균에서 비롯되는 것도 아니다. 세균설(26쪽 참조)은 아직까지 면역에 대한 우리의 사고방식을 지배하지만 상황은 그보다 훨씬 복잡하다.

질병 위험 이론

분리가 간단하고 명확하다면 참 편할 것이다. 면역이 무해한 '자기' 분자에는 반응하지 않고 해로운 '비자기' 세균에만 반응한다면 얼마나 근사할까. 그러나 정말 그럴까? 해로운 비자기 면역 유발 분자는 죄다 감염력 있는 세균에서 오는 것일까? 설상가상으로 우리가 앓는 모든 질환이 이질적인 세균에 의해 유발되는 것도 아니다(알레르기가 그 예다). 그리고 몸속에 있는 모든 세균이 몸을 파괴하는 것도 아니다(가령 3장에서 다룰 미생물총microbiota이 실제의 예다). 우리는 일상생활의 다양한 부분에서 비자기인 물질과 교류하고 있으며, 그중 면역계가 거부하지 않았으면 하는 것이 많다. 예를 들면 모체는 태아를 거부하지 않는다. 내 몸은 내가 먹는 음식을 공격하지 않는다. 그리고 내 몸에 무해하거나 오히려 도움이 될 수백만 종의 미생물을 거부하지 않는다. 이 사례들은 이질적인 '비자기'로서 웬일인지 면역계의 공격을 피해 잘 살고 있다. 그러나 오늘날의 세계에는 생활 방식으로 인한 비감염성 면역질환이 도처에 만연하다. 면역학은 비교적 최근까지도 어떻게 이런 일이 벌어지는지 제대로 알지 못했다. 폴리 마칭어Polly Matzinger가 등장한 것은 이런 배경에서다.

인간은 면역계가 그저 자기를 찾아내고 비자기와 구별하기만 한다고 수십 년 동안 오해해왔다. 그러나 20세기의 위대한 면역학자 한 사람이 각본을 전면적으로 수정했다. 1947년생인 폴리 마칭어가 새로운 길을 개척한 것이다. 베이스기타 연주자, 개 조련사, 목수, 생물학 전공자—그리고 나중에는 플레이보이 클럽의 웨이트리스—로 활동한 그녀는 질병이 발생하는 방식에 대한 우리의 지식을 바꾸어놓았고, 기존의 도그마에 흠집을 냄으로써 면역학 분야에서 가장 영향력 있는 학자 중 하나로 등장했다. 면역은 자기냐 비자기냐 여부에만 반응하지 않으며 위험의 유형까지 감지하도록 설계되어 있다는 점을 밝힌 것이다.[6] 위험이 왜 중요할까? '비자기' 감염이 활동하지 않아도 아플 수 있기 때문이다. 세균이 없어도 무언가가 면역계의 방아쇠를 당겨 면역작용을 유발한다는 뜻이다. 폴리가 발견한 바에 따르면 이 방아쇠는 바로 내 몸의 세포와 조직이 보내는 위험 신호다.

이러한 위험 신호를 가리키는 용어도 있다. 손상 연관 분자유형 DAMPs, damage-associated molecular patterns이다.[7] 위험은 손상이나 스트레스 같은 세포와 조직의 변화로부터 유발되며 심지어 생활 방식 관련 분자유형LAMPs, lifestyle-associated molecular patterns[8]에서도 유발될 수 있다. 면역계의 탐지기는 뭔가 빗나갔다는 점을 감지한다. 이 경우 분자 신호가 유발되며 신호는 면역반응을 일으킨다. 세균이 전혀 없는데 염증이 발생하는 경우가 대표적이다.[9] 이를 감염 없는 염증이라 한다. 최근에 내가 겪은 발목 인대 파열도 감염 없는 염증이었다. 여러분도 경험했을 수 있다. 피부가 찢어지거나 감염되지 않았는데 발목이 풍선처럼 부어오르고 멍이 생기면서 염증이 일어나는 것이다. 이러한 상황에서 '위험'은 세포 내에 있는 미토콘드리아 때문이다. (내가 발목을 삐었을 때처럼) 단순히 조직이 파열되기만 해도 세포의 내용물이 혈관으로 방출된다. 이 내용물에는 세포의 에너지 공장인 미토콘드리아도 들어 있다. 미토콘드리아는 세균과 먼 친척뻘이다. 면역의 관점에서 미토콘드리아는 우리 몸의 일부지만 분자상으로는 '비자기'다. 이게 왜 중요할까? 미토콘드리아가 세포 안에 있을 때는 면역 작용의 영향을 받지 않지만 세포에서 새어 나오게 되면 선천면역에 의해 위험으로 인식된다. 미토콘드리아에는 감염성 세균이 없지만 세균과 가깝다는 사실 때문에 염증반응을 시작하라는 신호를 아주 능숙하게 보내게 된다.

육감: 면역의 역할은 감염 보호 이상이다

감염 보호에 대한 이해는 면역계의 작동 방식을 발견하는 첫 단추였다. 그리고 이 지식은 여전히 면역을 바라보는 주요 관점이기도 하다. 그러나 감염 보호는 이야기의 일부에 불과하다. 건강의 수호자인 면역계는 언제나 경계 태세로 순찰하며 불을 켜고 있다. 면역은 감염 가능성을 점검하는 일 외에도 중요한 기능을 많이 한다. 회복과 치유를 관장하고, 체중과 신진대사를 조절하며 나이를 먹는 방식뿐 아니라 나이 관련 질병을 만나게 되는 시기까지 규정한다. 면역은 또한 임신 또는 이식받은 장기가 몸에 자리 잡을 확률도 결정한다. 또 한 가지 중요한 기능은 자연살해세포를 통해 암을 감시하는 일이다. 면역계는 인간종의 근본이자 본질이다.

사람들은 대개 '육감'에 관해 이야기한다. 육감은 보고 듣고 냄새 맡고 맛보고 만지는 오감이라는 표준적 통로 외에 세상을 지각하는 여섯 번째 감각이다. 나는 우리 몸에도 육감이 있다고 생각한다. 바로 면역계다. 근면하면서도 겸허한 태도로 일하는 면역계는 일종의 감각기관으로 인정받을 만하다. 시각, 청각, 촉각과 마찬가지로 면역계 또한 주변 환경으로부터 어려움을 인식하며 감정의 신호를 알아차린다. 다른 유형의 세포와 달리 면역세포는 환경, 호르몬, 영양분 심지어 뇌에서 보내는 신호까지 느끼고 반응한다. 이러한 역동적 능력 덕택에 면역계는 독특하면서도 고유한 존재가 된다.

사실상 이제 과학은 면역을 제2의 두뇌라고 여기는 지경에 이르렀다. 면역은 신체 내부와 주변에서 정보를 건져 뇌로 보내는 특화된 생체감지기 네트워크다. 이 면역 네트워크는 우리 몸이 특정한 방식으로 행동하도록 동기를 부여하고 조종할 수 있다. 몸을 웅크리거나 떨거나 잠이 드는 것—대개 질병이나 쇠약의 증상이다—처럼 간단한 행동도 사실은 감염에 대응하는 아주 구체적이고 이로운 반응일 수 있다. 또한 면역계는 수동성이나 공격성, 혹은 성적 매력처럼 질병과 전혀 관련 없는 행동에 영감을 줄 수도 있다. 면역계는 우리의 행동 방식뿐 아니라 감정 방식, 심지어 내가 누구인가에 관해서도 꽤 깊이 관여하는 듯하다.

면역계는 빛이나 음파나 맛을 인식하는 대신 세균이나 손상이나 위험 등 현 상태의 작은 변화를 분자 형태로 인식한다. 면역은 환경의 표본을 추출하고, 몸의 다른 모든 신호와 밀접하게 얽혀 있는 엄밀한 메커니즘을 진화시켜 우리 몸을 보호해왔다. 몸속 다른 어떤 체계도 이토록 적응을 중시하는 체계는 없다(뇌는 예외다. 자연이 이토록 중요한 두 체계를 갈라놓을 이유가 없지 않겠는가?). 면역계가 적응과 반응을 통해 계속 변화하는 환경에 대적하지 못한다면 인간은 끝장이다.

직관과 다르게 들릴 수 있겠지만 면역은 우리의 생존을 보장하는 동시에 질병을 일으키기도 한다. 면역 작용이 한 방향으로 기울 경우 면역계가 약화되어 우리 몸은 병원체에 취약해진다. 또 다른 방향으로 쏠리면 면역이 과도하게 작용해 우리 몸의 건강한 조직이나 환경 속의 이로운 것들까지 공격하게 된다. 혹은 일상에서 생기는 염증성 마모를 조절하지 못하게 되기도 한다. 모두 우리가 원하는 바가 아니다.

우리 시대의 질병

질병은 자연사史의 일부다. 질병은 생명체의 유산이며 진화에 의해 생성되었고 그중 많은 질병은 항생제가 나오기 전에 나타났다. 항생제가 등장하기 이전의 감염질환에는 인류 대다수를 말살시킬 잠재력이 있었다. 진화적으로 강력한 면역반응을 증가시켜야 한다는 압력은 감염질환에 의해 생겨난 것이다. 오늘날 서구에 사는 대부분의 사람들은 지나간 시대의 아동기 감염을 이기고 살아남는다. 그러나 인간이 진화했듯 질병 또한 진화했다. 지난 100여 년 동안 감염질환에 걸려 사망한 사람의 숫자는 확연히 줄어들었다. 하지만 인류에게 도전장을 내민 질병들은 인간을 현재의 모습으로 만들어놓았고 그러는 동안 진화적 취약성을 유산으로 남겼다. 디프테리아와 페스트, 콜레라, 천연두는 더 이상 세계를 휩쓰는 질병이 아니지만 오늘날 싸워야 할 적은 또 있다.

세균은 더 이상 우리 시대의 적이 아니다. 사실 예나 지금이나 우리를 둘러싸고 있는 세균의 99퍼센트(이들은 늘 도처에 있다)는 질병을 일으키지 않는다. 오히려 이들은 '이로운' 세균, 다시 말해 우리 건강의 동맹군이다. 이로써 '세균은 다 해롭고 피해야 한다'라는 기존의 신념에 구멍이 뚫린다. 미생물은 태초부터 있었으며 우리와 세균이 공유한 역사는 상호 이용이라는 유구한 결합을 발전시켜왔다(3장에서 더 논할 것이다). 오늘날 인간의 면역계가 마주하는 광범위한 질병들은 과거에 우리의 건강을 위협했던 감염질환에서 상당히 변화한 것들이다. 세균은 더 이상 우리의 주적이 아니지만 건강을 향한 전쟁은 아직 끝나지 않았다. 전쟁은 단지 지연되고 성격이 변했을 뿐이다.

새로 등장하고 있는 주요 위협 중에서 공중보건을 가장 심오한 시험대에 올려놓은 것은 날로 증가하고 있는 만성 비전염성질환NCDs, chronic non-communicable diseases이다. 만성 비전염성질환에는 자가면역, 알레르기, 대사증후군, 암이 포함된다. 전 세계적으로 이 만성질환들은 과거의 감염질환 대신 장애를 일으키고 때 이른 사망을 부르는 주원인이 되었다. 어떤 만성질환이건 주도적 역할을 하는 것은 바로 면역이다. 이제 우리는 감염되지 않아도 병에 걸리고, 생활 방식과 관련된 질환이 늘어나는 현상을 지켜보고 있다. 면역 작용을 유발하는 위험 신호는 도처에 만연하며 면역은 엇나가고 있다. 이러한 추세는 치명적이다. 회복 불가능할 만큼 엄청난 비용을 발생시킬 뿐 아니라 21세기 생활 방식 안에서는 쉽게 바뀔 수도 없다. 감염질환의 빠른 증가 추세는 나이에 상관없이 사람들을 사망에 이르게 하는 반면, 복잡한 만성 비전염성질환은 수년에 걸쳐—심지어 어떤 경우는 수십 년에 걸쳐—조용히 발병하는 장기적 질환으로, 한창 활동할 나이대 사람들의 삶을 파괴한다. 이러한 질환에 걸린 사람들은 죽음에 이르지는 않지만 병에 매여 근근이 살아가게 된다. 이러한 상황을 종합해보면 인류가 퇴보하고 있는 게 아닌가 싶겠지만, 기억해야 할 점이 있다. 사실 인류는 휘청거리면서도 전진하고 있다는 사실이다. 1980년대 이후 서구에서는 감염과 영양실조로 인한 사망자 수가 급격히 감소했다. 의학의 진보와 부의 증가 덕분에 현재 감염질환으로 사망하는 사람들의 숫자는 비감염질환 사망자보다 더 적어졌다. 하지만 대처해야 할 병이 바뀌었을 뿐 인류의 건강이 나빠지고 있다는 것은 분명하다.

그렇다면 희소식은? 인류의 건강이 새로운 병으로 위협받고 있다는 점을 인식하는 의사와 과학자와 대중이 늘고 있다는 사실이다. 자신의 건강을 좀 더 일찍 이해하는 일은 오랫동안 감당해야 하는 만성질환을 개선하는 데 매우 중요하다. 그러나 우리 시대의 건강 문제가 대개 생활 방식 때문임에도 불구하고 21세기 삶의 방식이 생활 방식을 변화시키기 어렵게 한다는 점 또한 간과할 수 없다. 흡연을 금지할 수 있고 공기를 정화할 수 있으며 자전거도로를 건설할 수도 있고 사람들에게 '하루 다섯 끼'씩 소식하라고 권고할 수도 있다. 그러나 사람들이 자신의 행동을 늘 쉽게 바꿀 수 있지는 않다. 기존의 생활 방식과 행동을 바꾸는 것이야말로 비감염질환을 막는 중요한 방법인데도 말이다. 이러한 질환들이 동일한 정도의 우려를 낳지 않는 이유이기도 하다. 비감염질환은 종종 질환을 앓고 있는 개인의 잘못으로 여겨진다.

자가면역: 아군의 포격과 신원 오인

자가면역질환에 관해 들어본 적 있을 것이다. 자가면역질환이란 정확히 무엇일까? 누가 자가면역질환에 걸릴까?

자가면역은 아군의 공격과 같다. 면역계가 지나치게 활동적이 되어 제어받지 않는 T세포와 B세포가 과도한 열의로 자기가 지켜야 하는 몸을 오히려 파괴하는 데서 생기는 질환이다. 몸에는 면역계가 자신을 공격하지 않도록 보호하기 위한 다양한 안전장치가 있는데 그중 대들보는 조절T세포다. 그러나 이러한 안전장치가 제대로 작동하지 않거나 약화되면 몸은 원치 않는 염증반응을 일으킨다.

자가면역질환은 전 세계적으로 매년 최대 7퍼센트씩 증가하고 있다. 자가면역질환은 포괄적인 용어로, 거기에는 어떤 식으로건 연관성이 있는 80개 이상의 질환이 포함된다. 질환 각각은 끔찍하고 좌절감을 안기며, 몸을 쇠약하게 만드는 데다 진단도 어렵다. 자가면역질환을 일으키는 것은 후천면역이다. 기억력이 뛰어난 후천면역이 자가면역 치료를 불가능하게 만든다. 가장 흔한 자가면역질환은 제1형 당뇨병과 류머티즘성 관절염과 루푸스다.

자가면역의 원인은 광범위하고 애매모호하지만 확실히 알려진 점은 단일한 원인이 없다는 사실이다. 사실 일부 연구에 따르면 우리는 누구나 약간씩 자가면역 가능성이 있다. 각각 다른 분자를 감지할 능력을 갖춘 10만 개 이상의 고유한 T세포와 B세포를 갖고 있기 때문에 치러야 할 희생이다. 이러한 세포들은 광범위한 감염에서 우리를 보호해주지만 대가를 치를 가능성이 상존한다. 이 중 일부가 내 몸의 세포 분자를 공격 대상으로 오인할 수도 있기 때문이다. 그러나 대부분의 경우 면역조절 체계의 정교한 분화 덕에 자가면역 가능성이 있는 문제 세포는 늘 억제된다. 그러나 면역조절에 문제가 생기면 직관으로는 도저히 이해할 수 없는 자가면역반응 가능성이 활짝 열리는 것이다. 한 가지 커다란 실마리는 특정 자가면역질환에 걸리는 사람들이 또 다른 자가면역질환에 걸릴 가능성이 더 높다는 사실이다. 전반적인 면역조절 장애가 몸 전체에서 작동하고 있기 때문에 벌어지는 일이다.

유전적 소인은 자가면역질환 전체의 약 30퍼센트를 차지하며 현재까지 밝혀진 관련 유전자는 20개 이상이다. 이들 중 많은 유전자가 '적합' 유전자의 일부다(37쪽 참조). 자가면역질환이 왜 유전되는 경향을 띠는지 설명할 때 유용한 정보다. 가족 중 한 사람이 류머티즘성 관절염에 걸릴 수 있다면 다른 사람은 갑상선 질환, 또 다른 사람은 루푸스에 걸릴 수 있다. 각기 다른 자가면역질환을 유발하는 것이 동일한 유전자일 수 있다. 그러나 유전자가 동일한 일란성 쌍둥이라고 해서 동일한 종류의 자가면역질환에 걸리지는 않는다. 유전이 자가면역의 일부라는 점을 방증한다.

자가면역질환 중 유전 요인이 없는 70퍼센트는 우리가 마주하는 환경요인과 다양한 상황 때문에 발생한다. 가령 독성화학물질, 음식, 감염, 소화불량, 스트레스 같은 요인이다.

비유전적 요인들이 다 합세해 상황이 나빠지면 실제로 면역계의 스위치가 눌려 자가면역질환을 유발하는 쪽으로 나아갈 수 있다. 이러한 요인들을 자가면역의 모자이크mosaic of autoimmunity라 한다. 설상가상으로 개인차까지 극심하다. 따라서 한 사람에게 특정한 자가면역질환에 걸리도록 하는 요인들의 조합이 다른 사람에게는 질환을 일으키지 않을 수 있다. 다시 말해 자가면역에 한 가지 요리법이란 없다.

다음 여러 장에서는 자가면역질환의 위험을 줄일 수 있는 방법을 일부 살펴볼 것이다. 이러한 생활 방식 변화 중 자가면역질환을 예방하거나 중단시키도록 확실히 보장할 만한 방안은 없다. 그러나 다 합치면 위험을 낮추는 데는 도움이 된다.

자가면역질환 치료의 큰 문제는 증상이 발현될 때까지 너무 오래 걸려 이미 면역이 수년간 소리 없이 몸속 조직에 손상을 가해왔다는 점이다. 안타깝게도 자가면역질환 진단을 받는다면 치료는 불가능하지만 관리는 가능하다는 말을 듣기 십상이다. 자가면역질환의 현행 치료법 중 많은 것이 면역계 전체를 억제해 효력을 발휘하기 때문에 '빈대 잡자고 초가삼간 태우는 짓'이라 불린다. 이러한 치료는 염증반응을 막을 수 있지만 감염에 취약해지는 달갑지 않은 부작용이 있다. 사용해볼 수 있는 오래된 치료법 중에 중요한 것이 많다. 이 책에서는 치료를 보완해줄 수 있는 방법을 공유하려 한다.

알레르기: 현대식 생활이 낳은 재앙

알레르기는 자가면역의 가까운 친척이다. 알레르기는 면역계의 과민반응으로 생기기 때문이다. 과민반응의 대상은 자신이 아니라 (꽃가루 알레르기의) 꽃가루처럼 우리가 사는 환경에 있는, 대체로 이로운 물질이다. 알레르기는 큰 위협을 초래하지 않는 대상에 대응하여 몸이 염증을 일으키는 면역 과잉 반응이다.

인류의 조상은 알레르기를 앓지 않았고 불과 몇십 년 전까지만 해도 알레르기가 극히 드물었다. 사실 1990년대 전까지 땅콩 알레르기는 거의 없었기 때문에 관련 데이터도 거의 전무했다. 알레르기 발생은 현재 가파른 상승세에 있고 약화될 기미도 전혀 보이지 않는다. 자가면역과 마찬가지로 알레르기 또한 일부는 유전이 원인일 수 있다. 그러나 인간의 집단 유전자는 그토록 짧은 시간 동안에 변화하는 일이 거의 없기 때문에 집단 유전자가 원인이라고 할 수는 없다. 그렇다면 가능한 원인은 면역계 작용을 교란시키는 환경과 생활 방식이다.

알레르기: 현대 질환의 역사

1880년대, 영국 의사 모렐 매켄지Morell Mackenzie는 꽃가루가 날리는 계절 내내 재채기를 동반한 꽃가루 알레르기가 문화와 관련이 있다는 데 주목했다. 꽃가루 알레르기는 귀족이 주로 걸리는 질환이었기 때문에, 사회경제적 계급이 높아질수록 이 알레르기 반응이 생기는 경향이 커진다는 사실을 추론한 것이다. 꽃가루 알레르기가 현대 생활에서 오는 스트레스의 결과이며, 환경과 고군분투하는 우리 몸이 지르는 고함이라는 주장이 나왔다. 매켄지는 여기서 더 나아가, 전형적인 알레르기 환자는 '연약한 상류층 출신의 독자나 무남독녀로서, 훗날 정서적으로나 사회적으로 적응 능력이 떨어지는 성인으로 자란다'라는 결론을 내렸다. 사실 다른 영향도 많지만 과거에도 그러했고 앞으로도 도시화가 얼마나 진척되느냐는 알레르기 상승을 예측하는 가장 강력한 요인 중 하나일 수 있다. 이는 여러 차례 입증된 바다. 그런 의미에서 알레르기는 전통적인 양육 방식과 거리를 둔 사람들에게 발생할 확률이 높다. 알레르기의 역사는 변화하는 환경에 대한 우리의 신체적 · 정서적 · 문화적 반응에 대한 은유다.

암: 면역계의 방어를 상대하는 고약한 책략

암은 종류가 다양하지만 특징 하나만큼은 공통적이다. 세포가 성장을 조절하는 방식이 잘못되어 통제 없이 마구 증식한다는 점이다. 통제 불능의 세포 증식은 세포 깊은 곳, 다시 말해 세포의 유전물질의 분자 차원에서 일어난다.

암은 확률의 문제다. 진화가 작용하다 남긴 불행한 부산물인 셈이다. 인간처럼 크고 복잡한 동물은 크고 복잡한 몸을 가졌다는 바로 그 이유 때문에 암에 취약하다. 세포 복제가 일어날 때마다 돌연변이가 생길 가능성이 있기 때문이다. 돌연변이 중 일부는 이롭고 유용하지만 또 다른 일부는 위험하다. 인간은 세대를 거듭하면서 유전자의 작은 돌연변이들을—이들이 결함이 있어 보인다 해도—특정 신체 속성이나 표현형을 골라내는 체계를 통해 후손에게 전달한다. 이러한 과정을 통해 후손들은 자기 환경에 더 잘 적응할 수 있게 된다. 바로 자연선택이다. 그러나 자연선택은 완벽하지 않다. 복제물이 많아질수록 암이 생길 확률도 높아진다. 일부 암의 위험이 나이 들수록 증가하는 것은 이러한 이유에서다. 앞에서 언급했던 대로 면역계는 암을 감시하는 시스템이다. 그러나 암은 남이 아니라 '자기'다. 우리의 일부라는 뜻이다. 따라서 암은 암을 순찰하는 면역의 레이더망 아래로 미끄러져 들어가 몸을 숨긴다. 암은 이런 식으로 우리 몸의 면역 방어에 잔인한 술수를 쓴다. 일부 암세포는 '나를 먹지 마'라는 신호를 보내며 면역계의 암 킬러들에게 자기 조직을 공격하지 말라고 지시한다.

운동을 비롯하여 건강에 유익한 생활 습관이 특정 암에 걸릴 위험을 줄여준다는 증거가 많다. 그러나 줄이는 것이 곧 예방은 아니다. 모든 위험을 제거할 수는 없다. 물론 생활 습관은 전반적인 위협에 큰 영향을 끼칠 수 있다. 나의 아버지—활동적으로 지내셨고 농부였으며 비흡연자에 술도 삼가신 분이고 과체중인 적도 없고 평생 테이크아웃 음식을 드신 적도 없는 분—는 12년 전 대장암 진단을 받으셨다. 대장암은 생활 습관과 관련된 암 중에서 가장 예방 가능한 암 중 하나다. 인공항문을 만드는 수술을 받고 화학요법치료를 받으신 뒤(대자연에 대한 무한 신뢰와 더불어) 아버지는 질병을 극복하셨고 이후로 건강하게 잘 지내고 계신다. 그러나 이 책을 쓰는 지금도 우리 가족은 아버지의 암 재발 진단이 나올까 초조해하고 있다.

유전상의 위험(가계의 돌연변이)과 특정 노출과 (흡연 같은) 습관 이외에도 암의 원인은 예측 불가능할 정도로 많다. 나이 들수록 암이 생길 확률이 높아져도 모를 수도 있다. 게다가 암이 모두 생활 습관 때문에 생기는 것도 아니다. '완벽한' 식생활과 습관을 유지해도 암에 걸린다. 그렇다고 건강한 생활 습관을 선택하는 일이 무익하다는 말은 아니다. 사실 매년 영국에서 발생하는 암의 25퍼센트는 금연, 적정 체중 유지, 건강한 식사, 햇빛 쐬기, 감염예방, 절주를 통해 막을 수 있다.[10]

희소식 하나는 자신의 건강을 돌보는 경우 건강을 의식하지 않는 비슷한 연령대의 사람들보다 **분명** 치료를 더 잘 견디고 회복도 더 잘된다는 것이다. 내 어머니는 아버지가 암 진단을 받은 초기부터 본능적으로 아버지의 건강을 다른 무엇보다 우선시하는 노력을 곱절로 기울이셨다. 생활 습관을 완전히 뜯어고치는 대신 세부적인 데 신경을 쓰신 것이다. 가령 식사는 가능한 한 다양하게 바꾸고 단백질을 더 보충하고 잠과 반사요법(마사지나 지압 등)을 중시함으로써 병의 스트레스를 이겨낼 수 있도록 조치를 취하셨다.

신진대사와 생활 습관으로 인한 질환

대사증후군 — 당뇨, 고혈압, 비만을 함께 초래하는 신진대사 교란 — 이 만연해 있다. 대사증후군을 일으키는 위험 요인들이 결합될 경우 심장병 위험이 배가되고 제2형 당뇨병의 확률은 다섯 배로 높아진다. 연구에 따르면 대사증후군은 다양한 암의 증가와도 관련이 있다. 대사증후군과 관련된 질환은 만성으로 변할 수 있고 몸을 쇠약하게 하며 치명적이 될 수 있다. 대사성질환은 각각 다르지만 근원적인 공통점이 있다. 대사성질환의 원인은 다양하지만 면역계도 그중 하나다. 대사증후군은 대개 고삐 풀린 면역과 감염 보호 능력의 감소로 인한 강력한 염증에서 비롯된다.

우리의 생활 방식 중 무엇인가가 면역 위험 신호를 유발하고, 이는 다시 대사장애를 일으킨다. 적정 체중을 넘어서는 경우 대사장애의 위험에 빠질 수 있다. 대사증후군을 앓는 많은 사람이 과체중이다. 21세기 사회에서는 열량을 과잉 섭취하기 쉽고 그 탓에 면역은 서서히 엇나간다. 자세한 내용은 7장에서 살펴볼 것이다. 만성염증과 인슐린 같은 대사 관련 호르몬 수치의 증가는 과체중과 대사장애의 연관성을 보여주는 증거다. 그러나 체중이 사태의 전모를 밝혀주지는 않는다. 서구식 생활 방식은 식사뿐 아니라 생활 습관을 모조리 바꾸어놓았다.

역학 연구들에 따르면 대사증후군에 걸리는 사람들의 생활 습관이나 행동에 공통점이 많다. 흡연, 부실한 식사, 비만, 적은 신체 활동 등이다. 이들 모두 사망률 증가에 기여하는 주요인으로 밝혀졌으며, 모두 합쳐진다면 청소년기와 성인기, 노년기의 만성질환 및 건강상의 다른 부정적인 결과까지 늘어난다.

뇌의 면역

최근까지 뇌는 말초 면역계the peripheral immune system의 보호를 받는다고 여겨졌다. 뇌는 장벽 뒤에 조심스레 숨겨져 있어 갑옷을 추가로 입고 세균의 침입을 막을 수 있다는 것이다. 그러나 여분의 장벽이 존재한다는 말은 대부분의 세균이 뇌로 침입해 들어갈 수 없지만 몸의 면역계 또한 뇌로 진입하기 어렵다는 뜻이기도 하다. 결국 뇌를 보호하는 면역 경찰은 미세아교세포microglia라는 이름의 뇌 거주자들이다. 이 세포는 뇌를 순찰하면서 침입하는 세균을 삼키고 죽은 신경세포를 먹어치우며 건강한 뉴런의 끝을 다듬기도 한다(뉴런neuron은 뇌 속의 분화된 신경세포로서, 끝이 서로 이어져 있어 메시지를 주고받는다. 이러한 소통을 통해 우리는 움직이는 법을 학습하고 기억을 저장하는 일을 더 잘할 수 있게 된다. 그러나 이러한 연결은 시간이 지나면서 변화한다. 일부는 더 강해지고 일부는 약해진다. 결과적으로 연결한 지 오래된 부분이 필요 없어지기도 한다. 미세아교세포는 신경세포의 이발사 역할을 한다. 세포 끝 쪽에 있는 낡고 유용성이 떨어지는 연결 부위를 잘라내 새로운 세포가 나타나게 해준다). 뇌 속에 사는 이 단일한 유형의 미세아교세포는 다양한 변종이 있기 때문에 특정 부문의 전문가라기보다는 다재다능한 팔방미인으로 기능한다. 따라서 이 세포들이 (심각한 감염이나 부상이나 심리적 트라우마의 후유증으로) 제멋대로 굴기 시작하면 정신과 기억, 정상 생활을 영위하는 능력을 앗아가는 신경 퇴행성 질환과 기타 다른 정신 문제를 일으키는 데 핵심적 역할을 하게 된다.

정신 건강과 면역계의 관계는 정신의학과 뇌과학의 뜨거운 분야다. 따라서 이 분야를 정의하는 새로운 용어들이 생겨났다. 가령 정신신경면역학psychoneuroimmunology은 뇌와 면역계 사이의 쌍방향 소통을 설명하고, 면역정신학immunopsychiatry은 뇌와 신체 관계 안에서 면역계의 생체 지배를 다룬다. 과거에는 염증이 뇌 기능 건강에서 수동적인 방관자라고 여겼다. 그러나 과학의 진보 덕에 지금은 질병 발생과 발병기전에서 면역계가 수행하는 역할이 발굴되고 있다. 이는 특정 신경질환이 면역계의 기능부전 때문에 생겨날 수 있음을 암시한다. 결국 '전부 마음의 문제'는 아닌 셈이다.

새롭고 위험한 형태의 염증

1990년대 많은 만성질환에 존재하는 '새로운' 형태의 염증이 발견되면서, 급증하는 현대적 질환의 원인을 밝히는 작업이 더 용이해졌다. 이 새로운 형태의 염증은 염증의 하위 범주로서 만성염증 혹은 '메타염증'이라고도 불리는데, 현재 낮은 등급의 무증상 염증을 정의할 때 사용된다. 짧고 날카로운 공격을 특징으로 하는 급성염증과 달리 메타염증은 장기간에 걸쳐 천천히 타오른다. 이 염증은 특정 부위에 나타나는 것이 아니라 넓게 분포하며 혈관을 타고 서서히 증가한다. 요즘 의학계에서는 염증과 아무 관련이 없어 보이는 질환의 원인이 부적절한 염증으로 밝혀지는 일이 일주일이 멀다 하고 벌어진다.

단기적인 염증이 장기간 지속되는 염증으로 바뀌면 면역내성과 면역조절에 장애가 발생하고 모든 세포와 조직의 기능에 주된 변화가 일어난다. 그 때문에 온갖 비전염성질환의 위험이 증가한다. 만성염증은 또한 정상적인 면역기능을 손상시키며 이 경우 감염, 종양에 대한 취약성이 증가하고 백신의 효과도 약화된다.

만성염증의 원인은 은밀하고, '위험' 요인 또한 포착하기 어렵기 때문에 근원적인 문제를 집어내기 어렵다. 활동적으로 생활할 수밖에 없고 잉여 열량도 거의 없던 먼 옛날부터 형성되어온 면역은 오늘날의 생활 방식에 적합하지 않다. 전에는 비만이 만성염증을 초래할 가능성을 나타내는 최초의 위험신호였다. 그러나 서서히 발달하는 만성염증은 과체중이 아니어도 나타날 수 있다. 만성염증은 현대인의 전반적인 생활 습관이 누적된 결과로서, 심리사회적 · 환경적 요인들이 넘칠 만큼 뒤섞여 나타난다. 21세기의 생활 방식은 면역계의 균형을 교란시켜, 다양한 염증의 형태로 '위험'이라는 신호를 보내는 것이다. 이러한 위험신호는 서서히 건강을 좀먹고 수많은 질환이나 합병증의 원인이 되고 있다. 깨진 틈새가 드러날 때까지 정작 당사자는 틈새가 있다는 사실조차 깨닫지 못할 수 있다.

소리 없는 징후와 증상

급성염증의 증상은 눈에 띈다. 발적, 열, 부기, 통증 등이다. 발목을 삐거나 인후통을 앓을 때처럼 상처가 있는 곳이나 특정 신체 부위에 증상이 국소적으로 나타난다. 반면 만성염증의 증상은 포착하기 어렵고 때로는 눈에 띄지도 않는다. 몸속에 만성염증이 발생하고 있다는 징후는 다음과 같다.

- 변덕스러운 기분, 불안과 우울(염증은 뇌를 비롯해 몸 전체에 영향을 끼친다)
- 통증(핵심 특징 중 하나다. 관절이 뻣뻣해지거나 아프다)
- 피로감(염증은 몸에 무리를 주고 스트레스 반응을 방해하며 호르몬 균형을 무너뜨린다. 운동을 피하고 소파에 누워야 할 것 같다)
- 무증상, 그저 몸이 불편하다는 느낌(무증상 만성염증은 좀 섬뜩하게 느껴진다. 증상이 없어도 증상이 있는 만성염증의 위험과 합병증을 얼마든지 유발할 수 있다)

불행히도 만성염증을 측정하는 표준화된 검사가 없다. 단순한 혈액검사는 간에 있는 물질—C반응성단백질CRP—을 측정한다. 면역계의 일부인 이 단백질 수치는 염증에 반응해 상승한다. 의사는 결과를 보고 단백질 수치를 낮추는 전략을 제시할 수 있다 그러나 검사만으로는 염증 부위와 원인을 알 수 없다.

만성염증의 증상은 다양한 방식으로 발현된다. 그중 많은 증상은 떨어지지 않는 감기나 다른 병으로 오인될 수 있다(따라서 만성염증은 정확히 잡아내기가 정말 어렵다). 의사가 진찰한다 해도 스트레스 때문이거나 그저 불쾌한 느낌, 설명할 수 없는 지속적 피로감, 혹은 미미하게 지속되는 통증이나 발진이라고만 진단하기 쉽다. 만성염증의 위험을 인정받는 것은 더 이상 간과할 수 없는 심각한 증상이 강하게 나타날 때에 한정된다.

증상만으로도 꽤 끔찍한데 더 나쁜 소식이 있다. 만성염증이 매우 심각한 건강 문제로 이어진다는 점이다. 심장병, 제2형 당뇨병, 자가면역질환, 알레르기, 일부 암, 심지어 알츠하이머병 같은 신경 퇴행성 질환까지 겉으로 보기에는 만성염증과 무관한 질환들이 사실은 면역과 근원적으로 연계되어 있다.[11] 이유가 무엇일까? 우리 몸의 면역반응은 '구조 작업'을 지속하게 되면(가령 문제를 해결하지 못한 채 장기간 싸움을 지속하게 되면) 결국 해결하지 못한 채 몸 곳곳의 건강한 세포와 조직과 장기를 손상시키게 된다. 이는 결국 DNA 손상과 조직괴사, 내부 유착을 일으킨다. 만성염증은 최근에 부상한 현상이지만 관련된 질환 자체는 새로운 것이 아니다. 이 질환들은 노화로 인한 마모성 질환과 동일하지만 증가 속도가 가파르다. 게다가 오늘날 만성염증은 더 공격적인 양상을 띠고 있으며, 산업화된 선진국에 살고 있는 사람들에게 더 일찍부터 나타나고 있다. 반면 전통적인 식단과 생활 방식을 고수하는 사람들, 현대사회에 널리 존재하는 환경 및 사회적인 스트레스 요인과 동떨어진 삶을 영위하는 사람들에게는 비교적 적게 나타난다.[12]

만성염증—낮은 수준의 지속적인 면역 활성화—이 수많은 비전염성질환의 근원이라는 주장은 충격적인 만큼 특별한 증거가 필요하다. 하지만 만성염증은 원인일까 아니면 결과일까? 세부 사항은 여전히 연구 중이다. 감염경로는 복잡해서 정의하거나 다루기가 어렵고, 따라서 세부적인 메커니즘 역시 알아내기 힘들다. 그러나 2017년, 심장병의 염증 효과를 검토하는 39개국 1만 명 이상의 대규모 임상실험이 진행되었다. 연구자들은 면역계의 염증반응 과정이 사람들을 서서히 죽이는 원인이라는 사실을 발견했다.[13] 적어도 일부 질환의 원인은 염증으로 보인다. 이 결과를 받아들여야만—그리고 이러한 결과를 바꾸기 위해 조치를 취해야만—비로소 우리는 생활 방식으로 인한 질환과 효과적으로 싸울 수 있을 것이다.

약의 효능은 없다

그렇다. 항염증제는 존재한다. 종류도 많다. 비스테로이드성 항염증제 NSAID도 그중 하나다. 게다가 많은 약은 처방전 없이도 약국에서 쉽게 살 수 있다. 이부프로펜도 그러한 항염증제에 속한다. 이러한 약은 다양한 급성통증에 잘 듣고 며칠이나 일주일만 복용하면 대부분 전혀 위험하지 않다. 그러나 이 약들에도 부작용이 있다. 2015년 7월 미국 식품의약국FDA은 비스테로이드성 항염증제에 대한 새로운 경고를 추가했다. 심장병과 심혈관 문제가 있는 사람들에게는 신중하게 투여해야 한다는 내용이었다. 단 일주일만 복용해도 이러한 환자들의 심장발작과 뇌졸중 확률이 증가할 수 있다는 것을 최근 입증했기 때문이다.[14] 소화관 내벽 손상 등의 흔한 부작용은 말할 것도 없다. 그리고 우려스러운 점은, 이러한 약이 염증 해소를 방해하여 우리 몸이 능숙히 해낼 수 있는 자연 치유 과정을 막는다는 것이다. 증상을 완화할 수는 있다. 그러나 잘 알려져 있지 않은 사실 하나. 이러한 치료제가 만성염증에 발휘하는 효과는 아주 미미하다. 만성염증이 장기간에 걸쳐 해소될 수 있는 중대한 경로를 약으로 막는 경우, 약에 대한 의존을 초래하고 그로 인해 오히려 반작용이 나타나는 것으로 밝혀졌다. 역설적이게도 억제되었던 과정을 벌충하려는 몸의 작용이 나타나 만성염증을 더욱 악화시킨다.[15,16] 지속적으로 약을 복용한다면 개선하고 싶은 문제 중 일부가 더 심화되는 것이다. 으뜸가는 사례는 관절염이다. 즉, 비스테로이드성 항염증제가 단기적으로는 증상을 완화시키지만 장기적으로 복용할 경우 질환을 더욱 심하게 만든다.[17] 결국 만성염증의 경우 약물의 부작용이 다른 이득보다 크다고 할 수 있다.

비스테로이드성 항염증제를 복용해도 되는 때와 아닌 때는 언제일까? 복잡하고 논란이 많은 주제다. 이 약을 처방받는 경우에는 의사의 지시를 따라야 한다. 문제는 처방전이 없어도 약을 구할 수 있기 때문에 현재는 지침이나 책임 소재가 분명하지 않다는 것, 사람들이 상상 가능한 모든 통증에 이 약을 복용한다는 것이다. 심지어 정서적 스트레스를 받을 때도 복용한다. 그러나 이 약을 쓸 때는 인류가 오랜 세월 생존하도록 해준 섬세한 균형을 염두에 두어야 한다. 지금은 만성염증에 대처할 장기적인 방안에 눈을 돌려야 할 때다. 그 방안 중 일부는 다시 소개할 예정이다. 상황은 그다지 비관적이지 않다. 좀 더 유기적이고 전체론적인 접근법을 쓴다면 비스테로이드성 항염증제를 완전히 부인하지는 않되 쓰는 양을 줄일 수 있다.

엉터리 약을 피하고 면역을 최대한 활용하는 법

이제까지 논의한 내용을 통해 면역에 대한 하나의 상이 그려질 것이다. 면역은 겨울이면 찾아드는 감기에서 느끼는 증상 그 이상이다. 면역은 건강과 행복의 온갖 측면을 관통해 흐르는 강과 같다. 면역학자인 나의 경험상 면역은 우리의 행복—심지어 생존—의 핵심이므로 면역의 작용을 파악하게 되면 더 나은 삶을 꾸리기 위한 중요한 교훈을 얻을 수 있다. 면역은 우리를 생존하게 해주는 동시에 아프게도 한다. 과식과 정신없는 생활을 특징으로 하는 우리 시대 광란의 속도전이 주의 깊게 구축된 면역계의 균형을 서서히 잠식하고 있다는 진실을 더 이상 무시해서는 안 된다.

직업상 나는 면역이나 질환에 관한 온갖 이야기를 듣고 산다. 콧물이 흐를 때는 닭고기 수프가 좋다는 이야기, 관절염에는 구리 팔찌가 특효약이라는 낭설, 옛 아낙들이 전하는 미신 같은 비법, 전통으로 전해 내려오는 신앙과 정말 기괴한 이야기들. 세대마다 기적의 치유와 건강을 약속하는 나름의 '엉터리 약', 물약, 혹은 의식이 있다. 대부분은 결함투성이 처방이다. 과녁을 완전히 빗나간 처방도 있고 무모한 이야기도 있으며 해악만 끼치는 방법도 있다. 대체요법이 모조리 효과 없다는 말은 아니다. 이러한 처방은 대개 적극 알리는 사람들에게는 효력이 있어 보이지만 다른 이에게는 적합하지 않거나 위험하다는 말이다. 그리고 분명 대부분의 처방은 건강을 항상 유지할 정도가 못 된다. 또 일부 사람에게는 진실보다는 믿음이면 충분하다. 바로 위약효과다. 경탄스러울 지경이다(73쪽 참조). 위약효과는 우리의 태도와 믿음에 얼마나 큰 힘이 있는지 입증해준다. 그러나 역할과 태도가 건강에 끼칠 수 있는 영향은 의학의 여러 분야 중 파악한 점이 가장 적은 분야다.

엉터리 약의 홍수라는 동전의 이면에는 '건강 열풍'의 고조라는 현상이 있다. 급증하고 있는 이 새로운 트렌드는 병에 걸리기 전에 자신을 미리 돌본다는 예방에 대한 열렬한 관심을 일으켰지만 또 다른 한편으로는 사람들을 속이는 메시지, 과장된 주장과, 과학으로부터의 이탈이라는 거센 흐름을 낳았다. 《랜싯The Lancet》지에 실렸던 의심쩍은 논문에서 진화한 백신접종 반대 운동에서 나타나듯, 잘못된 정보는 확증편향으로 악화되어 진실보다 더 빨리, 더 심하게 확산된다. 잘못된 판단으로 인한 선택과 엉뚱한 곳에 쓴 돈이 모두 우리의 건강을 해칠 수 있다는 뜻이다.

누구나 건강을 돌보는 전략을 듣고 싶어 한다. 매일 무엇을 해야 할지, 어떤 슈퍼 푸드를 먹고 어떤 영양제를 먹어야 할지 알고 싶을 것이다. 그런데 왜 나는 이러한 바람을 따르는 대신, '건강 열풍'을 비판적으로 보라고 촉구하는 것일까? 왜 나는 면역 '증강'을 목표로 하는 강력한 마케팅에 신경 쓰지 말라고 요구하는 것일까? 어떤 이들은 '과학이 건강 열풍을 아직 따라잡지 못했다'라는 주장을 펼친다. 하지만 과학은 결코 따라가지 않는다. 과학은 그런 식으로 작용하지 않기 때문이다.

위약효과

위약이란 '진짜' 치료처럼 보이지만 실제로는 치료가 아닌 모든 것을 가리킨다. 위약은 알약일 수도 있고 주사나 일부 다른 종류의 '가짜' 치료책일 수 있다. 모든 위약의 공통점은 건강에 영향을 끼칠 의도가 있는 유효성분을 함유하고 있지 않다는 것이다. 위약은 대개 신약의 효과를 검토하는 임상실험에서 비교용으로 쓰인다. 일부 사람들은 위약에 반응을 보일 수 있으며 긍정적일 수도 있고 부정적일 수도 있다. 증상이 호전되거나 부작용이 나타날 수도 있다는 뜻이다. 이러한 반응을 '위약효과'라고 한다. 인간의 마음은 치유할 기회를 갖게 되면 그 자체로 강력한 치유의 도구가 된다. 뇌가 몸에게 가짜 치료가 진짜라고 설득할 수 있기 때문에 치유를 자극할 수 있다는 생각은 지난 수천 년 동안 통용되어왔다. 현대 과학 역시 적절한 상황에서는 위약이 종래의 치료만큼 효과가 있을 수 있음을 발견했다.

나는 지나간 시간을 개탄하거나 슈퍼 푸드를 비난하는 데 시간을 낭비하고 싶지 않다. 어쨌거나 우리는 계속해서 삶을 영위해왔고, 현대인의 건강이 어떤 면에서는 더 향상된 것이 사실이다. 그러나 우리가 목욕물을 버리면서 아기까지 버린 건 아닌가 의아해하지 않을 수 없다. 이 책은 즉효 약과 만병통치약을 다루지 않는다. 사람들의 관심은 이제 치료에서 자가돌봄으로 옮겨가고 있다. 식사와 영양과 운동과 생활 습관이 건강과 직결되어 있다는 이유로 전보다 더 마음을 쏟게 된 것이다. 증거가 쌓이고 있기 때문에 의학도 이제 더 이상 이런 변화와 그 위상을 덮어놓고 간과할 수만은 없다. 현대인을 괴롭히는 통제 불가능한 비전염성질환은 급증하고 있다. 자가돌봄은 이러한 질환에 맞서는 최상의 선택일 수 있다. 다음 장들에서 살필 여러 연구는 특정한 생활 습관을 선택하고 이를 유지하면 비전염성질환의 위험이 낮아진다는 것을 입증한다. 이미 진단을 받은 환자들 역시 생활 습관을 바꾸고 이를 강력히 지지하는 네트워크를 통해 치료를 효과적으로 강화할 수 있다는 사실도 속속 밝혀지고 있다.

건강 증진의 퍼즐 풀기

몸과 마음의 건강은 전부 면역계에서 시작해 면역계에서 끝난다. 면역계는 몸의 배후에 숨은 수호자이자 통제의 중추다. 면역계는 궁극적으로 우리의 환경과 평화협정을 맺고 싶어 한다. 우리의 목적은 면역계가 자연스러운 균형을 잃지 않는 선에서 환경과 조화를 이루도록 하는 것이다.

뇌와 마찬가지로 면역계 역시 학습 시스템이다. 환경에서 들어오는 정보를 예상하는 쪽으로 진화했다는 뜻이다. 무분별한 소비와 속도를 조절하지 않는 생활 방식은 환경에서 입력되는 정보를 왜곡하여 주의 깊게 구축된 면역계의 균형을 서서히 잠식하고 있다. 이 사실은 이제 더 이상 간과할 수 없을 만큼 위협이 되고 있다. 우리가 사는 세계가 바뀌었다는 사실에도 불구하고, 아니 정확히 말해 세계가 바뀌었다는 사실 때문에 꼭 유념해야 할 점이 있다. 선조들은 생각할 필요도 없이 직관적으로 받아들였던 일들, 그러나 일주일 24시간을 미친 듯 질주하는 현대인들은 너무도 어렵게 생각하는 일들을 이제는 반드시 받아들여 자기 것으로 만들어야만 한다. 분별력 있는 생활 습관, 충분한 수면, 규칙적 운동, 건강에 좋은 식품 섭취, 끊임없는 압박을 조절하고 자기를 관리할 수 있는 정신적 대역폭을 키우는 일이 반드시 해야 하는 중요한 일들이다. 우리의 미래는 지금까지의 의학이냐 다른 대안이냐의 선택이 아니다. 현대 의학과 우리 조상들의 직관이 만든 지혜의 융합에 달려 있다.

의사의 영역 밖에서 건강을 결정할 수 있는 내면의 힘에 관해 호기심이 들 수 있다. 그렇다고 닥터 구글이나 온라인에서 온갖 영향력을 행사하는 돌팔이에게 마음을 쏟는 일에는 영 마음이 움직이지 않고, 셀러리 주스를 마시라는 말에도 진력이 난다면 이 책이 지식과 방향을 제공할 수 있다. 건강을 지키는 일은 장기 레이스를 하는 것과 같다. 면역을 제대로 이해한다면 건강을 지키는 게임에서 승리하는 데 도움을 받을 수 있다. 면역계는 강하게 키우는 것이 아니라 유지해야 하는 것이다. 면역계의 균형은 미세하고 정교하다. 이러한 균형을 존중하라. 면역계의 균형은 건강하다고 느끼면서 잘 사는 데 꼭 필요하다. 2장에서는 나의 개인적 조언과 묘책을 공유할 것이고, 옛 전통을 현대식으로 바꾸어 일상생활에 통합하는 방법을 이야기할 것이다. 이러한 정보를 과학이 뒷받침하는 생활 습관의 변화라고 생각하라. 아주 간단히 말해 이들은 더 나은 방향으로 살짝 밀어주는 부드러운 넛지다.

2장

장수하기 위한 생활 습관

'예측은 어렵다.
특히 미래 예측은 더 어렵다.'

피터 브라이언 메더워Peter Brian Medawar

'면역내성immunological tolerance'을 발견한 공로로 1960년 노벨 생리의학상 수상 건강을 향한 여정은 긴 경기를 하는 일이다. 요즘 성행하는 웰빙 문화, 건강 증진의 즉효 약이 있다는 메시지, 이룰 수 없는 이상과 씨름하면서 나는 이 사실을 계속해서 떠올린다. 나이가 들수록 나는 건강에 장기적으로 접근하고 있으며, 무엇보다 이러한 접근법을 신뢰하고 있다. 장기 레이스를 한다는 것은 목표와 계획 역시 장기적으로 설정한다는 뜻이다. 그 말은 지금 당장, 그리고 매일, 나를 건강하게 만드는 작은 실천을 실행하되 아주 오랫동안 한다는 뜻이다. 게임을 오래 해야 할 때 누구나 자신의 이익을 도모하기 위해 지속 가능한 변화를 의식적으로 고려하며 행동한다. 이러한 접근법은 삶의 모든 측면에 적용할 수 있다. 하물며 태어나서 죽을 때까지 우리의 건강을 지배하는 면역이야말로 장기적인 접근법이 가장 중요한 영역 아닌가.

그러나 즉각적인 응답과 만족을 추구하는 세계에서 이런 사실을 기억하는 사람은 없다. 일상의 요구들은 정신을 산만하게 만들며, 지나치게 많은 선택지와 정보를 수용하다 보면 중요하지 않은 일이 하나도 없어 보인다. 결국 오늘의 생활 방식이 내일 나의 건강에 어떤 영향을 끼칠 수 있는지 생각할 수 없는 지경에 이른다. 현대인은 건강산업이 넘쳐나는 환경에 갇혀 오도 가도 못하고 있다. 건강주스 전문점, 명상, 디톡스 다이어트, 마음챙김 앱과 요가복이 도처에서 건강을 외친다. 그 속에서 우리는 버거운 생활의 짐을 벗어던지지도 못한 채 건강에 좋다는 온갖 습관을 자기 것으로 만드느라 힘을 쏟는다. 결과는? 전에 배운 습관은 별 효력이 없어 보인다. 이제 신속하게 다음 해결책을 찾아 나선다.

우리의 면역 생애사

진화는 인간을 형성하는 특성들이 수천 년에 걸쳐 느리게 변화하는 과정이다. 반면 우리는 날마다 생존하기 위해 뭔가 배워 습득해야 하고 신속히 주위 환경에 적응해야 한다. 2장에서 내가 밝힐 내용은 면역이 끊임없는 변화와 유동성을 겪으며 우리가 태어나서 죽을 때까지 적응을 한다는 것이다. 우리가 태어날 때, 아니 심지어 태어나기 전부터 텅 빈 캔버스에서 출발한 개개인의 면역 생애사는 어린 시절에 틀이 형성된다. 면역의 여정은 개인이 노출되는 다양한 환경 변화에 대응한다. 나이와 감염부터 타고난 성별, 성적 끌림, 젠더, 신체 사이즈까지 면역은 개인이 겪는 경험 전체에 의해 만들어진다. 면역은 모든 만남과 모험에 의해 길러지며, 변화하는 감정과 주위 환경의 교육을 받는다. 면역은 심지어 기대수명을 결정하기도 하는데, 나이로 인한 면역 고장은 건강과 장수에 심각한 영향을 미친다.

삶의 단계마다 건강상의 위험과 어려움이 다양하게 닥친다. 이는 평생 동안 적응하는 면역계의 놀라운 능력이 얼마나 중요한지 여실히 드러낸다. 건강이 악화될 활률은 지구에서 오래 지낼수록 높아진다. 특히 생활 습관과 환경을 통해 몸에 각인된 것들이 면역의 필요와 맞지 않을 때 위험은 커진다. 2장에서는 변화하는 면역계와 현대식 환경을 고려하며 건강을 스스로 관리할 수 있는 방법을 탐색할 것이다. 여러분도 이 탐색에 참여해야 한다. 빠른 해결책은 없다. 현대 생활의 난관을 헤쳐나가도록 도움을 줄 전략뿐이다.

냄새와 성: 다를수록 끌리는 이유

냄새는 우리가 실제로 누구인지 잘 드러내는 표식 중 하나다. 냄새는 우리의 면역계와 동일한 적합유전자—즉, 화학물질로 된 서명—에 의해 결정된다(37쪽 참조).[1] 냄새는 페로몬이고 페로몬은 성적 유인책이다. 사실 놀랍게도 인간은 이 냄새에 아주 민감하다. 갓 태어난 포유류와 그 어미는 출생 몇 시간 이내에 냄새만으로 서로를 알아볼 수 있다. 물론 냄새를 통한 식별이 완벽하지는 않다. 우리는 모든 것을 후각을 근거로 결정하지는 않기 때문이다. 하지만 자신에게 제일 잘 어울리는 사람을 찾아낸 다음에는 이야기가 달라진다. 냄새는 성적 유인뿐 아니라 성적 흥분에서도 아주 중요한 역할을 한다. 한 연구에 따르면 남성들은 여성이 입고 잤던 티셔츠 냄새를 맡으면 배란을 했는지 여부까지도 알아낼 수 있다고 한다. 남자들은 배란이 이루어지는 즈음에 여자가 입었던 티셔츠 냄새를 더 좋다고 생각했다.[2]

하지만 면역이 이러한 결과와 무슨 상관이 있을까? 인간의 정신이 개별 정체성을 발달시키듯, 면역계 역시 개인차가 크다. 면역계가 이

식된 장기를 거부할 수 있는 이유다. 어린 생쥐는 자기 둥지에 있는 친구의 냄새를 더 좋아하는 경향이 있지만, 사춘기가 되면 자신과 다른 짝의 냄새를 좋아한다! 차이를 좋아하는 것이다. 인간을 대상으로 한 연구들도 인간 역시 자신과 적합유전자가 가장 다른 파트너의 냄새를 선호한다는 사실을 밝혀냈다. 그러나 여성이 임신을 하거나 경구피임약을 복용하는 중일 경우 성인 남성의 선호는 다시 바뀌어 적합유전자가 유사한 남성의 익숙한 냄새를 더 좋아하게 된다. 이러한 연구가 시사하는 바는 다음과 같다. 인간은 자신의 면역계와 가장 다른 면역계를 가진 상대를 선호한다는 것이다. 이러한 경향의 원리는 무엇일까?

자신과 다른 면역유전자를 가진 파트너를 선호하는 것은 유전적 다양성을 확보하기 위한 내재적 전략일 수 있다. 이러한 선호를 통해 가장 효과적인 면역계를 갖춘 더 튼튼한 아이를 낳을 수 있다. 부모의 유전적 차이가 클수록 이들의 적합유전자가 갖추는 면역의 보완성도 더 다양해진다. 그러면 노출되는 감염에 저항할 수 있는 폭이 넓어진다. 자신과 다른 면역유전자를 선호하는 경향은 번식력을 향상시키려는 내재적 전략일 수도 있다(적합유전자가 유사한 쌍의 번식력이 약하다는 증거가 있다).

연애의 진정한 화학작용은 결국 우리가 타고난 면역유전자 속에 있는 셈이다. 이 페로몬의 힘을 활용하는 방법을 알아낸 것은 아니지만 데이트 산업은 이 문제를 절대로 그냥 넘어가지 않을 모양이다. 데이트 시장에 냄새의 화학작용을 기반으로 한 중매 서비스까지 횡행하고 있는 걸 보면!

성별 격차

질병과 건강 악화는 모든 성별과 인종과 연령의 사람들에게 영향을 끼치지만 면역에서는 특히 성별 차이가 지배적이다. 남성과 여성은 감염에 반응하는 방식이 다르다. 그뿐 아니라 성별은 다음 측면에 연쇄적인 영향을 끼칠 수 있다.[3]

- 만성질환에 걸릴 확률
- 알레르기질환에 걸릴 확률
- 치료에 대한 반응
- 백신의 효과

최근까지 과학계는 면역의 성별 차이를 파악하는 연구를 대체로 도외시했다. 임상실험은 예로부터 여성 피험자를 배제해왔고, 오늘날에도 상황은 크게 다르지 않다. 과학 연구가 여성을 제대로 대변하고 있지 못한 것이다. 의학의 성별 편향은 정보 결핍을 초래했을 뿐 아니라, 제대로 알려지지 않은 영향력까지 포함해 인간의 건강에 미친 파급효과가 크다.[4]

성별 편향 문제가 중요한 이유는 무엇일까? 누구나 아는 성평등 문제는 차치하고, 역사적으로 과학이 여성을 배제해왔다는 점은 여성들의 건강에 심각한 함의를 지닌다. 최근에 이루어진 연구들은 여성의 면역반응에 설명되지 않은 변동을 발견하고 있다. '교란변수confounder'

라 알려진 이러한 변동은 임상실험 해석의 오류로 이어질 수 있고, 심지어 여성들이 백신 같은 예방조치에 반응하는 정도에도 영향을 끼칠 수 있다. 중요한 점은 보건 전문가들이 성적 활동과 생리주기가 혈액 검사 결과의 변동을 초래할 수 있다는 점을 인식하는 것이다. 여러분이 여성이라면 이러한 인식은 자신이 면역질환 치료를 받고 있거나 치솟는 염증 증상을 겪고 있는지 아는 데 유용할 수 있다. 이는 또한 임신 문제에 도움이 되는 방향으로 활용할 수 있다.

남성 독감은 진짜다

누구나 동의하는 대로 남자들은 유난히 질병을 놓고 호들갑을 떤다. 남성 독감man flu은 진짜다. 얼마나 흔한지 『옥스퍼드 영어사전』에도 'man flu'라는 단어가 실려 있을 정도다. 남성 독감이란 '감기나 다른 사소한 질환을 과장한다고 간주되는 남성이 걸리는 질환'이다(꾸며낸 이야기가 아니라 실화다).[5] 하지만 선반 꼭대기에 있는 물건을 꺼낼 수 있는 덩치부터 잘 안 열리는 뚜껑을 확 열어버리는 힘까지, 이렇게 타고난 생물학적 능력을 진화시킨 남자가 어떻게 여자보다 약할 수 있다는 말일까?

과학에 논쟁의 여지란 없다. 확실히 질병은 여성보다 남성에게 더 많은 영향을 끼칠 수 있다. 이것은 증상을 과장하는 문제가 아니다. 증거에 따르면 남성은 실제로 더 많은 통증을 경험할 수 있다. 증상은 객관적으로 남성에게 더 심한 신체적 영향을 끼친다.[6] 그 이유는 복잡하지만 알려진 사실은 일부다. 아직 파악하지 못한 진화적 원인이 작용하고 있을 가능성이 있다. 종의 생존은 남성이 감염의 타격을 더 크게 입을 수 있다는 것을 의미할 수도 있다. 아니면 세균이 자기 생존을 위해 엉큼한 술책을 쓰고 있는 것일 수도 있다. 어느 쪽이건 남성은 감염에 관해서는 더 약한 성으로 선택된 듯 보인다. 왜? 잘은 모르겠지만, 여성은 다수의 메커니즘을 발전시켜 감염을 전파한다. 보통의 경로뿐 아니라 임신이나 출산할 때, 아니면 모유수유를 통해서도 감염원을 옮길 수 있다. 여성은 세균을 확산시키는 데 더 적합한 도구다. 따라서 여성은 세균에 맞서기 위해 더 강한 면역이 필요하다. 여성은 성장하는 태아와 갓 태어난 아이를 보호하기 위해 특히 빠르고 강력한 면역반응을 진화시켰을 수 있다. 물론 남성 독감의 원인에 대한 설명은 이것 말고 또 있다.

입증되지 않았지만 심리학적 가설에 따르면 남성은 약하다는 티를 내기 어렵다. 과학이 남자들에게 과학적으로 유효성이 있는 근거—남성이 강한 존재라는 근거—를 제공하면 남자들은 정말 그 근거에 의존하는 모양이다. 성호르몬의 역할도 있다. 여성호르몬으로 알려진 에스트로겐과 남성호르몬으로 알려진 테스토스테론이 염증과 항체 생성을 조절하는 방식에도 차이가 있다는 뜻이다. 에스트로겐은 항바이러스 반응에 관련된 세포를 활성화시킬 수 있고 테스토스테론은 염증을 억제한다. 남성과 여성이 감염에 다르게 대처한다는 암시는 꽤 오래전부터 있었다. 1992년 세계보건기구는 임상실험에서 새로 개발한 홍역 백신이 여아 사망률을 상당히 증가시킨다는 결과가 나온 후 해당 백신을 허겁지겁 철수시켰다. 그러나 남성과 여성을 따로 살피는 연구는 극소수에 불과하므로 성과 관련된 특수한 영향이 무엇이건 가려진다. 게다가 많은 임상실험에서는 생리주기와 임신이 결과를 복잡하게 만들 수 있다는 이유로 남자만 실험 대상으로 삼는다. 불편한 진실이다.

그러나 자가면역질환에 더 취약한 것은 여성이다

남성이 정말 세균과의 전투에서 더 약하다면 여성은 면역력 면에서 축복받은 존재임에 틀림없다. 과연 그럴까? 그렇지 않다. 평생 돌보아야 하는 끔찍한 자가면역질환에서는 성별 문제가 전혀 다르게 펼쳐진다.

자가면역질환은 여성 편향이 강하다. 여성이 자가면역질환에 걸릴 확률이 남성에 비해 무려 세 배 이상 높다. 여성의 면역계는 자가면역 쪽으로 더 잘 옮겨가는 성향일까?

자가면역질환은 복잡하며 유발 요인도 많다. 1장에서 보았듯이 이 질환에 기여하는 유전과 환경요인이 결합될 때 초대형 악재가 닥친다. 바로 자가면역질환이다. 하지만 이것으로는 여성이 남성보다 자가면역질환의 영향을 더 많이 받는 이유를 설명할 수 없다. 설상가상으로 제대로 규명하지 못한 생물학적 · 사회적 · 심리적 요인까지 개입되어 있다. 자가면역질환이 상승세를 타면서 성별이라는 렌즈를 통해 이 질환에 접근하고 치료하는 일의 중요성이 점차 커지는 중이다.

과학자들 사이에 알려진 내용은 성별 차이와 연관된 유전자들이 면역에 일부 영향을 끼친다는 정도다. 가령 성별 차이는 백신에 대한 항체반응에 영향을 끼친다. 이러한 차이가 성별에 따라 상이한 유전자가 선택되기 때문인지, 아니면 환경적 요인이 유전자의 스위치를 끄고 켜기 때문인지 아직 분명히 알 수 없다.

알려진 바에 따르면, 여성의 X염색체는 자가면역질환과 관련된 유전자를 많이 포함하고 있다. 반면 남성의 Y염색체는 자가면역질환에 유전적 영향을 훨씬 덜 끼친다. 대체로 여성의 면역계가 남성보다 더 강한 편이며 가임기 내내 염증반응을 더 강하게 키운다. 따라서 한 인간의 전 생애에 걸쳐 늘어나고 줄어드는 성호르몬의 변화가 신체와 감정과 면역을 형성하는 데 유전자와 환경보다 더 큰 영향을 끼치는 셈이다.

성과 면역의 관계

성호르몬은 우리가 태어나기 전부터 죽을 때까지 우리를 만든다. 우리는 성호르몬이 우리를 형성하는 방식을 이제야 파악하기 시작했다. 성호르몬이 만든 차이는 사춘기 이후에 나타나는 경향이 있고, 특히 가임기 여성의 면역 면에서 중요하다.

여성의 면역계는 생리주기 동안 부단히 유동적이다. 생리주기의 변화는 자가면역질환 같은 만성질환뿐 아니라 감염 취약성에도 영향을 끼칠 수 있다.[7,8] 생리주기를 통제하는 핵심 호르몬의 성질을 고려할 때 당연한 일이다. 에스트로겐과 프로게스테론(황체호르몬)은 면역세포의 행태와 기능을 직접 바꾸어놓을 수 있다. 생리주기의 전반부—생리 첫날부터 배란기까지인 난포기—에 여성의 면역력은 프로게스테론이 없는 상태에서 에스트로겐이 상승하면서 더 능동적이고 공격적이 된다. 이론상 이 시기에는 감염에 덜 취약하다. 그러나 에스트로겐 상승이 반드시 건강을 의미하지는 않는다. 면역반응은 염증반응의 상승이고 염증반응의 강화는 만성 면역질환의 악화로 이어질 수 있기 때문이다.

반면 생리주기의 후반부인 배란 이후—황체기—에는 프로게스테론 수치가 상승하면서 면역반응이 일시적으로 억제된다.[9] 프로게스테론은 대개 면역억제성이 있어 염증을 막아주고 자가면역으로부터 몸을 보호한다. 따라서 생리주기의 후반부에는 감염에 취약해지지만 일부 여성의 경우 염증이 줄어들고 악화된 증상이 완화되기도 하며 또 다른 경우에는 치료와 운동을 통한 회복 속도가 느려지기도 한다.

대개 남성호르몬이라 불리는 테스토스테론 또한 여성의 난소에서 만들어지며, 일정 수준 자가면역으로부터 보호함으로써 염증성 면역반응을 부드럽게 제어해준다. 사실 남성이 자가면역질환에 덜 걸리는 수수께끼의 핵심 조각은 남성에게 테스토스테론 수치가 더 높다는 점이다.[10]

정말로 놀라운 사실은 매달 일어나는 여성의 유동적 변화가 성적 활동이 왕성한 여성들에게서 더 두드러진다는 점이다. 이는 면역이 우리의 행동에 대응하여 시시각각 변한다는 또 하나의 사례이기도 하다. 하지만 왜 그럴까? 이는 감염 방지와 임신이라는 이질적 활동 간의 균형 때문이다. 성적으로 왕성할 때 면역은 감염을 포함한 무엇이든 이질적인 외부의 물질에서 여성의 몸을 방어하려 노력해야 한다. 한편, 역시 비자기 물질인 정자를 받아들여 임신을 허용해야 한다. 여성이 아이를 원하는지 여부와는 상관이 없다. 진화적으로 여성의 몸은 모두 동일한 생체 욕망이 있다. 간단히 말해 진화는 후세대로 유전자를 전달하는 일에만 골몰하는 것이다. 그러려면 여성의 몸이 임신을 해야 한다. 따라서 여성의 번식력이 가장 왕성할 때 면역 방어력을 감소시키는 것은 임신 확률을 높이려는 몸의 교활한 술책인 셈이다.

면역반응이 감소하면 임신 가능성이 높아지는 이유는 무엇일까? 임신(번식)과 면역반응 사이의 교환, 다시 말해 임신을 위해 면역을 포기하는 희생은 까다로운 문제다. 1장에서 살핀 바대로 면역계는 자신과 유전적으로 다르게 보이는 것은 무엇이건 공격한다. 아버지 DNA의 절반을 가지고 있는 태아는 유전자 구조상 '이질적인' 물질로 빽빽이 차 있다. 그렇기 때문에 모체의 면역계는 자궁에 있는 태아, 절반은 자신이 아닌 이질적인 아기를 면역계가 거부하지 못하도록 임신 기간 내내 면역반응을 억제해야 한다. 애초에 여성의 임신 가능성을 높이기 위해 진화는 성적으로 왕성한 여성의 면역을 항상 어느 정도 억제하는 방식을 발전시켰다. 놀랍게도 이 면역억제 작용은 흥분과 성적 쾌락으로 유발되며, 여성의 성관계 빈도와 관련이 있다(파트너의 숫자와 면역의 연관성은 알아낼 만한 흥미로운 주제이기는 하지만 아직 알려져 있지 않다).[11,12,13] 반면 남성은 성관계 횟수가 많을수록 면역 방어를 더욱 강화시킨다. 면역력 강화의 기회가 없는 것은 우리 여성뿐인 듯하다.

이렇게 면역은 능동적으로 변화하며 사회적 행동에 적응한다. 면역계가 가만히 앉아 감염을 기다리고 있지 않다는 뜻이다. 면역계는 환경과 생명체의 행동에 직관적으로 대응한다. 기묘한 이야기지만 금욕이야말로 확실한 면역 강화법이다! 면역이 적절한 변화를 만들어내는 것은 성적으로 왕성할 때뿐이며 이때만 임신과 면역 중 무엇을 선택할지 결정하는 것이다.

성호르몬과 면역의 관계에 대한 놀라운 이야기는 여기서 끝나지 않는다. 비교적 짧은 시간에 걸쳐 엄청난 변화가 일어나기 때문에 자가면역질환에 걸리는 여성의 거의 절반은 임신 후 첫해 동안 그 질환에 걸린다. 아이를 갖게 된 후 얻게 되는 이 불행한 질환의 도화선은 호르몬이다. 산후에 미친 듯이 오르락내리락하는 에스트로겐의 변화, 혹은 (난소 활동이 완전히 끝나기 전인) 갱년기의 에스트로겐 급등과 급락은 자가면역질환의 고삐를 풀어놓을 수 있다. 따라서 자신의 생리주기에 관심을 기울이는 것, 그리고 호르몬이 제대로 돌아가지 않아 걱정될 때 도움을 청하는 일이 중요하다. 물론 성호르몬은 혼자 작용하지 않는다. 성호르몬 역시 다양한 요인의 영향을 받는다. 가령 우리 몸의 스트레스 물질 수치, 운동량, 먹는 것과 먹지 않는 것 등이 그 요인이다. 그리고 특정 질환의 발생과 경로에 영향을 끼치는 것은 호르몬의 양뿐만 아니라 여러 호르몬의 조합과 각각의 비율이다.

폐경기로 접어들면 여성호르몬의 감소로 면역기능이 상당히 떨어질 수 있다. 이때 여성의 면역기능은 남성의 면역기능과 비슷해지거나 더 약해질 수 있다.[14] 그러면 자가면역질환이 개선될 수도 있고 아니면 전반적으로 떨어진 면역기능 때문에 상황이 악화될 수도 있다. 폐경기에 자연스럽게 닥치는 일반적 증상과 면역이 엇나가 초래되는 증상을 명확히 구분하기는 어렵다.

임신과 면역

지금까지 면역계가 성적 활동에 어떻게 대응하는지 알아보았다. 또 한 가지 가장 중요한 문제는 면역계가 임신을 통제하는 문제다. 이제 임신과 면역의 관계를 살펴보자.

면역세포는 배아가 이식되는 곳에 존재한다. 과거의 과학자들은 면역세포가 낯선 배아 세포와 전투를 치르고 있으며, 이질적인 배아 세포가 면역반응을 억제하려 한다고 생각했다. 전투에서 배아 세포가 우위를 차지할 때 임신이 성공한다는 것이다. 또한 모체 세포와 배아 세포 사이의 전투는 임신 기간 내내 지속되고, 이 전투 과정이 실패할 경우 유산이나 조기 진통이 유발된다고 생각했다. 그러나 오늘날의 이론은 다르다. 배아 근처의 면역세포 덩어리들은 임신이 성공하도록 돕고, 임신 첫 12주 동안 자궁 내벽에 필요한 염증과 상처를 일으킨다. 그 후 15주 동안이 산모의 면역이 억제되는 기간이다. 조절T세포(34쪽 참조)는 '낯선' 아기를 거부하는 면역계의 기본 작용을 압박해 면역계가 저항 반응을 줄이도록 강제함으로써 자궁에서 자라나는 태아를 견디도록 북돋는다. 공격적인 면역계가 다시 살아나는 것은 출산에 임박했을 때이며, 출산 때는 염증이 진통을 돕는다. 세심하게 설계된 시간 조절 스위치와 지속적인 협상을 통해 면역은 산모와 아기 사이의 대화를 촉진시키며, 이로서 생명이 태어나는 데 필요한 절묘한 균형이 창조된다.

여기서 문제는 여성이 임신한 동안 면역계가 느린 속도로 작용하는 탓에 감염 위험에 더 많이 노출된다는 것이다. 대부분의 경우 끔찍한 감기나 독감이나 복통이 일어난다 해도 아기는 완전한 보호하에 놓이기 때문에 산모의 증상 중 어떤 것도 겪지 않는다. 그러나 임신한 여성의 면역계는 독감, 혹은 스트레스나 형편없는 식사, 만성질환, 알레르기 같은 다른 도화선에 과민하게 반응할 수 있다. 과도해진 면역반응은 염증 수치를 치솟게 할 수도 있고 그럼으로써 태아의 발달에 영향을 끼칠 수 있다. 산모에게서 아기에게 전염되는 골치 아픈 감염도 있다. 가령 사이토메갈로 바이러스, 톡소플라스마, 그리고 파르보바이러스가 그러하다. 그리고 매독균과 리스테리아와 간염바이러스와 HIV와 B군 연쇄상구균을 비롯한 일부 감염은 산모와 아기 둘 다에게 해롭다. 임신 중 노출될 경우 심각한 결과가 나타날 수 있다. 임신기의 감염에 대해서는 늘 주치의와 의논해야 한다.

진정한 관용

세심하게 설계된 면역-임신 일정표에서 면역이 이탈하는 경우 끔찍한 문제가 나타날 수도 있고, 그 반대로 임신 문제가 면역을 이탈시키기도 한다. 엄마와 아빠의 적합유전자가 충분히 다를 경우(근친상간의 경우는 전혀 그렇지 않다) 이것이 조절T세포를 자극하여 태아라는 이질적 존재를 관용하게 되고 끝까지 건강한 임신으로 이어지는 듯하다. 아닌

게 아니라, 보통 임신 기간에 면역조절자인 조절T세포는 100배나 증가하며, 출산 후 최대 4년 동안 모체 안에 남아 있다. 기막힌 점은 이 조절T세포들이 태아에 특화되어 있어 이후의 임신 때도 다시 돌아온다는 점이다. 두 번째 임신 때 이 세포들은 태아에 저항하는 면역 공격을 더 신속하고 정확하게 억제해 임신을 성공시킨다(맏이가 아니어도 장점은 있는 법!).[15] 따라서 면역상의 이질성은 사람들이 서로의 기관을 거부하게도 하지만, 임신기에는 관용을 자극하는 핵심 역할을 하는 셈이다. 자연은 적합유전자가 유사한 남녀의 배아는 거부하려 한다. 여기에는 이유가 있다. 지나친 유사성은 다양화 능력을 제거하고, 이러한 결과는 면역에 최상의 이익이 되지 않는다.

면역의 중요성은 임신의 성공과 태아의 건강에 영향을 끼치는 데서 끝나지 않는다. 부모가 되는 일은 당사자들을 근본적으로 바꾸어놓을 수 있다. 이러한 변화는 세포 수준에서 효력을 발휘하며 내부 방어 체계의 구조까지 규정한다. 시간이 흐를수록 면역세포의 물리적 구조가 배우자의 구조를 닮는 쪽으로 변화한다. 생활 습관과 스트레스, 식사, 심지어 수면 패턴을 통해 결국 부모는 일란성쌍둥이보다 면역 면에서 더 유사해진다. 서로 무관했던 두 사람이 이 정도까지 비슷해지다니, 주목할 만한 변화다.[16]

임신은 또한 어머니의 건강에도 영향을 끼칠 수 있다. 자가면역질환 진단을 받은 많은 여성이 임신했을 때는 증상이 줄어드는데, 면역작용이 완화되어 조절T세포가 강해지기 때문이다. 자가면역질환이 있는 여성의 약 3분의 2가 임신기에 증상 완화를 경험한다. 증상 완화

여부는 태아가 어머니와 얼마나 다른가에 달려 있다. 이 또한 적합성 문제다. 태아가 아버지를 더 닮을수록 조절T세포의 강력한 작용으로 증상이 줄어들 확률이 높다.

과거에는 자가면역질환이 임신하지 말아야 할 이유였다. 오늘날에는 더 이상 그렇지 않지만 여전히 고려할 점이 있다. 그중 하나는 장기 손상 가능성이다. 가령 일부 자가면역질환은 신장병과 고혈압을 유발한다. 또 다른 고려 사항은 해당 여성이 태아에게 해로울 수 있는 자가항체autoantibody를 갖고 있는지 혹은 임신 동안 권장하지 않는 약물을 복용해도 되는지 여부다.

면역 다양성이 임신에 좋다

다행스럽게도, 인간의 면역 적합유전자는 매우 다양하기 때문에 무관한 두 명의 인간이 비슷한 적합유전자를 가진 경우는 드물다. 그러나 아예 없는 것은 아니다. 비슷한 적합유전자를 가진 사람들은 긴 불임과 반복적인 유산을 겪게 된다. 적합유전자의 유사성이 임신 문제의 원인인지 알아보기 위해 의사는 두 사람의 유전자 검사를 해볼 수 있다. 영국 국민건강보험에서는 불가능하지만 많은 사설 병원에서 검사해준다. 바라건대 누구나 검사할 수 있는 날이 올 것이다. (한국에서는 4대 중증질환의 진단, 치료와 관련한 134종의 유전자 검사가 건강보험 적용을 받는다. 그러나 임신 관련 유전자 검사는 지원되지 않는다-옮긴이)

작은 슈퍼맨을 만드는 방법

면역은 대개 어린 시절에 구축되며, 환경의 교육을 받고 생활 습관에 의해 형성되어, 미래의 건강을 위해 고유한 지문을 만들어낸다. 생후 5년은 면역에 **가장 중요한** 시기다. 그렇다고 부모가 스트레스를 받을 필요는 없다. 지금 현재 아이가 있건, 아이를 가질 계획이건 아니면 아는 아이들이 있건 간에, 멋진 사실이 있다. 여러분에게 어떤 아이든 작은 슈퍼맨이 되도록 해줄 능력이 있다는 것, 그리고 이 능력 중 많은 것은 성인에게도 도움이 된다는 사실이다.

하지만 이야기를 시작하기 전에 강조하고 싶은 점이 있다. 완벽한 부모는 없다. 나 역시 누군가에게 늘 모범이 될 만큼 살고 있지 못하다. 내 쌍둥이 아이들의 건강에 대해 말하자면, 면역은 내가 항상 고민하는 주된 문제다. 나는 언제나 면역 때문에 밤잠을 설친다. 내가 알고 있는 내용이 지나치게 많은 것만 같다. 알면 알수록 자신에 대한 기대도 커지는 법이다. 지나친 기대야말로 스트레스의 원인이다. 그저 과학이 말해주는 것을 흡수하고 여러분 자신의 접근법에 영향을 끼치도록 이용하라. 올바로 하지 못한다고 자신에게 형벌을 내리지는 말기를.

병은 아이에게 좋을까?

아이들은 면역 면에서 텅 빈 캔버스나 매한가지다. 누구나 학교에 가서 뭔가 배우듯 면역도 교육을 받아야 한다(자세한 논의는 3장에서 할 것이다). 아기는 임신 말기 3개월 동안 태반을 통해 모체의 항체를 전달

받는다. 그 덕에 어머니의 면역이 주는 이득을 누린다. 이러한 면역의 지속 기간은 고작 몇 주에서 몇 달뿐이다. 아기에게 전달된 항체의 유형과 양은 모체의 면역 수준에 따라 다르다. 조산아들이 더 큰 위험에 처하는 이유는 이들의 면역계가 태어날 때 덜 성숙하기 때문이고, 이들이 어머니에게서 전달받은 항체가 달을 채워 태어난 아기만큼 많지 않기 때문이다.

태어난 후에는 모유를 통해 더 많은 항체가 아기에게 전달된다. 그러나 아기의 면역계는 아직 성인의 면역계만큼 튼튼하지 않다. 아기들도 세균에 노출될 때마다 자체 항체를 생산하지만 이 면역이 온전히 발달하는 데는 시간이 걸린다. 나처럼 어린 자식을 어린이집에 맡기는 직장인이라면 끊임없는 감기와 독감이 아동기의 '자연스러운' 일부라는 점을 알 것이다. 심지어 이러한 질환이 발달 중인 면역계를 강화하는 데 꼭 필요하다는 말까지 들었을 수도 있다. 이러한 생각 때문에 일각에서는 '감염 파티'를 벌이기도 한다. 감염 파티란 부모가 일부러 미취학 아동을 감염된 친구들에게 노출시키는 것이다. 백신을 맞는 것보다 질병에 걸리는 편이 더 낫다는 가설이다. 이러한 생각을 파헤쳐 과학적 진실과 허구를 분리해보자.

실로 아이의 초기 질병 경험과 알레르기와 천식에 걸릴 확률 사이에는 연관성이 있을 수 있다. 그러나 제대로 알려지지 않은 사실이 있다. 감염질환이 이 질환에서 보호해준다는 결과가 틀렸음을 입증한 10년간의 후속 연구다. 아동이 걸리는 초기의 질환은 오히려 문제를 악화시킨다. 강한 면역계를 만드는 것은 질병을 유발하는 세균이 아니다. 질병에 견디는 강한 면역력을 키워주는 방법은 초기부터 무해한 '이로운' 세균—특히 3장에서 본격적으로 소개할 '옛 친구들'—에 충분히 노출되는 것이다.

질병을 일으키는 미생물이 염증을 유발하듯 무해한 미생물은 면역계에 필수적인 진정 효과를 발휘하며, 아이의 초기 몇 년의 삶에서 매우 중요하다. 미취학아동이 1년 동안 정상적으로 걸리는 질환은 최대 8개다. 어린이집에 다니는 아동, 혹은 형이나 누나가 있는 아이는 훨씬 더 많이 걸릴 수 있다. 아이가 매년 12~14개의 질환에 걸린다면 뭔가 잘못될 수도 있다는 징후다. 가령 영양실조나 그 외 의사에게 상의해야 할 뭔가 다른 일이 벌어지고 있다는 뜻일 수 있다. 우리 아이들, 그 작은 슈퍼맨들의 면역을 키워줄 핵심적인 영양 전략은 이후에 논하기로 한다.

진통제: 아이에게 안전한 만병통치약일까?

부모 치고 달달한 액체(상표명은 따로 언급하지 않겠다)의 가치를 모르는 사람은 아마 없으리라. 고열을 내려주고 통증을 줄여주는 파라세타몰 약물이다. 실로 많은 부모는 이 약물을 안전한 만병통치약으로 여기며 웬만한 질환의 절반을 이 약물에 의탁한다.

파라세타몰은 아이들에게 복용시키는 가장 흔한 약물 중 하나다. 열을 내려 아기의 열성경련을 예방하는 데 곧잘 찾는 약으로 각광받았지만 가장 최근의 연구에서는 실제로 그럴 만한 증거가 전혀 없다는 점이 밝혀졌다. 따라서 파라세타몰은 아이들을 더 편안하게 해주려 할 때 외에는 별 효과가 없다고 보아야 한다.

의사들은 지금 우리가 이 약에 지나치게 의존하고 있는 게 아닌지 의구심을 갖고 있다. 요즘 아이들은 40년 전보다 세 배 이상의 약물을 복용하고 있다. 아이가 아프면 부모는 뭔가 해야 한다고 생각한다. 그래야만 죄책감이 줄고 일과 양육을 병행하는 스트레스가 무뎌지는 것이다. 그러나 연구가 시사하는 바에 따르면 약을 쓰는 일도 습관이 된다. 아이가 평소와 달리 안절부절못하기만 해도 으레 약을 먹이는 것이다. 대부분의 연구에서는 아동의 파라세타몰 복용이 나중에 천식을 일으킬 수 있다고 암시한다. 최근 연구에 따르면 한 달에 한 번 정도 파라세타몰을 복용한 아기는 천식에 걸릴 확률이 '다섯 배 정도' 높다. 그러나 연구 설계의 여러 교란변수가 상관관계에 영향을 끼친 것일 수도 있기 때문에 앞으로의 대조군 실험이 없다면 이러한 결과는 확증이 어렵다. 임페리얼 칼리지 런던Imperial College London에 계신 내 오랜 스승님들의 연구는 최소한 임신한 어머니의 파라세타몰 사용은 아이들의 천식을 늘리지 않는다는 것을 입증했다.

오해는 금물이다. 파라세타몰은 가장 널리 이용되는 처방전 없는 약물이며, 전 세계에서 처방하는 진통제인 데다 다양한 질환에 대부분 가장 먼저 사용된다. '진통제 사다리(통증 정도에 따른 진통제 사용 가이드라인. 세계보건기구에서 제시하는 내용이다-옮긴이)'에서 심한 통증에 쓰이는 비스테로이드성 항염증제나 아편류 같은 다른 약물에 비해서는 더 안전하다고 여기는 약이기도 하다. 그러나 성인의 경우 장기적으로 과도하게 남용한다면 위험할 수 있다는 사실이 알려져 있다. 부모로서 진통제에 의존하는 것은 문제일 수 있다.

아동기 백신

일반적인 아동기 백신은 디프테리아, 홍역, 유행성이하선염, 풍진, 소아마비, 파상풍, 백일해 등 심각하거나 치명적일 수 있는 다양한 질환에서 보호해준다. 우리의 조부모 세대는 이러한 질환의 끔찍한 증상과 결과를 보았을 확률이 높지만 우리는 이러한 질환을 상상조차 어려워한다. 이러한 질병이 흔하지 않다면, 심지어 듣도 보도 못했다면 백신이 제 역할을 하고 있다는 뜻이다. 통상적으로 접종하는 백신 외에 독감과 수두처럼 선택적으로 접종하는 백신도 있다.

백신은 질병에 노출될 가능성으로부터 보호할 면역반응을 유발하도록 설계된다. 그러나 면역계는 개인차가 크기 때문에 백신접종을 받은 사람이 형편없이 반응할 가능성이 없지 않다. 한편 미생물은 인간의 다양한 보호 전략을 피하려 늘 분투한다. 독감은 면역을 피하는 작용을 보여주는 핵심 사례다. 독감 바이러스는 마치 루빅큐브처럼 끊임없이 자기 패턴을 반복하며, 유전자들을 움직여 무한한 순열을 만들어 진화하고 증식한다. 계절독감백신은 많은 사람이 매년 벌이는 도박일 수 있다. 올해는 어떤 종의 바이러스가 도착할지 예측한 다음 걸맞은 백신을 설계하기 때문이다. 매년 보건당국은 설계해야 할 백신 문제를 놓고 추측을 해내야 한다. 그러나 추측이 늘 완벽한 것은 아니다. 따라서 독감백신의 효력을 100퍼센트 보장할 수는 없다. 그렇다면 백신접종은 받을 가치가 없을까? 많은 이가 그렇지 않다고 주장한다. 독감백신은 위험이 거의 없고 비용도 거의 들지 않는 데다가 잠재된 장점도 많다. 독감백신은 일단 질환에 걸릴 위험을 상당히 줄여줄 수 있다. 그뿐만 아니라 자신이 더 취약한 타인을 감염시킬 위험까지 상당히 줄여준다. 독감이 일부 사람의 생명을 위협할 정도라는 점을 고려하면 엄청난 장점이다.

백신접종의 중요성을 이해할 때 핵심 개념은 '집단면역'이다. 백신은 집단면역 방식을 통해 인구 전체에 대한 병원균의 접근을 차단한다. 따라서 약한 면역계를 지닌 사람들이 치명적인 질환에서 보호받게 된다. 백신접종을 받는 사람이 많을수록 독감이 발발할 가능성이 줄어든다. 접종을 받은 사람은 타인을 감염시킬 수 없기 때문이다. 집단면역은 멋지다.

영국에서 수두백신을 의무화하자는 요청은 수두를 가벼운 질환이라고 여기는 많은 부모에게 충격을 줄 수 있다. 대다수에게 수두는 그저 불편한 질병이고, 휴가를 내서 아이들을 돌봐야 하는 부모들에게는 성가신 일에 불과하다. 사람들은 대부분 어린 시절에 수두에 걸린다. 하지만 성인기에 수두를 앓는다면 상황이 훨씬 심각해진다. 특히 임신 후기의 임산부, 기저질환이 있거나 항암 치료를 받는 사람이 수두에 걸릴 경우 특히 위험하며 심지어 치명적일 수 있다. 그런데도 수두백신을 거부하는 이유는 무엇일까? 백신접종을 받지 않은 사람이 수두에 걸렸다면 병이 나은 후에도 바이러스가 평생 몸속에 남아 면역계의 지속적인 통제를 받게 된다. 드물게는 면역력이 약화되어 신경 속에 숨어 있던 바이러스가 다시 살아나 대상포진이라는 질환을 유발하는 경우도 있다. 수두백신은 진짜 바이러스만큼 보호 작용이 온전하지 않기 때문에 시간이 지난 후 성인들의 대상포진 발생을 늘리는 것으로 예상된다. 성인들은 수두를 앓는 아이들과 함께 있어도 면역력이 더 이상 증강되지 않기 때문인 듯하다.

그렇다. 백신에는 위험이 있고, 이 때문에 당연히 걱정하고 망설일 수 있다. 그러나 위험은 넓게 봐야 한다. 백신은 엄격한 검사를 거친 결과물이고 현재 사용되는 대부분의 백신은 안전을 보장할 만큼 장기적인 데이터를 갖고 있다. 현재의 추세가 지속된다면 2019년 홍역 환자의 숫자는 수십 년 만에 가장 높을 것이다. 방송에서는 백신이 위험하다고 선정적인 방송을 해대지만, 백신은 질환의 잠재적 위험에 비하면 이득이 더 많다. 질환을 예방하는 일 외에도 유익한 점이 있다는 뜻이다. 가령 뇌수막염백신을 맞은 아동은 아동기의 가장 흔한 암인 급성림프모구백혈병lymphoblastic leukemia에 걸릴 위험도 추가로 감소한다.[17] 홍역 같은 감염질환에 대한 면역력을 '자연스럽게' 획득하는 것이 더 낫다는 믿음이 넘쳐나고 있지만, 실제로 홍역백신은 다른 위험한 감염질환으로부터 보호하는 도움을 주는 반면, 감염을 통해 면역을 '자연스레' 얻을 경우 백신을 맞았다면 문제되지 않았을 다른 질환을 평생 걱정해야 하는 상황에 처하게 될 수 있다.

백신에 대한 어려운 질문, 솔직한 대답

백신접종과 관련된 흔한 신화와 이에 대한 과학의 답을 소개한다.

Q. 아이의 면역계가 미숙합니다. 백신접종을 미뤄야 할까요, 아니면 아이의 면역계에 과부하가 걸리지 않도록 가장 중요한 백신접종만 해야 할까요?

A. 백신접종을 띄엄띄엄 하는 것이 더 안전하다는 증거는 전혀 없습니다. 알려진 사실은 권장하는 백신접종 스케줄이 최대한의 보호를 제공하기 위해 설계되었다는 것입니다.

Q. 백신에 독소가 있을까요?

A. 백신에는 면역 대상이 되는 미생물이 소량 함유되어 있습니다. 이 미생물들은 살아 있지만 비활성화되어 있거나(생백신-옮긴이) 죽여 놓은 것들(사백신-옮긴이)이죠. 백신에는 용액을 안정화시키거나 효력을 높이기 위한 추가 성분이 필요합니다. 그러나 중요한 요인은 함량입니다. 주사에 함유된 용액의 양은 아주 적어 무해합니다. 백신의 함유된 수은에 대한 우려가 발생한 적이 있습니다. 일부 백신에 보존제로 티메로살을 넣었기 때문이죠. 티메로살은 에틸수은으로 분해되는 물질입니다. 에틸수은은 (메틸수은과 달라) 체내에 축적되지 않는다고 알려져 있습니다. 그렇다 해도 예방하는 차원에서 티메로살은 2001년 이후 모든 영아용 백신에서 제거되었습니다. 또 백신에는 면역반응을 향상시키기 위해 알루미늄염이 함유되

어 있습니다. 알루미늄염을 첨가하면 항체 생성을 더 많이 자극해 백신의 효과가 좋아지기 때문입니다. 알루미늄은 주사 부위에 발적이나 부어오름을 심화시킬 수 있지만 백신에 든 미량의 알루미늄은 장기적으로는 전혀 영향을 끼치지 않습니다. 따라서 1930년대 이후 일부 백신에서 안전하게 사용해왔습니다. 미량의 포름알데히드(잠재적 독성을 비활성화하기 위한 것)가 일부 백신에 함유되어 있을 수 있으나 인간이 과일 같은 다른 물질에서 얻는 것에 비하면 수백 배 적답니다!

Q. 백신은 정말 늘 효과가 있나요?

A. 연구 결과에 따르면 85~90퍼센트의 백신은 대부분의 감염에 효과가 있습니다. 하지만 앞에서 보았던 대로 인간은 개인차가 있습니다. 질병을 일으키는 미생물도 마찬가지입니다. 따라서 각 백신의 효과도 다릅니다. 심지어 3장에서 다루게 될 우리의 고유한 미생물총도 백신에 대한 반응에 영향을 끼칠 수 있습니다.[18] 독감은 특히 어렵습니다. 백신의 효과는 백신이 공격하는 종류에 따라 다르고 때로는 공격이 잘못되기도 합니다. 2018년에 나온 독감백신은 예방 효과가 고작 23퍼센트에 불과했으니까요.

Q. 걱정할 게 없다면 백신접종 거부 관련 정보가 왜 그토록 많을까요? 아니 땐 굴뚝에 연기 날 리가 없지 않을까요?

A. 흥미로운 문제입니다. 요즘 백신에 대한 의심이 확산되고 있습니

다. 백신접종을 망설이는 것은 주로 백신 기저에 있는 과학에 대한 불신까지 포함한 다양한 요인 때문인 듯합니다. 단순히 백신접종을 거부하는 세력의 손에 놀아나는 문제는 아니라고 봅니다. 따라서 이 위기에 대응하려면 좀 다른 접근법이 필요한 것 같습니다. 백신의 안전성과 효력에 대한 데이터가 많고, 백신은 수많은 목숨을 구했지만 아직 과학계에서는 백신의 광범위한 효과에 대해 여전히 공부하고 있는 중입니다. 무작위 추출, 대조군 실험을 통해 백신을 올바르게 평가하는 조치를 취할 때 비로소 의심과 망설임을 더 줄일 수 있을 것입니다.

Q. **백신은 그저 돈벌이 수단 아닌가요?**

A. 제약회사들은 분명 백신에서 이윤을 얻지만 백신은 큰돈을 벌어주는 약물이 아닙니다. 제품으로 돈을 버는 것이 불합리한 일은 아니기도 하고요. 약물을 시장에 내놓기 위해 약 15년이나 소요되는 연구와 개발에 쏟는 비용이 만만치 않으니까요.

Q. **백신의 부작용은 실제 질환보다 더 나쁜가요?**

A. 아동에게 백신접종을 시켜 생명을 위협하는 질병으로부터 보호해주다 보면 주사 부위의 발적과 부기, 발진, 발열처럼 가볍고 단기적인 부작용이 생길 수 있습니다. 하지만 심각한 알레르기 반응(100만 명당 1명) 같은 최악의 위험은 백신이 보호해주는 질환과는 비교할 수 없을 만큼 적습니다.

현대의 아토피질환

1960년 이전에는 천식을 흔하다고 여기지 않았고 분명 오늘날처럼 유행병이라고 여기지도 않았다. 천식과 알레르기, 아토피피부염은 서구의 모든 선진국에서 증가했고 1980년대 말부터 이러한 추세가 더욱 뚜렷해졌다. 1960년대 이후 환자 숫자는 계속 늘었고 특히 아동 환자가 증가해 유행병 수준에 이르렀다. 부모들의 걱정을 더 보탠 꼴이다.

알레르기 비율이 늘고 있는 원인은 확실히 단정할 수는 없지만, 알레르기는 가족력의 영향을 받는다고 알려져 있다. 가계상의, 또는 유전적으로 나타나는 알레르기성 위험 요인을 아토피라고 한다. 부모 중 한 명 또는 두 명 모두가 알레르기질환을 갖고 있다면 알레르기질환에 걸릴 확률이 훨씬 높다는 뜻이다. 다른 유전적 지표는 셀리악병(글루텐 불내성-348쪽 참조)이 있는 사람이 아토피피부염에 걸릴 확률이 세 배 더 높다는 사실이다. 그리고 셀리악병 환자의 친척은 아토피피부염에 걸릴 확률이 두 배 더 높다. 또한 오염과 식단 변화, 비타민D 결핍을 초래하는 현대식 생활 습관, 면역계가 환경에 존재하는 무해한 물질에 반응하거나 '내성을 키우도록' 해주는 미생물 노출의 감소 또한 알레르기의 원인으로 간주되고 있다.

아동기에 아토피피부염을 진단받은 후에는 일반적으로 식품 알레르기, 꽃가루 알레르기라 알려진 알레르기성비염, 천식의 순서로 관련 질환이 찾아든다. 이 질환은 모두 '아토피 행진(아토피질환이 천식과 비염으로 이어지는 것-옮긴이)'에 속한다.

아토피피부염, 알레르기, 천식

아토피피부염은 피부가 가렵고 건조해지는 만성질환으로 악화와 완화를 반복한다(대부분의 환자들은 급격히 악화되지 않아도 피부가 늘 가렵고 건조하다). 피부염이 시작되는 때는 거의 항상 생애 첫 5년 이내다(물론 연령에 상관없이 걸릴 수 있다). 아토피피부염은 아동이 아토피 행진의 '위험' 선상에 있는지 여부를 판별하는 기준으로 통한다. 그러나 다행스럽게도 3분의 2의 아동은 사춘기 전에 문제가 해결된다. 지속적으로 피부염에 시달릴지 아닐지는 예측할 수 없다. 아토피피부염이 있는 아동은 7년 주기를 따른다는 신화가 있는데, 이는 사실이 아니다. 7년마다 일어나는 변화가 피부염을 호전시키거나 악화시킨다는 증거가 전혀 없기 때문이다. 아동이 '성장을 통해 피부염을 벗어난' 듯 보인다 해도 10대 시절이나 성인기에 증상이 다시 나타날 수 있다. 그러나 (필라그린 변이라고 알려진) 변형된 필라그린 유전자를 갖고 있는 사람 중 50퍼센트에게 습진은 피부장벽 변형altered skin barrier이 동반되는 평생의 질환이다.

아토피피부염은 '긁지 못하는 가려움'이라 불린다(물론 '긁으면 안 되는 가려움'이다). 긁으면 상처가 악화되어 피부가 감염에 노출될 수 있기 때문이다. 긁으면 다른 알레르기도 유발될 수 있다. 건강한 피부는 환경으로부터 보호하기 위해 놀랄 만큼 효과적인 피부장벽을 제공한다. 부모라면 잘 알듯 아기들은 피부에 먹을 것을 처덕처덕 바른다. 음식이 아토피 성향이 있는 아기의 약한 피부장벽 속으로 우연히 들어가기라도 하면 식품 알레르기에 민감한 성향이 되어 평생 고생할 수도 있다(7장을 보라). 극소수 환자의 경우 실제로 음식 불내성 때문에 아토피피부염이 발발하기도 한다. 이러한 증상을 일으키는 가장 흔한 음식으로는 우유와 달걀, 땅콩, 밀, 견과류, 생선이 있다.[19]

초기 알레르기 유발물질 피하기: 면역의 실수

경구관용oral tolerance이란 면역계가 이질적인 음식을 안전하다고 인식하고 받아주는 메커니즘을 기술할 때 쓰는 용어다. 많은 아이의 경우 경구관용이 제대로 작용하지 못하며, 그래서 끔찍한 식품 알레르기가 유발된다. 식품 알레르기의 발병은 음식을 먹는 시기와 알레르기 가능성이 있는 음식의 양, 그리고 면역계가 음식을 '만나는' **장소**(피부냐 소화관이냐) 사이의 균형에 따라 좌우된다. 가령, 모유수유는 모체의 항체와 면역세포를 아기의 소화관으로 전달하며 이때 아기의 내장은 자기 면역계에 음식을 받아들이라고 가르친다. 아기가 고형식을 먹기 시작할 때 일찍부터 다양한 종류의 음식에 노출시키면 알레르기에 대항하는 효과를 얻을 수 있다. 따라서 생후 초기에 특정 음식을 피하는 것은 면역에 도움이 되지 않는다. 그러나 혼란을 느끼는 부모들에게 일이 복잡해지는 지점이 바로 여기다.

지난 20여 년 동안 의사들은 이유기부터 만 한 살 때까지는 아이에게 알레르기 반응을 일으킬 가능성이 큰 음식을 먹이지 말라고 조언했다. 우유와 달걀, 과일, 옥수수, 땅콩, 생선, 콩 같은 음식이다. 그래야 나중에 알레르기를 예방할 수 있으리라 생각했던 것이다. 그런데 오늘날의 의학적 증거는 이러한 방침이 틀렸을 뿐 아니라 오히려 식품 알레르기를 일으키는 데 기여했음을 보여준다. 하지만 이러한 결과에도 불구하고 음식의 부작용에 대한 믿음 때문에 아이들이 먹을 음식을 제한하는 걱정 많은 부모가 많아지고 있다. 불행히도 이러한 결정은 아이들이 평생 동안 먹을 식단을 제한하는 조치일 수 있다. 음식을 제한하다가 나중에 먹게 되면 오히려 그 때문에 알레르기가 유발되는 예기치 않은 결과가 초래될 수 있기 때문이다.[20]

알레르기에 대한 임상 진단 없이 음식의 종류를 제한하는 것은 오늘날에는 권장되지 않는다. 특정 음식을 늦게 먹이기 시작하면 아기가 알레르기에 걸릴 위험이 오히려 증가될 수 있다. 알레르기 가능성이 있는 음식—특히 땅콩—을 고형식 시작 직후부터, 특히 모유를 먹는 동안 규칙적으로 먹이는 이스라엘 같은 나라에서는 식품 알레르기 발생 비율이 상당히 낮다.[21,22] 심지어 아토피피부염 때문에 식품 알레르기에 걸릴 위험이 높은 아기들도 예외가 아니다. 한 연구에 따르면 아토피피부염에 걸렸는데 4개월에서 11개월 사이에 땅콩버터를 먹기 시작해 다섯 살 생일 때까지 지속적으로 먹은 아이들은 땅콩 알레르기가 발생할 확률이 70~80퍼센트 더 적었다. 국제 데이터에 기초한 오늘날에는 식품 알레르기를 최소화하기 위해 알레르기를 일으킨다고 알려진 음식을 포함해 다양한 먹거리를 대략 4개월에서 6개월 사이에 먹이기 시작하라고 권장한다. 음식을 먹이기 시작한 후 모유수유를 6개월 더 지속하는 것이 이상적이다.

식품 알레르기는 면역계가 갈라진 피부를 통해 음식을 '만날 때' 걸릴 가능성이 더 높다. 가령 아이가 피부염 딱지를 긁어서 음식물이 피부 속으로 들어가면 보통 때는 소화관을 통해 음식물을 '만나는' 면역계가 엉뚱한 장소에서 '만나는' 셈이 된다. 이러한 혼란은 식품 알레르기의 위험을 높인다. 그뿐 아니라 피부를 긁는 것은 연쇄반응을 일으켜 장벽에까지 영향을 끼치고, 알레르기 유발물질(항원)이 더 쉽게 흡수되도록 만드는 것 같다. 아토피피부염을 앓는 아이를 키우는 부모들은 보습용 피부연화제와 스테로이드 크림 같은 종래의 국소 피부 치료가 문제의 근원에 가닿지 못한다는 이유로 사용을 피하는 경우가 많다. 그러나 이러한 치료법은 피부의 보습을 유지하고 갈라짐을 막아주는 가장 효과적인 방책이며 피부염에 걸린 아이가 심각한 식품 알레르기에 걸릴 위험을 줄여주는 데 중요한 역할을 한다.

임신했을 때 먹는 음식도 중요하다. 음식은 태아의 면역반응에 직접적인 영향을 줄 수 있을 뿐만 아니라 미생물총에 끼치는 영향을 통해 태아의 건강에도 영향을 끼칠 수 있다. 장에 좋은 섬유질을 많이 섭취하는 것이 특히 중요해 보인다. 엄마와 영아를 한 쌍으로 하여 여러 쌍을 관찰한 결과, 모두 알레르기질환 가족력이 있었음에도, 소화효소로 잘 분해되지 않는 저항성 전분을 엄마가 많이 섭취한 경우일수록 영아가 쌕쌕거림과 알레르기 증상을 나타낼 확률이 줄었다. 임신했을 때와 모유를 먹이는 동안 엄마가 특정 알레르기 물질을 먹지 않도록 제한하는 것은 아이가 다른 면에서 건강할 경우 식품 알레르기를 예방하기 위한 방편으로 권장되지는 않는다. 모유는 영아에게 영양분을 제공하는 이상적인 방법이다. 모유는 알레르기 반응을 유발할 가능성이 가장 적고, 소화도 쉬운 데다 영아의 면역계를 강화시키기 때문이다.

특히 생후 4~6개월 사이에 권장되는 모유는 초기의 아토피피부염과 쌕쌕거림과 우유 알레르기를 줄여줄 수 있다. 사실 지금은 식품 알레르기가 있는 아기와 아동에게 특정 종의 장내세균이 없다는 사실이 알려져 있다. 이러한 미생물은 면역계를 교육시키고, 조절T세포가 알레르기 가능성이 있는 음식물뿐 아니라 꽃가루와 먼지 등 알레르기를 유발할 수 있는 다른 물질에 대한 내성을 기르도록 가르치게 한다. 서구식 생활 습관이 귀중한 장내미생물 공동체를 쓸어버리기 때문에 일찍부터 이들을 챙기는 것이 그 어느 때보다 중요하다(3장 참조).

천식: 아무도 모르는 유행병

아토피피부염이 있는 아동 중 최대 70퍼센트는 결국 천식에 걸린다. 천식은 아동들에게 가장 흔한 만성질환이자 아동기 입원의 주된 원인이다. 1985년부터 2001년까지 천식 발병률은 100퍼센트 상승했다. 세계보건기구에 따르면 전 세계적으로 약 3억 명이 천식을 앓고 있으며, 매년 25만 5000명이 천식으로 사망한다. 향후 10년 동안 사망자는 20퍼센트 증가할 수 있다. 환자 숫자가 상승한 요인 중 하나는 분명 의사들의 진단 능력 향상이다. 그러나 이것만으로 환자가 늘어난 이유를 모두 설명할 수 있는 것 같지는 않다.[23]

대개 천식이 대기오염 탓에 생긴다고 생각하지만 대기오염의 역할은 그다지 분명하지 않다. 오염은 이미 천식을 앓고 있는 환자의 증상을 악화시키기는 하지만 오염이 애초의 원인인지는 알 수 없다. 모유수유는 아토피피부염과 알레르기, 천식의 위험을 확연히 줄인다. 하지만 모유수유를 하지 않는다고 천식이 생기는 것은 아니다. 임신과 모유수유 기간에 먹는 음식 또한 일정 역할을 한다. 임신 전과 임신 기간에 먹는 음식에 관한 연구들은 높은 패스트푸드 섭취량(일주일에 3회 이상)과 낮은 과일/채소 섭취량(일주일에 3회 이하)이 아동의 알레르기 가능성을 높인다는 사실을 입증했다.[24] 과체중이거나 비만인 아동은 천식의 위험이 더 높다.[25] 하지만 태내에 있을 때부터 아동기 전체에 걸쳐 면역계를 올바르게 성숙시키는 일이 중요하다. 어머니의 건강 상태와 식사와 스트레스, 무엇보다 미생물총(3장 참조)이야말로 면역 성숙에 결정적이다.

도시 중심 생활 습관의 또 다른 특징은 신체 활동을 많이 하지 않는다는 것이다. 텔레비전 시청은 아동기의 가장 빈번한 취미 생활이다. 나를 곤혹스럽게 했던 질문은 이런 것이다. 아이가 많은 시간 동안 이리저리 뛰어다니면 천식으로부터 보호받을 수 있는가? 연구에 따르면 폐라는 기관은 30분이나 그 이상 심호흡을 깊게 하지 않으면 안절부절못하게 될 확률이 높다. 심호흡을 깊게 하려면 당연히 운동장을 마구 걸어 다니거나 형제자매와 함께 뛰어다녀야 하지 않겠는가.

다른 만성질환과 마찬가지로 아동기의 아토피피부염과 알레르기, 천식의 증가는 유전자만으로는 설명할 수 없다. 대기오염, 비만, 식사, 감염원, 항생제, 그리고 알레르기 유발물질에 노출되었는가 같은 요인도 이러한 질환의 원인일 수 있다. 가장 강력한 지지를 받는 예방책은 간접흡연을 피하는 것이다. 하지만 이 역시 불충분하다. 오늘날 부모들은 이전 세대의 부모들보다 흡연률이 낮다. 그런데도 이러한 질환이 증가한다면 흡연만으로는 역시 설명이 되지 않는다.

만일 여러분이 알레르기가 있는 아동을 키우고 있거나 본인이 알레르기가 있다면 아토피 행진은 앞으로 닥칠 '불행'의 전조처럼 보일 수 있다. 자기 아이가 이러한 질환에 걸리기를 바랄 부모는 없다. 하지만 불행을 막기 위해 무슨 일을 할 수 있을까? 다행히 유전적 위험에도 불구하고 알레르기나 천식 발발을 지연시키거나 막을 수 있는 조치들이 있다. 어려운 점은 알레르기와 아토피피부염, 천식을 유발하는 환경요인과 증상을 악화시키는 요인을 구별하는 것이다.

청소년의 면역

아동은 결국 10대가 된다. 10대 시절은 신체적으로나 정서적으로 힘든 시기일 수 있다. 사춘기는 삶에서 중요한 이행기다. 호르몬이 갑자기 증가하고, 신체 변화와 생식기의 발달 또한 급격히 이루어진다. 이러한 변화는 몸에 많은 스트레스를 줄 수 있다. 이 엄청난 성장기는 생리적·심리사회적·문화적 변화를 초래한다. 10대의 발달 과정은 많은 비타민과 미네랄과 에너지를 소진시키지만, 이 스트레스를 늘 완화시켜줄 수 있는 것도 아니다. 10대들이 발전시키는 대처 기술은 이들의 성인기 도달 시점과 그 이후의 삶에서 겪게 될 염증반응—그리고 전반적 건강—에 영향을 끼칠 수 있다.[26] 면역계가 10대들의 성장을 따라잡기 위해 분투하면서 청소년들은 특히 감염에 취약해진다. 또 감염질환은 학교 공부와 시험, 교과 외의 활동에까지 영향을 줄 수 있다.

면역력을 기르기 위해 문신을 해도 될까?

피부밑에 위치한 면역세포들은 피부를 뚫고 들어가는 문신용 바늘과 주입하는 색소가 초래하는 손상에 대응할 채비가 되어 있다. 잉크의 색소는 이물질이므로 면역계는 이를 제거하려는 반응을 보인다. 대식세포macrophage가 세균이 바이러스나 다른 비자기 물질을 먹어치우듯 잉크를 먹어치우는 것이다. 잉크는 대식세포 안에 갇혀버린다. 잉크라는 물질은 다른 세균처럼 쉽게 분해되어 제거되지 않기 때문이다. 따라서 문신의 모양이 피부의 면역세포 안에 그대로 갇히는 것이다. 그 다음에는 무슨 일이 벌어질까? 잉크를 치운 대식세포가 죽으면서 가두었던 색소를 방출한다. 그러나 이렇게 풀려난 색소는 새로 들어오는 대식세포에게 다시 포위되어 갇힌다. 이러한 '방출-재포획' 주기는 무한히 계속된다. 문신이 영구적으로 남는 건 이런 메커니즘 때문이다.[27]

최근 대중 과학 기사들은 문신이 지닌 건강상의 이점, 특히 면역계 증강 능력을 내세운다. 그러나 그 소량의 잉크가 정말 감기를 치유할 수 있을까? 이런 질문의 해답이 늘 그렇듯 수많은 기사에서 홍보하는 것만큼 그리 간단하지 않다.

연구에 따르면, 두 번째나 세 번째(혹은 그 이상의 횟수로) 문신을 한 사람들은 잉크를 주입한 직후 면역글로불린 AIgA라는 특수 항체가 증가한다. 면역글로불린 A는 장과 폐처럼 예민한 부위의 장벽을 보호하는 기능을 하는 항체다. 그러나 잉크를 주입하고 나서 몇 분 후부터 이러한 면역력 증가가 얼마나 오래 지속되는지 분명하지 않다. 따라서 문신이 면역력을 장기적으로 끌어올릴 수 있는지에 대한 판단이 내려지기 전에 감기를 피하겠다는 희망만으로 서둘러 문신을 해서는 안 된다. 문신은 면역계의 상태가 충분히 건강하지 않을 경우 예기치 못한 합병증을 불러일으킬 수 있다. 가령 기저질환이 있거나 (대개 장기이식 후나 자가면역 치료제로 처방하는) 면역억제제를 복용하고 있는 사람이라면 문신이 위험할 수 있다. 당뇨병 같은 만성질환이 있는 사람도 마찬가지다.

영국의 많은 10대가 술이나 마리화나를 접한다. 최근 학자들은 이러한 약물이 면역계에 장기적으로 심각한 해악을 끼칠 수 있다는 징후들을 발견했다. 10대 때 마리화나의 주요 활성성분인 THC(테트라히드로칸나비놀)에 노출되는 경우 성인기의 면역반응에 심각한 변화가 초래되었고, 염증에 취약해지는 점이 분명히 감지되었다. 이러한 해악은 성인기에 자가면역질환과 만성 염증성 질환을 일으킬 수 있다. 다발경화증, 염증성 장질환, 그리고 류머티즘성 관절염 같은 질환이다. 그 밖에 다른 연구에서 강조한 바에 따르면, 뇌 면역계의 특정 부위는 술을 마시려는 동기를 특히 10대들에게 상당히 증가시키며, 이는 훗날의 알코올 남용 욕망과 연관이 있다. 유의할 점은 이러한 검사들이 생쥐를 대상으로 한 것이므로 인간에게 어느 정도까지 적용할 수 있을지 모른다는 사실이다. 요지는 아동과 청소년의 면역계가 심오한 변화를 겪는다는 것, 면역은 과거에 노출된 물질과 스트레스와 변화를 아주 초기부터 '기억할 능력'이 있으며 이것이 장기적으로 중요한 결과를 이끌 수 있다는 점이다.

체중은 면역의 핵심이다

지방은 오만가지 복잡한 감정을 불러일으키는 낱말이다. 현대사회는 지방을 보기 흉하다고 오해하고 있으며 지나친 양의 지방은 건강에 문제를 일으킨다고 생각한다. 일부 진실이 담겨 있는 판단이지만—과체중은 수많은 염증과 대사성질환, 심지어 특정 암의 위험 요인이다—지방은 나쁜 면뿐 아니라 좋은 면도 있다. 지방은 면역의 중요한 구성 요소이기 때문이다. 논란의 중심이자 현대적인 이 문제는 신체의 사이즈가 면역의 중요한 쟁점이라는 뜻이기도 하다.

지방은 백색지방과 갈색지방으로 나뉜다. 갈색지방세포는 발열 유전자thermogenic gene를 통해 열량을 소비해 체온을 유지한다. 백색지방은 누구나 '지방'이라고 생각하는 것으로, 전신 에너지 작용과 남는 에너지의 저장에 관여한다. 백색지방이 면역과 관련된 지방이다. 나처럼 면역학을 연구하는 일부 학자들은 백색지방을 원시 면역세포라고까지 부른다. 복부지방을 예로 들어보자. 복부지방은 내장지방조직VAT이라는 백색지방의 한 유형이다. 내장지방조직에는 소화관을 떠나는 유동체를 거르는 면역세포들이 달려 있어, 세균과 손상된 세포, 다루기 힘든 염증을 찾아낸다. 내장지방조직과 면역은 함께 작용한다. 내장지방조직이 면역 활동에 에너지를 공급하는 것이다. 면역세포들은 이러한 지방세포에 영향을 끼치고, 영향을 받은 지방세포들은 더 많은 지질을 저장하는 능력을 키워 항균 기능을 하게 된다. 지방은 또한 반갑지 않은 것들이 나타나는 현장에 가장 먼저 도착하는 신속한 대응자들—

1장에서 만났던 면역기억세포— 의 보금자리이기도 하다.

따라서 건강한 체중이 실제로 면역 강화에 기여한다고 밝혀진 셈이다. 이 섬세한 체중 균형이 (어느 쪽으로건) 무너지면 건강상의 위험에 노출될 수 있다. 내장지방조직이 감염과의 전쟁에서 핵심 기능을 담당하고 있음은 분명하지만, 지나치게 많은 내장지방이 면역 강화의 확실한 지름길은 아니다. 결국 자신에게 맞는 건강한 체중을 유지하는 것이 최상의 방안이다.

식사가 유발한 비만에서 염증과 인슐린저항성이 어떤 관련이 있는지 살피는 일련의 연구들은 대식세포라는 면역세포가 백색지방조직에 살면서 체중을 유지한다는 사실을 밝혀냈다. 내장지방조직에 살고 있는 대식세포는 특정 상황에서 만성적으로 활성화되어 염증성 사이토카인을 생성할 가능성이 더 높다. 이는 면역세포의 적응 반응으로서, 지방세포에 스트레스를 주는 과식에 대응하여 남는 에너지를 저장하려 애쓰는 중에 이루어진다. 과식이라는 '위험'은 염증 유발 면역세포를 더 많이 끌어모아 염증을 악화시킨다. 이 위험은 또한 지방세포 자체의 기능부전을 일으키도록 작용한다.[28,29] 그렇게 지방세포들은 지방으로 가득 차 크기가 커지고 숫자도 늘어나며, 이는 그 자체로 스트레스 신호를 유발하여 염증 상태를 지속하게 만든다. 그러므로 꾸준히 지방세포가 커지는 상태는 몸이 늘 염증 상태에 있다는 뜻이기도 하다. 면역계의 '스위치가 영구적으로 켜진' 것이다.

체지방 결핍을 다루는 연구는 체지방 과잉을 다루는 연구보다 훨씬 더 적다. 지방이 기억세포의 중요한 저장소라는 사실은 알려져 있다.[30] 지방은 기억세포뿐 아니라 기능이 강화된 슈퍼 면역세포들의 저장소이기도 하다. 슈퍼 면역세포는 과거의 감염을 기억하여 몸을 더 강하게 보호해준다. 체지방이 지나치게 적으면 기억세포를 위한 공간이 모자랄 수 있다. 반면 체지방이 지나치게 많으면 신선한 새 세포를 위한 공간이 거의 남지 않는다. 따라서 모자라거나 지나치게 많지 않은 적정량의 체지방을 보유하는 것이 면역 방어에 매우 중요하다. 그렇다면 '적정량의' 체지방이란 정확히 어느 정도를 의미할까? 한 마디로 권고할 만한 것은 없지만 지침이 될 만한 일부 객관적 기준이 있다. 충분히 발달된 근육량(276쪽 참조)과 건강 범위 내의 체지방 비율(남성은 10~20퍼센트, 여성은 18~28퍼센트)이다. 지나치게 많거나 적지 않은 열량 섭취, 몸을 움직이는 것, 그리고 활동을 위한 자극도 기준으로 생각해볼 만하다. 요즘은 여분의 체지방이 쌓이면 가장 위험한 부위가 복부라는 인식이 널리 퍼져 있기 때문에 허리둘레 역시 적정량의 체지방을 가늠하는 기준이 되었다.

신체의 구성 성분이 면역에서 그토록 핵심적인 역할을 수행하는 이유는 무엇일까? 오늘날의 사회에서 쓸모없다고 여겨지는 일부 생명 활동은 선사시대 우리 조상들의 생존을 보장해주는 중요한 기능이었다. 가령 몸에 지방이 많은 사람일수록 굶주리는 동안 더 잘 버텼을 것이다. 진화의 관점에서 볼 때 갑작스럽거나 급속한 체중 손실은 생존에 더 즉각적인 위협이자 스트레스 가득한 위험의 징후였다. 따라서 염증을 활성화시키고 그동안 면역의 더 구체적인 활동은 둔화시켰을 것이다. 면역은 백색지방을 훨씬 더 건강한 갈색지방으로 바꾸도록 돕

는 데 필요하다. 비만인들은 면역계가 둔화되어 있으며, 갈색에서 백색지방으로 바뀌는 양도 더 적다.[31]

체중이 지나치게 많이 나가는 것이 장기적으로 위험하다는 사실은 알려져 있다. 고도비만이 해롭다는 데는 이견이 거의 없다. 그러나 비만의 정의가 무엇인지, 그저 지방의 양만 고려해도 되는지, 아니면 지방이 몸속 어디에 있는지까지 면밀히 봐야 하는지에 관해서는 논란이 있다. 비만은 또한 신체 존중감에 끼치는 영향 때문에 식이장애를 일으키는 별개의 위험 요인일 수 있다. 따라서 비만에 수반되는 사회적 낙인을 깨려는 노력이 중요하다. 그리고 면역에는 체지방뿐만 아니라 근육도 중요하다. 근육량과 면역의 관계는 6장에서 살펴볼 예정이다.

노화에 관한 이야기

현대 생활의 엄청난 특권들, 그리고 그와 더불어 오는 편리한 문화—우리 조상들은 누리지 못했던 편안하고 난관 없는 생활—는 사실, 서서히 우리를 죽이고 있다. 또한 우리의 건강수명(건강히 사는 기간)과 삶의 즐거움을 줄이고 있다.

노화의 역설에 대한 최근의 연구는 면역계를 환히 비추고 있다. 건강수명과 수명 일반은 면역이 결정한다. 면역학자 윌리엄 프랭클랜드 William Frankland 박사는 105세의 나이에도 정정하게 면역학 연구를 하는 석학이다. 과학 저널에 정기적으로 논문을 발표하면서 후학들에게 많은 영감을 주는 박사를 보고 있자면 이런 생각이 든다.

도대체 무엇 때문에 어떤 사람들은 나이가 그렇게 많은데도 정력적일 수 있을까?

이들은 그저 평균에서 크게 벗어난 예외적인 사람들일까, 아니면 누구나 건강한 상태로 노년에 도달할 수 있는 것일까?

영원히 또는 되도록 오랜 세월 삶을 영위하려는 바람은 인간이 늘 추구해왔던 바다. 장수는 수명과 건강수명에 비례한다. 수명은 정의하기 쉽다. 수명은 그저 살아 있는 햇수다. 달력에 따라 살아온 생활연령을 따지면 된다. 건강수명은 알 것 같지만 확실하게 파악하기가 좀 더 어렵다. 단순하게 이야기하기 위해 얼마나 건강하게 살았는지 하는 기준, 즉 생물학적 연령의 척도라고 합의해두자. 생활연령은 측정하기 쉽고 정확성도 높은 반면 생물학적 연령은 용이성과 정확성이 떨어진다. 수명은 긴데 건강수명이 짧거나, 수명이 짧은데 건강수명은 긴 것을 원하는 사람은 아마 없을 것이다.

노화는 21세기 건강관리 시스템이 해결해야 할 가장 큰 난제일 것이다. 그런데 노화는 그 자체로 질병일까? 그리스의 의사이자 철학자였던 갈레노스Aelius Galenus(129~200년)는 노화에 대한 이해의 틀을 만든 인물이다. 갈레노스는 질병을 비정상 기능으로 정의했다. 그의 추론에 따르면 노화는 보편적이므로 정상, 따라서 질병이 될 수 없다. 그의 주장에서 발전한 다양한 이론 또한 동일한 결론으로 이어졌다. 노화가 누구에게나 일어나는 일이라면, 그리고 질병이 노인의 일부에서만 발생한다면 질병과 노화는 동의어가 아니라는 것이다. 질병은 치료할 수 있지만 노화는 감내하거나 더 나아가 오히려 축하해야 하는 변화라는 뜻이다.

지난 100년 동안 과학과 의학은 기대수명을 늘려놓았다. 현재의 70세는 과거의 60세나 다름없다. 중요한 사회적 변화다. 하지만 오래 살되 건강한 삶을 누릴 확률이 높아지고 있지는 않다. 긍정적이지만은 않은 변화다. 현대 생활의 특징을 생각해보자. 날로 가속화되는 생활 리듬, 극심한 스트레스와 오염, 24시간 생체리듬의 붕괴, 열량만 많고 영양가는 없는 식사의 과다 섭취로 인한 영양부족, 운동할 여유라고는 없이 노동으로 가득한 일상이다. 운동을 집중적으로 몰아서 하고 미생물에 대한 노출을 최대한 줄여놓은 현대식 문명은 면역계를 혼돈에 빠뜨렸다.

노화는 건강수명에 제한을 가하는 대부분의 만성질환과 질병을 초래할 수 있는 주요 위험 요인이다. 세계보건기구가 2015년 발간한 보고서에 따르면, 오늘날 노인들은 이들의 부모 세대가 동일한 나이일 때에 비해 건강상태가 더 나아진 듯 보이지만, 실상 증거는 없다. 과거 세대보다 수명이 더 길지만 더 건강하게 살고 있지는 못한 셈이다.[32]

19세기와 20세기의 공중보건은 위생시설을 세우고 감염질환의 원인을 파악하는 데 있어 혁혁한 성과를 거두었고, 이는 학자들이 역학적 변화라 부르는 현상을 초래했다. 생애 초기 급성 감염질환으로 인해 사망하는 사람은 급격히 감소했지만, 만성감염과 퇴행성 질환 환자가 많아진 것이다. 만성감염과 퇴행성 질환이 늘어난 것은 많은 이의 수명이 늘고 있기 때문이다. 이제 노화 관련 질환은 과거보다 더 이른 시기에 사람들을 덮치고 있다. 심지어 일부 청년들은 예상보다 세 배나 더 빨리 노화를 겪기도 한다.[33] 건강 악화와 독립성 상실로 인해 질 좋은 삶이 위태로워진다면 장수의 성공 신화는 무가치한 이미지에 불과하다.

목표는 건강수명의 상승이다. 하지만 그러려면 무엇을 해야 할까? 질문에 답하기 위해 성공 신화의 끝자락에서 출발해보자. 건강하게 오래 사는 유전자를 지닌 100세 이상의 사람들을 살펴보는 것이다. 전 세계적으로 기대수명은 100세 미만이므로 100세까지 사는 사람들은 장수를 연상시킨다. 그러나 이들의 사망 원인 역시 장수하지 못하는 사람들의 원인과 다르지 않다. 차이는 사망의 원인이 되는 질환의 발발 시기에 있는 듯하다.

면역계의 노화

건강수명은 우리의 면역, 특히 누적된 염증성 손상cumulative inflammatory damage에 의해 좌우된다. 이것이 노화가 나이순으로 일어나지 않는 이유다. 태어날 때부터 우리의 면역은 천천히 퇴화하는데, 40세 미만은 면역계가 젊은 것이고 60세 이상은 늙은 것으로 간주된다. 그러나 면역계의 노화는 단순한 퇴화가 아니다. 오히려 면역계는 나이를 먹어 피로해질수록 개조를 거친다. 일란성쌍둥이를 보면 이러한 현상을 알 수 있다. 일란성쌍둥이 두 사람은 나이가 들면서 면역 면에서 점점 더 차이를 보인다.

면역의 노화에 관해서는 아직 수수께끼가 남아 있다. 알려진 바에 따르면, 면역계가 나이를 먹으면 특정 적응 면역계가 쇠퇴한다. 대부분은 흉선thymus gland 수축 때문이다. 흉선은 주요 조절T세포를 만들어내는 면역계의 척추다. 시간이 지나면서 흉선에서 새로 생성되는 건강한 T세포가 줄어든다. 세월이 흐르면서 이 세포가 줄어든다는 말은, 면역 작용으로 인해 발생하는 염증에서 몸을 보호해주는 극히 중요한 조절T세포의 조절 기능을 잃는다는 뜻이다. 사람들은 나이가 들면서 백신의 효력이 떨어진다거나 더 자주 아프다거나 감염을 이겨내는 일이 더 힘들어진다고 느낀다. 암에 걸릴 위험도 기하급수적으로 상승한다. 극도로 중요한 면역감시 기능이 쇠퇴하기 때문이다(33쪽 참조). 사실 암을 예측하기 위해서는 DNA의 돌연변이를 찾는 것보다 면역계의 노화를 보는 편이 더 좋은 방법일 수 있다.[34] 또 한편으로 노화는 전투적인 선천면역을 증가시킨다. 선천면역은 노화와 나이 관련 질환의 가장 중요한 추진자이자 예측자다! 노화 관련 염증만을 가리키는 특수 용어가 있을 정도다. 바로 '염증노화inflammageing'다. 염증노화는 면역의 귀중한 시간과 자원을 빨아먹는다. 염증노화가 생기면 사막에서 전투를 치르는 것과 같아진다.

궁극적으로 지구상에서 시간을 오래 보낼수록 많은 것이 위험해진다. 그중에서도 특히 위험해지는 것이 면역이다. 노화의 정보이론이 가정하는 바에 따르면 세월이 가면서 건강과 생체 기능을 잃는 이유는, 세포 내 유전체의 손상이 누적되면서 이들을 고치고 관리하는 수리 체계가 닳아서 못쓰게 되기 때문이다. 우리의 유전자는 우리 몸의 유전 정보 코드를 실행한다. 그리고 텔로미어telomere(염색체의 말단소체-옮긴이)가 신발 끈 끝부분처럼 유전자 끝부분에서 보호하는 역할을 한다. 텔로미어는 DNA의 짧은 염기서열이 반복되는 형태로, 특수한 단백질에 싸여 있다. 나이를 먹을수록 텔로미어는 더 짧아진다. 오랫동안 텔로미어는 노년까지의 건강 수준을 예측할 수 있는 가장 강력한 변수로 간주되었다. 염증노화는 염색체를 보호하는 텔로미어를 약화시키며, 동시에 섬세한 세포와 조직을 아수라장으로 만들어, 수리 및 보호 메커니즘에 어느 때보다 심한 노동을 요구한다.[35]

즉, 면역은 우리 건강의 구조와 떼려야 뗄 수 없이 엮여 있으며 장수 여부를 예측할 수 있는 새로운 요인으로 부상하고 있다. 우리가 노화에 관해 알고 있는 것은 별로 없다. 그저 노화가 미리 짜인 과정이 아니라 유전자(약 25퍼센트) 조합의 결과물이며, 나머지는 우리의 엑스포솜exposome —우리의 수명을 아우르는 경험과 감정과 환경의 총체—에 달려 있다는 것 정도다. 새 차 구입과 비교해보면 어떨까. 새 차를 얼마나 오래 타느냐는 차의 모델 자체에 영향을 받겠지만 차를 어떻게 다루느냐도 중요할 것이다. 노화도 마찬가지다.

면역과 산화스트레스: 중요한 건 균형

산화스트레스란 최신 유행어로, 항산화물질과 활성산소free radicals 사이의 생체 균형이 깨져 활성산소의 비율이 높아지는 해로운 경우를 기술할 때 쓰는 용어다. 정상적인 세포는 대부분의 대사 과정에서 활성산소를 만든다. 세포의 에너지 공장인 미토콘드리아는 신진대사를 일으켜 음식을 에너지로 바꾸는데, 그 과정에서 배출되는 부산물이 활성산소다. 활성산소는 불안정하고 반응성이 높아 몸을 공격하고 조직에 손상을 일으킨다. 그러나 산화스트레스는 정상적인 과정이며, 일반적으로 신체는 항산화물질과 활성산소 사이의 균형을 유지할 역량이 있다.

산화스트레스의 영향은 제각각이며 늘 해로운 것도 아니다. 사실 활성산소가 지나치게 적은 경우 환원스트레스reductive stress가 일어나는데, 이 또한 건강에 해롭다. 6장에서 살펴보겠지만 산화스트레스는 운동의 이점과 관련해 중요한 역할을 수행한다. 그러나 산화스트레스는 노화와 암 같은 노화 관련 질환에도 상당한 영향을 끼친다(산화스트레스의 증가는 DNA 손상과 암 유발 돌연변이를 일으켜 우리 몸의 수리 및 보호 메커니즘에게 과로를 안긴다). 산화스트레스를 가속화하는 요인은 많다. 흡연과 나쁜 식단, 생활 습관(뒷장에서 다룰 것이다), 오염이다. 염증 또한 일시적으로 산화스트레스를 일으킨다. 면역계가 감염이나 다른 위험을 인지하고 싸울 때 활성산소를 무기 삼아 쓰기 때문이다. 산화스트레스는 염증반응을 일으킬 수 있고, 이는 또 활성산소의 증가로 이어지며 다시 산화스트레스가 늘어나는 손상과 감퇴의 악순환이 이어진다.

영원히 살고 싶다고? 좀비세포를 제거하라

자동차가 결국 녹슬 듯, 우리도 나이를 먹으면서 점점 '산화'된다. 산화스트레스는 세포와 단백질, DNA에 손상을 입힐 수 있고 자가면역질환, 대사성질환, 일부 암과 신경 퇴행성 질환을 비롯한 많은 노화 관련 질환을 일으킨다. 산화스트레스는 활성산소와 항산화 방어 사이의 불균형인데 이러한 불균형은 특히 면역세포들을 '노화senescent' 면역세포라는 것으로 변하게 한다고 알려져 있다. 노화 면역세포는 건강한 세포와 아주 다르게 보인다.[36] 이들은 몸속 이곳저곳을 돌아다니지만 다시 살아난 시체와 아주 비슷하다. 한마디로 좀비세포다. 이 노화 면역세포들은 복제가 억제되어 있어 복제활동을 스스로 할 수는 없지만, 염증성 구조 신호를 포함한 몹쓸 요인들을 무차별적으로 보내 건강한 다른 면역세포들이 자기를 구조하러 오게 만들려 한다. 그러나 좀비세포의 이러한 시도는 대부분 헛되이 끝나고 주변 조직들만 오염된다. 좀비세포가 보내는 구조 신호는 염증이라는 내부 소음을 일으키고 조직은 손상된다. 그 결과 면역계는 손상을 수리하기 위해 더욱 활성화된다.

나이가 들수록 좀비가 되는 면역세포의 숫자가 늘어난다. 그리고 이러한 좀비세포는 백색지방조직에서 많은 시간을 보내려 하므로 과잉 지방이 많을수록 몸에 있는 좀비세포 숫자도 많아진다. '좀비' 면역세포를 줄이면 수명이 25퍼센트 늘어난다. 최소한 동물실험에서는 그러한 결과가 나왔다. 좀비세포의 감소는 허약함에서 심혈관 기능장애, 골다공증, 최근에는 신경질환까지 포함한 모든 손상을 늦추거나 완화시키는 것으로 나타났다. 형편없는 식사와 생활 습관, 스트레스, 운동부족은 모두 노화세포 축적을 촉진시키는 것으로 드러났다. 어떻게 해야 면역계를 다시 활기차게 만들고 노화 관련 질병의 발발을 늦출 수 있을까? 항산화제가 풍부한 식물성 영양소(330쪽 참조)는 좀비세포를 막는 핵심 역할을 한다.[37] 단식도 망가진 면역세포를 제거하는 최상의 방법 중 하나다. 그러나 생활 습관 개선은 약물을 복용하거나 며칠간

금식하는 일만큼 간단하지 않다. 관련 내용은 7장에서 살펴볼 것이다.

늙으면 지혜도 기력도 떨어진다

면역세포도 수년간 싸움을 반복하다 보면 지쳐버린다. 점점 더 많은 면역세포들이 '기억세포'가 된다. 면역기억은 시간이 지나면서 더욱 지혜로워져, 우리가 겪었던 환경과 접종받은 백신의 기억을 축적한다. 이론상으로는 그 결과 더 건강해져야 한다. 그러나 기억은 면역 공간을 많이 차지한다. 면역세포를 만드는 공장인 골수는 나이가 들면서 둔화된다. 골수 줄기세포가 DNA에 산화 손상을 계속 입히기 때문이다. 요컨대 감염에 대응하여 새로운 면역군대를 만드는 데 필요한 연장 세트는 나이가 들수록 공간을 너무 많이 차지하는 탓으로 간소화될 수밖에 없다. 따라서 노인의 면역계는 낡은 무기로 늙은 바이러스와 세균만 공격할 수 있다. 이를 면역기능 소실immune exhaustion이라 한다.

우리 몸이 새로운 난제에 부딪히게 되면 노화하는 면역은 이를 감당하지 못한다. 면역기억을 많이 차지하는 것 하나는 우리 몸속에 장기적으로 머무르는 바이러스다. 사실 이를 처음 발견한 것은 엡스타인바 바이러스Epstein-Barr와 거대세포바이러스처럼 헤르페스 바이러스과에 속하는 만성 바이러스 감염증 환자들을 연구하면서였다. 이 장기 바이러스들은 세계에서 가장 흔한 바이러스에 속하지만 사람들 대부분은 들어본 적조차 없다. 심지어 감염되어도(대부분은 결국 감염된다) 징후나 증상을 거의 겪지 않는다. 이 바이러스들이 문제가 되는 이유는 이들이 몸속에 평생 동안 어슬렁거리기 때문이다. 이들을 억제하는 일은 면역세포에 큰 부담이 되기 때문에 귀중한 면역 공간이 쓸데없이 낭비되고 결국 면역계의 노화가 가속화된다. 따라서 신선한 새 세포와 매우 중요한 조절T세포가 만들어져 활동할 여유가 줄어든다. 엡스타인바 바이러스 같은 만성감염 때문에 몸은 항상 낮은 수준의 구호 신호 상태에 있게 되며, 스트레스, 삶의 변화 등에 의해 몸 상태가 나빠지면 녀석은 이때다 하고 냉큼 공격에 착수한다. 물론 질병에 대처할 적기가 따로 있는 것은 아니지만, 엡스타인바 바이러스 같은 감염은 몸 상태가 저조할 때를 맞추어 공격하는 약삭빠른 기회주의자다.

면역 노화 시계 조정

면역계의 노화는 쌍방 과정이다. 노화는 면역계를 변화시키고, 통제 불가능한 면역은 노화를 몰아붙인다. 그러나 아무리 몰아붙여도 면역계는 반응이 더 느려지고, 질병에 걸릴 위험이 증가한다. 백신은 효력을 잘 내지 못하거나 예상했던 기간만큼 보호해주지 못할 수 있다. 자가면역질환과 암에 걸릴 확률도 높아진다. 몸에 치유를 재촉할 면역세포가 줄어들기 때문에 회복 속도도 둔화된다. 세포의 결함을 감지해 고치는 면역계의 능력 또한 감퇴한다.

노화 과정이 쌍방향으로 이루어진다는 점을 이해하는 것은 중요하다. 그러나 늙어갈수록 건강이 **쇠퇴할 수밖에 없다**는 생각을 지나치게 믿지 말라. 우리는 누구나 놀라움과 기적이 가득한 삶을 여행하고 있다. 여정에서 만나는 장애물의 충격을 완화할 수 있고 그럼으로써 더 맛깔나는 여행을 즐길 수 있다. 100세까지 살고 싶지 않을지는 모르지만 사는 날까지 활기를 유지하기 위해 할 수 있는 일들이 분명 있다. 어떤 대비를 해야 좀 더 오래 건강하게 살 수 있을까?

건강하게 수명을 늘리기 위해 공동체에서 할 일은 과학과 노화 관련 연구를 지지하고 뒷받침하는 것이다. 개인적 차원에서는 생활에서 면역계의 균형을 유지하고 면역계 노화의 위험을 줄이기 위해 취할 행동이 있다. 미생물총, 스트레스, 수면, 운동, 음식과 더불어 건강을 향상시키기 위해 실행 가능한 방안을 살펴보자.

3장

미생물의 모든 것

'우리는 개체가 아니다.
우리는 미생물과 공생하는 생태계다.
미생물은 면역과 온갖 기관의 (초창기) 발달과
기능을 함께하는 우리의 동료다.'

그레이엄 룩Graham Rook
유니버시티 칼리지 런던University College London 의학미생물학 명예교수

지금까지 보았듯이 면역은 우리가 타고난 유전자 이상이다. 면역은 환경에 대응하고 환경에서 배우고 환경에 적응하면서 우리가 태어난 순간부터 진화를 거듭하고 있다. 면역은 고립된 채 진화하지 않는다. 면역이라는 상호작용의 대부분은 우리의 몸속과 주위에 살고 있는 풍부하고도 역동적인 미생물 생태계, 즉 미생물총microbiota에 의해 집단적으로 실행된다. 그렇다, 우리는 초유기체superorganism다.

현재까지의 추정에 따르면 인간은 누구나 38조 개 미생물 공동체의 집이다. 이 미생물총의 숫자는 (세포 숫자 단위로 세면) 한 사람의 절반을 차지한다. 사람들은 세균을 두려워하지만 우리의 미생물총을 구성하는 세균은 사실 우리의 가장 큰 건강 동맹군이다. 면역 균형을 잡는 평생의 과제는 이로운 세균 노출에 크게 기댄다. 왜 그럴까?

진화를 근거로 통찰해보면 인류의 면역은 이롭고 해로운 온갖 종류의 세균과 상호작용하면서 발달했다. 최적으로 작동할 경우 면역-미생물 동맹은 면역을 지원하는 대화를 만들어내고, 다양한 요소 중 필요한 것들을 선별해 활성화하거나 약화시키며 우리가 자기와 비자기를 구별하고 위협과 위협이 아닌 것들을 구별하도록 돕는다. 면역-미생물 동맹은 감염 취약도뿐 아니라 자가면역질환에 걸릴 확률을 결정한다. 이들의 대화는 심지어 뇌가 기능하는 방식까지도 통제한다.

미생물과의 관계 덕에 인간을 가리키는 유기체라는 말에 '초super'

라는 접두사가 붙어 인간이 '초유기체'가 된다. 그러나 이 관계는 사회와 환경의 변화에 직면해 역시 변화하고 있다. 청결해진 현대식 생활은 면역계와 특정 미생물이 접촉하는 빈도를 줄이고 접촉하는 시기 또한 지연시킨다. 오늘날 면역계의 훈련과 발달은 원래 있어야 하는 미생물 표적이 점점 사라지면서 방해를 받고 있다. 건설적인 면역반응을 해야 하는 면역계가 대응할 표적이 없어 할 일이 없어졌으니 헛바퀴만 미친 듯 돌린다. 그 결과는 무엇일까? 알레르기와 자가면역질환의 급격한 상승, 심장병과 암까지 상승하는 추세가 결과다. 심지어 자폐증의 증가까지 초래되고 있다. 이 모든 결과를 취합하기 시작하면 이제 우리는 인간을 수십억 개 더 작은 미생물로 이루어진 하나의 거대한 생물로 보게 된다. 이들은 대개 장에 살고 있는 미생물로서 태초부터 우리와 함께 해왔고 팔다리나 장기만큼 우리 몸에 중요하다. 이들은 고립되어 작용하지 않고 다양한 집단을 이루어 활동한다. 이들을 생체활성 제품을 제조하는 공장이라고 생각해보라. 미생물총은 면역조절 스위치를 설정하고 면역계를 교육하고 키워 내놓는 제작소인 셈이다. 궁극적으로 말년의 질병 취약성 패턴을 결정하는 것은 미생물총이다.

우리 눈앞에 있는 것들은 죄다 미생물로 뒤덮여 있다. 육안으로 볼 수 없을 뿐이다. 그리고 이들 중 99퍼센트는 무해하다. 면역계는 운동선수와 같다. 강하고 유능해지려면 운동선수처럼 훈련과 연습이 필요하며 이 '유익한' 세균들은 면역계의 친구이자 코치다. 앞에서 본 바대로 우리의 옛 친구들은 감기와 홍역을 비롯한 여러 아동기 감염질환이 아니라 생명 유지에 필요한 미생물이며 이들은 면역계를 지도하고 교육한다. 무해한 많은 미생물과 먼지, 흙, 주변의 공기가 우리가 태어날 때부터 이 역할을 담당한다. 과학은 미생물총이 건강에 의심할 여지 없이 중요한 역할을 한다는 것을 입증해냈다.

도움이 되는 옛 친구, 미생물

누구에게나 평생 건강 동맹을 맺은 옛 미생물 친구들이 있다. 포유류, 조류, 어류와 식물조차도 미생물 친구가 있다. 그다음은 이 미생물과 우리 세포 속에 빼곡히 들어찬 바이러스다. 이 옛 친구들은 우리 몸 어디에 살고 있을까? (미생물학자 그레이엄 룩은 2003년 '옛 친구 가설old friends hypothesis'을 제안했으며, 미생물에 대해 '옛 친구'라는 표현을 사용했다. 이 장에서 저자는 우리 몸속 미생물을 '옛 친구'라고 표현하고 있다-옮긴이)

이들은 인간의 신체 표면과 내부 거의 어디에나 있다. 물론 어떤 부위의 미생물 밀도는 다른 부위보다 높다. 우리 몸의 장벽(장, 피부, 폐, 요로) 주변에 모여 살면서 장벽을 강화하며, 나쁜 녀석들과 경쟁해 이긴다. 피부에 사는 세균은 치유를 촉진한다. 질에서는 달갑지 않은 효모균에 맞서 질을 보호한다. 입속에서는 음식을 분해하고 치아와 잇몸을 보호한다. 그러나 이것은 빙산의 일각에 불과하다. 몸속 장기 체계 역시 미생물총이 연결되어 있지 않은 곳은 없다(장-뇌 축, 장-근육 연계, 심지어 장-생식샘 축). 심지어 전혀 예상치 못했던 부위(태반, 뇌, 눈)에서도 미생물이 발견된다. 몸의 단 한 구석도 균이 없는 곳은 없다. 체중에서 2킬로그램은 미생물 차지다. 요컨대 우리 몸 안팎에 살고 있는 이 미생물들은 틀림없이 우리 면역기능이 걸어갈 평생의 경로를 설정한다. 사실 도움이 되는 미생물과 행복하게 공생하는 것이야말로 지난 수백만 년 동안 우리의 면역을 형성한 주요 요인이었다.

미생물이 가장 많이 사는 곳은 장이다. 장은 미생물 작용의 핵심 장소이고, 다른 모든 작용과 연결되어 있으며, 특히 면역에 영향을 끼친다.[1] 전체 면역계의 거의 70퍼센트가 장속에 있다는 것은 널리 알려진 진실이다. 우리는 평생 동안 끊임없이 문제가 될 가능성이 있는 온갖 것을 입속으로 집어넣는다. 장 면역계의 본질적 과제는 면역반응과 면역내성 간의 균형을 유지하는 것이다. 이 내성—경구면역관용—은 어릴 때 확립된다. 간단히 말해 장에는 수십억 개의 미생물이 있는데, 수백 가지 상이한 종으로부터 온 것들이며 300만 개가 넘는 유전자를 갖고 있다. 인간의 2만 5000개 유전자가 왜소하게 느껴지는 수치다.[2]

우리 몸속에는 어떤 생명체가 살까?

미생물 관련 전문용어는 혼란스러울 수 있다. 우리 몸의 미생물 안팎을 파악하는 데 도움이 될 만한 가이드를 아래에 제시해놓았다.

미생물총microbiota/flora, **마이크로바이옴**microbiome

이 용어는 모두 인간의 신체 표면과 내부에 살고 있는 다양한 미생물을 일컫는다. 서로 호환해 쓰기도 하지만 실제 의미는 약간씩 다르다.

- **미생물총**이란 대개 특정 환경에서 발견되는 특정 미생물을 총칭한다. 여기에는 세균과 바이러스와 균류가 포함된다. 미생물총이 몸속 어느 곳에 사느냐에 따라 차이가 있다. 가령 장의 미생물총은 피부의 미생물총과 근본적으로 다를 수 있다.
- **마이크로바이옴**은 장처럼 특정 부위에 사는 모든 미생물총에서 온 유전물질의 군집이다. 인간 마이크로바이옴 프로젝트Human Microbiome Project는 인간의 다양한 미생물총과 관련된 고유 유전자가 800만 개가 넘을 수 있다는 것을 발견했다. 이는 우리의 마이크로바이옴이 우리에게 우리 세포에 살고 있는 유전자보다 200배 이상 더 많은 유전자를 주고 있을 수 있다는 의미다. 이 마이크로바이옴은 발달과 면역과 영양에 꼭 필요하다.

공생symbiosis

공생은 두 유기체 사이의 가깝고 장기적인 생물학적 상호작용을 가리킨다. 현재 공생은 진화를 추진하는 중요한 선택이라고 간주된다.

생후 첫 5년, 결정적 시기가 있다

개인의 미생물총은 지문과 같다. 미생물총이라는 지문은 나이, 성별, 병력, 지리, 습관과 식사의 총합이다. 또한 신체 활동, 스트레스, 수면, 그 외 발견되지 않은 요인들에 의해 형성된다. 미생물총의 면역 증강 효과를 누리고 싶다면(반드시 그러고 싶을 것이다) 우선적으로 염두에 두어야 할 사실이 있다. 할 수 있는 일에 한계가 있다는 점을 받아들이는 것이다. 건강의 뿌리이자 섬세하고 연약한 면역 균형은 태어날 때의 상황과 태어난 후 첫 5년 동안 영양분을 공급받은 방식에 좌우되기 때문이다. 면역 교육에서 아주 중요한 이 시기는 남은 생애 면역의 상태를 결정한다.[3]

분만은 아기가 세상으로 진입하는 과정이고, 이 과정에서 미생물이 (비교적) 없던 아기는 쓰나미를 맞이하듯 미생물에 점령당하게 된다. 이 점령은 가장 근원적인 변화의 출발점이다.[4] 그러나 이 과정에서 미세한 조정이 일어날 수 있다. 면역의 기초가 될 미생물을 태어날 때 어머니에게서 받는 과정에서 면역이 교육을 받아 형성되며, 이는 향후 수십 년간의 건강에 영향을 끼친다. 초창기의 면역 교육은 주로 미생물이 사는 집 앞마당에서 일어난다. 바로 장이다. 장내에 살고 있는 미생물은 면역세포들을 구슬려 이 좋은 세균들에게 면역반응을 촉발시키는 대가로 장내에 살게 된다.[5] 앞에서 본 바대로 면역은 단순히 이분법적으로 켜지고 꺼지는 시스템이 아니다. 미생물총은 조절 장치와 유사해서, 염증의 설정치를 정할 때 이 세균 친구들이 중요한 역할을 한다. 면역조절 장치의 설정치는 생후 첫 5년 동안 '옛 친구들'인 미생물총에 노출됨으로써 결정된다. 미생물 노출은 면역 유발 문턱의 '허가증'이다. 가령 미생물과의 공생은 감염에 대한 저항에 영향을 끼치며, 알레르기와 관련된 면역반응을 진정시키는 데 중요하다.[6] 사실, 자가면역질환 예방에 꼭 필요한 조절T세포를 조절하는 비율을 정하는 과제는 미생물총이 하청을 받아 한다. 이 장내 수비군들은 심지어 식품

알레르기 진행 방향을 바꿀 수도 있다. 최소한 실험연구의 결과에 따르면 그러하다.[7]

미생물총의 면역 교육은 장내에서만 이루어지지 않는다. 교육받은 면역세포들은 몸 전체를 돌아다닌다. 그들은 면역계 전체를 교란시킬 수 있고, 염증이 감시받지 않고 파괴를 자행하도록 해줄 수도 있다. 태어난 뒤 첫 몇 년 동안 이 초기 미생물총이라는 손님이 없으면 우리가 아는 면역은 존재 자체가 불가능하다. 생애 초기 이 중요한 과정을 방해하는 것은 간이나 비장 같은 중요한 장기를 갖고 장난치는 행동이나 마찬가지다.

자연분만으로 태어난 아기들은 주로 엄마의 질과 장내에 살고 있는 미생물총을 얻는다. 수술을 통해 분만한 아기들은 주로 엄마의 피부와 출생 당시 환경에서 미생물총을 얻는다.[8] 제왕절개를 통한 출산은 아기의 장내에 있는 미생물총 구성을 왜곡할 수도 있고 이주 규모를 줄일 수도 있다. 이러한 차이는 최소한 일곱 살까지 남는다.[9] 제왕절개로 태어난 아이들이 천식, 자가면역질환, 심지어 백혈병에 걸릴 확률이 상당히 더 높다는 뜻이다.[10] 출생 환경에서 얻은 미생물총과 이러한 질환 사이의 관련성 이면에 존재하는 세부 사항은 대단히 복잡해서 아직 완전히 파악되지는 않았다. 제왕절개로 태어난 아이들의 면역운이 더 나쁘다고 확실히 말할 수 있을 만큼 간단한 문제는 아니다. 자연분만을 선택할 수 없을 때도 있다. 그러나 아기를 위해 원기 왕성한 미생물군의 발달을 촉진시킬 방법이 있다. 다음을 참고하라.

모유의 힘

세상으로 들어오는 경로 다음으로 신생아의 미생물총에 영향을 끼치는 것은 무엇일까? 미생물은 아기를 예뻐하는 방문객들이나 가족이 기르는 개가 핥는 과정에서도 선발된다. 그러나 미생물을 아기에게 전달하는 가장 큰 경로는 모유다.

인간의 젖은 특히 놀랄 만큼 미생물이 가득하다. 과거에는 멸균된 것이라 여겨졌던 모유는 사실 크림색을 띤 미생물 수프다. 모유에는 어머니의 장에서 온 미생물까지 함유되어 있으며 미생물은 갓난아기의 새로운 미생물 생태계를 설정할 채비를 하기 위해 유방까지 이동한다. 이 초창기 거주민들은 이후의 미생물에 영향을 끼치고 이를 위해 선택하며, 심지어 성인기 때도 감지할 수 있는 족적을 남긴다.[11]

모유는 또한 달달한 먹을거리로 가득 차 배달되는 편리한 선물이다. 물론 선물을 받는 존재는 아기가 아니라 아기의 미생물총이다. 모유에 함유된 올리고당은 모유에서만 발견된다.[12] 사실 이 올리고당은 인간의 모유에 젖당과 지방 다음으로 많이 들어 있는 성분이다. 올리고당은 당 섬유 구조 덕에 자라나는 아기의 풍부한 에너지원이 되지만 정작 아기는 올리고당을 소화시키지 못한다. 아기에게 쓸모없을 게 빤한데 엄마의 몸은 왜 이토록 복잡한 화학물질을 제조하느라 많은 에너지를 쓸까? 모유에 함유된 올리고당은 위장을 거쳐 소장까지 해를 입지 않고 지나 세균 대부분이 살고 있는 대장에 당도한다. 올리고당은 아기가 아니라 이 세균들의 먹이이며, 자라나는 장내 생물군biome을 먹여 살리고 면역계의 올바른 발달을 북돋도록 특별히 설계되어 있다. 다시 말해서 미생물이 온전하게 이득을 보기 시작할 때는 모유를 먹을 때다. 모유의 당을 소화하는 미생물군은 강력한 대사물질을 방출하는데, 이때 방출된 대사물질은 면역계를 교육할 뿐 아니라 염증 설정치를 조절한다. 성장하면서 아이의 음식은 다양해지고 미생물군도 계속해서 형성된다.

섬유소는 기본이며 핵심이다

2019년이 장 건강의 해라면 2020년은 확실히 섬유소가 각광을 받아야 할 해다. 면역이 미생물총의 건강에 좌우되는 이상 장에 사는 미생물총을 잘 먹여야 할 필요가 있다. 태어났을 때부터 모유를 먹인 이 미생물에게 올바른 음식을 주는 일보다 중요한 것은 없다. 미생물의 음식으로 중요한 것이 바로 섬유소다. 과학은 이제 섬유소가 유익한 이유를 알고 있다. 섬유소는 규칙적 장운동을 가능하게 해 배변을 원활하게 해줄 뿐 아니라 미생물총에게 좋은 사료를 제공함으로써 우리 중 90퍼센트가 충분히 먹고 있지 못한 구원의 음식이 되어준다. 섬유소는 '면역 증강인자'로서 중요성을 인정받지 못하는 경우가 많지만, 사실은 면역계가 전반적으로 능력을 발휘하도록 돕는 핵심적인 역할을 한다. 식이섬유야말로 장내미생물에게 양분을 제공하고 면역계를 처음부터 올바른 길에 자리 잡도록 하는 가장 손쉬운 도구다.

우리가 먹는 음식은 장내미생물의 균형을 바꾸어놓을 수 있다. 미생물총을 구성하는 성분의 숫자가 변할 때마다 상이한 물질이 분비되고 상이한 유전자가 활성화되기 때문에 우리가 제공받는 영양분도 달라진다. 오늘날 먹는 음식은 우리 조상이 먹던 음식에 비해 섬유소의 양이 적다. 우리는 조상이 남겨준 미생물이라는 유산을 잃고 있는 셈이다. 미생물의 대량멸종이라고 부를 만한 사태가 벌어지고 있다고도 할 수 있다. 전통이 남아 있는 문화권에서 온 이민자들에게서 자주 보이는 현상이다. 산업화된 선진국으로 이민 온 사람들은 귀중한 장내미생물을 잃는다. 이러한 현상은 이들에게 서구화된 질환이 증가하는 것과도 상관관계가 있다.

섬유질을 섭취하면 온갖 원인에서 오는 사망이 30퍼센트 감소한다. 특히 전 세계적으로 가장 큰 사망 원인인 심장병과 제2형 당뇨병이 대표적으로 줄어든다. 그뿐만 아니라 섬유소가 풍부한 음식은 대장암의 위험을 줄이고 관절통과 관절염도 줄여줄 수 있다.[13,14,15]

그러나 섬유소가 몸에 이롭다는 사실이 분명해졌음에도 불구하고 얼마나 많은 양이 필요한지를 놓고는 오해가 계속된다. 건강에 가장 이로운 대략적인 기준은 **매주 30가지 이상의 다양한 채소** 섭취를 목표로 삼는 것이다.[16] 반면 10가지나 그 미만을 먹는 섬유소 식단은 미생물총에 해로운 영향을 끼칠 가능성이 있다. 섬유소의 까다로운 점은 섬유소라는 양분이 단일체로 존재하지 않고 수많은 식물에 중요한 요소로 섞여 있다는 점이다. 과일, 채소, 견과류와 씨앗류, 콩류와 통곡물 같은 음식에서 섭취할 수 있는 섬유소의 유형은 100가지가 넘는다. 저항성 전분 — 이런 이름이 붙은 이유는 장에서 소화가 잘 안 되기 때문이지만 이 전분은 장내미생물에게 좋은 먹잇감이다—중 일부를 먹어야 할 음식에 꼭 포함시켜야 한다. 삶은 후 차게 식힌 감자와 귀리, 렌틸콩, 쌀이 여기 포함된다. 귀리나 버섯에서 나오는 베타글루칸 같은 특정 섬유소는 항균 및 항염증 작용을 직접 하는 것으로 알려져 있다. 이들은 최신 슈퍼 푸드만큼 매력적이지 않을지 모른다. 하지만 섬유소는 질병을 예방하고 치료하기 위한 방안으로 쓰일 가능성이 크며, 아직 배워야 할 것이 많은 양분이다. 장이 적응할 시간을 갖도록 섬유소를 천천히 늘리고 신경 써서 물을 충분히 마셔야 한다. 갑작스레 섬유질 섭취를 늘리면 변비가 생길 수 있다. 그리고 부모라면 누구든 유의해야 할 점이 있다. 아이들이 성인과 똑같은 양의 섬유소를 섭취할 필요는 없지만, 그래도 아이들의 섬유질 섭취는 중요하다는 점이다. 아이들에게 섬유질을 먹이는 일은 녹록치 않겠지만(나도 잘 안다) 아이가 먹는 음식을 살펴보라. 패스트푸드나 즉석식품은 섬유질이 모자라다. 좋은 섬유질원은 '가공하지 않은 식물성식품'에서 찾을 수 있다. 자연의 상태와 가깝기 때문이다. 가령 스무디와 주스는 통으로 먹는 과일만큼 양질의 섬유질원이 될 수 없다. 다음은 섬유소 관련 지침이다.

연령	섬유소 섭취 권장량
2~5세	1일 15그램
5~11세	1일 20그램
11~16세	1일 25그램
17세 이상	1일 30그램

미생물은 저탄수화물 상태를 좋아하지 않는다

섬유소는 일종의 탄수화물이다. 많은 사람이 그 이유는 저탄수화물 식단에서 놀라운 효험을 봤다고들 보고하지만 이러한 특수 식이가 장내미생물에 미치는 영향은 제대로 파악되지 못했다. 저탄수화물 식단을 잘못 실행할 경우 섬유질 섭취량이 줄어들어 장내미생물에게 영향을 끼칠 수 있다는 점이 문제다.

생쥐에게 섬유소가 낮은 식단을 줄 경우 마이크로바이옴이 10배 감소한다. 인간에게도 마찬가지라는 암시가 있다. 섬유소가 모자란 식사를 하는 경우 장내미생물이 굶주리게 되어 면역에 부정적인 연쇄작용이 일어나고 향후 질병에 노출될 가능성 또한 높아진다.[17] 특히 음식 속에 그나마 남아 있는 극소수의 탄수화물에 장내세균이 먹을 섬유질이 얼마 없을 경우 이들은 먹이를 공급받지 못해 할 수 있는 일도 적어진다.

저탄수화물 고지방 식단이 흥미로운데, 그 이유는 지방을 좋아하는 장내 유기체가 마이크로바이옴에 가장 이롭다고 여겨지던 유기체가 아니기 때문이다. 복합탄수화물이 부족한 고지방 식단을 통해 건강이 확연히 좋아졌다고 말하는 사람들이 있지만, 이 식단이 장내미생물에 어떤 작용을 하는지, 그리고 우리의 건강에 장기적으로 어떤 영향을 끼치는지를 살피는 연구는 이제 막 시작 단계다. 그래도 초기 지표들에 따르면, 저탄수화물 식단을 따르는 동안 복합탄수화물 섭취를 하지 않고 고지방 음식만 먹는 것은 분명 마이크로바이옴의 다양성에 매우 해롭다.

개똥도 누군가에게는 약이다

이렇게 섬유질은 면역력을 강하게 키우는 데 긴요한 장내세균에게 이롭다. 그렇다면 섬유소의 어떤 점이 그토록 좋은 것일까? 섬유소를 먹는 장내미생물은 신진대사에 따른 폐기물을 마구 내보낸다. 쓰레기 잔치가 벌어지는 셈이다. 바로 '포스트바이오틱스postbiotics'라는 이름의 부산물이다. 이것을 개인용 맞춤형 약국이라고 생각해보라. 이 이로운 부산물은 식사와 면역 사이의 접점에서 작용하면서 면역세포의 성질을 바꾸고, 염증을 완화하는 신호를 촉발시킬 뿐 아니라 아플 때 겪는 모든 불쾌한 증상도 완화하고, 평화를 유지하는 조절T세포의 스위치를 켜며, 치료를 활성화시키고 손상을 수리한다. 게다가 이러한 작용은 장내에서만 일어나지 않는다. 포스트바이오틱스는 혈류를 따라 순환하면서 면역계의 전반적 조율에 영향을 끼친다. 따라서 장내 건강은 몸 전체의 건강을 좌우할 수 있다.

식이섬유가 미생물총의 구성에 영향을 끼치고 미생물총이 면역을 조절한다면, 섬유소가 면역질환에 이로운 영향을 끼쳐야 한다는 결론이 나온다. 그리고 관련된 연구의 결론은 매우 긍정적이다. 식이섬유 섭취가 줄어들면 혈중 염증 표식이 상승한다는 상관관계를 밝힘으로써 향후 만성질환을 예측할 때 사용할 수 있게 되었다. 식이섬유는 면역조절기가 감염을 일으키는 세균과 바이러스에 건강한 수준의 반응을 유지하도록 확실하게 조치한다. 사실 식이섬유에서 나오는 포스트바이오틱스는 특정 감염과 싸울 때 도움을 준다. 가령 포스트바이오틱스는 일부 바이러스 박멸 세포의 작용을 강화시킴으로써 감기나 독감에 걸린 사람의 회복 과정을 촉진한다. 포스트바이오틱스라는 장내미생물의 대사물질은 심지어 감염에 대한 면역을 관장하는 데 중요한 생체시계circadian clock까지 조정하는 것으로 밝혀졌다(184쪽 참조).

장 누수: 장벽이 무너지면 무슨 일이 벌어질까?

인간의 소화계는 복잡하며 고도로 분화된 체계다. 인간의 소화관은 세포 하나의 두께밖에 안 되는 아주 연약한 장벽이다. 이곳은 장 건강이 시작되는 곳이다. 장은 양분을 흡수하기 위해 열심히 일하는 한편 소화되지 않은 음식물과 세균, 그리고 삼킬 수도 있는 해로운 물질을 막는 일도 한다. 장은 최대 40제곱미터 넓이로, 외부 세계와 우리의 몸이 만드는 가장 큰 접촉면이다.[18]

장의 이러한 구조에는 당연히 목적이 있다. 영양분의 소화와 흡수를 최대화하는 한편, 소화관 내벽을 구성하는 섬세한 세포들은 장벽을 단호히 통제한다. 점막이 '방화벽' 노릇을 하는 것과 마찬가지다. 우리 몸의 미생물총은 이 장벽 위에 있고, 면역세포들은 미생물총이 장벽의 제자리에서 나가지 않도록 해준다. 그러나 장은 난공불락의 장벽은 아니다. 식사를 할 때 장벽의 '누수 가능성'이 커지며, 이는 우리 몸의 양분 흡수를 돕는다. 전문용어로 '장 투과성intestinal permeability'이라 부르는 현상이다. 장 투과가 발생하면 소화계 안쪽에 있던 이로운 세균과 다른 모든 것이 장 밖으로 나가 혈액으로 무단침입한다(이들은 적재적소에 있을 때만 '이로운 세균'이다). 식사 후 최대 4시간까지, 몸 전체에 분포한 면역세포들은 음식뿐 아니라 세균까지 공급받는다. 이 세균들은 분자 형태의 '위험' 바코드를 함유하고 있기 때문에 면역반응을 유발하며 그로 인해 일시적인 염증이 촉발된다.

매끼 식사 후의 장 누수는 정상이다. 다양한 장내미생물을 갖추고 있고, 섬유질이 풍부한 음식을 다양하게 규칙적으로 섭취하는 건강한 사람들에게서 일어나는 장 누수는 아주 짧다. 장을 자극하는 것들도 대체로 장내 특정 부위에 약한 염증을 유발하는 정도다. 그리고 장 누수는 정상적인 현상이므로 신체는 온갖 종류의 방책을 적재적소에 마련해둠으로써 때때로 일어나는 누수가 문제가 되지 않도록 챙긴다.

그렇다면 장 누수가 문제가 될 때가 있을까? 장 누수 증후군의 심각성을 주장하는 사람들은 장 누수가 현대인이 겪는 건강 문제의 근원이라고 보며, 많은 보고에서도 이 질환을 다양한 만성질환, 특히 자가면역질환과 연관시킨다.

장 누수가 자가면역질환에서 일정 역할을 한다는 일부 증거가 있다. 즉, (만성 소화장애 같은) 소화관의 자가면역질환뿐 아니라 (제1형 당뇨병과 류머티즘성 관절염을 비롯한) 소화관 외부의 자가면역질환에 기여한다는 것이다. 소수의 연구 또한 염증성 장질환이 있는 사람의 친척들에게서 장 투과성이 증가되는 현상을 발견했다. 이들은 같은 질환에 걸릴 위험이 높다. 식품 알레르기가 있는 사람들은 대개 장의 장벽 기능이 손상되어 있다. 그러나 이 모든 연관성에도 불구하고 아직 파악하지 못한 점은 장 누수가 증상인지 아니면 원인인지다. 이를 정확히 측정할 도구가 아직 없기 때문에 '장 누수 증후군'을 치료할 수 있다고 주장하는 사람들이 제공하는 치료책을 함부로 과신하는 것은 금물이다. 무작위 임상실험에서 검증된 바 없기 때문에 이득보다 해를 끼칠 수도 있다.

장벽 튼튼히 하기

장내미생물은 장을 지키는 문지기다. 균형 잡힌 양질의 식사(섬유질)를 한 건강한 미생물총은 장을 온전하게 유지 및 강화하고 신체가 온전한 기능을 하도록 파수꾼 역할을 수행한다. 식사와 관련된 다른 요인도 장 누수에 영향을 끼칠 수 있다. 많은 식사량, 과도한 지방(특히 포화지방) 아니면 (섬유질이 불충분한) 과당을 지나치게 섭취하는 습관 등이다. 또한 급하게 식사를 하거나 여러 번 나누어 먹는 일, 잦은 과식 역시 피하는 것이 현명하다. 당뇨병과 과도한 콜레스테롤을 관리하지 않았을 때 특징적으로 나타나는 과혈당증—고혈당이 연장된 상태—역시 장벽을 위태롭게 할 수 있다. 장 누수가 특정 질환의 유일한 원인일 가능성은 낮지만 당연히 악화 요인이며 특히 서구 사회에서 그러하다. 지방이나 당 함량이 높고(전체 소화과정을 악화시킨다) 장을 탄탄하게 봉인하는 데 필요한 섬유질이 부족한 식습관이 일반적이기 때문이다.

비타민A와 비타민D, 아연 같은 특정 영양소는 장벽에 매우 중요하다. 글루타민 같은 일부 아미노산은 단백질의 구성체로서, 뼈를 우려낸 국물에 함유되어 있으며 소화에 도움이 될 수 있다. 아미노산 보조제 또한 실험을 통해 장벽 치료에 도움이 될 수 있다는 점이 일부 입증되었다. 장에 염증이 있는 사람의 식사에 아미노산을 추가하면 일부 증상을 완화할 수 있다. 특정 약물(가령 아스피린 같은 비스테로이드성 항염증제, 항생제, 화학요법치료에 쓰이는 약물, 고용량의 비타민C)은 장 누수의 유명한 원인이다. 스트레스 수치와 알코올 섭취량도 조절하려 노력해야 한다. 장 누수가 배란부터 월경까지 월경주기 등의 정상적인 생리 과정에서도 일어날 수 있다는 점도 유념해야 한다.[19] 심한 운동, 특히 더운 날씨에 운동을 하는 경우, 그리고 노화 또한 장 누수를 일으키는 요인일 수 있다.

나에게는 건강한 마이크로바이옴이 있을까?

'장 건강'이라는 말은 영양과 관련된 우리 시대의 최신 유행이자 시대정신이나 다름없다. 심장병, 암, 자가면역질환, 알레르기 등의 증상이 넘쳐나는 현상과 연결된 말이기도 하다. 증상의 목록은 끝도 없다. 미디어의 과대광고는 이 주제에 엄청난 관심을 집중시켰고, 의료계에서도 가장 급속히 성장하고 있는 연구 분야 중 하나다. 미생물학자들은 장내세균이 건강에 중요하다는 사실을 일찍부터 알고 있었지만, 주류 매체를 강타한 장 건강 문제는 이제 여러 학계의 연관 연구를 촉진시키는 통섭 의학의 주제가 되었다. 미생물이 건강에 얼마나 중요한 역할을 하는지 밝혀지면서 면역학자들 또한 이 분야에 자리를 잡아가고 있다. 마이크로바이옴에 대한 연구까지 등장했다는 것을 보면 장 건강이 일시적인 유행에 그칠 문제가 아니라는 점은 분명하다. 장 건강은 영구적으로 남을 문제다. 게다가 미생물의 다양성을 살피기 위한 가장 좋은 출발점도 장 건강이다. 우리의 몸은 생태계다. 다양성은 좋은 것이며, 우리 몸과 사회와 세계의 창의력과 성과를 발전시킨다. 우리 몸을 둘러싸고 있는 미생물 생태계도 다르지 않다. 이 세균들은 협력과 공생이 건강 문제에 관한 한 면역력과 회복탄력성의 뿌리라는 가르침을 준다.[20] 다양성은 우리를 보호한다. 다양성에 초점을 맞추게 된 오늘날에 이르러서야 드디어 우리는 자신이 먹는 것과 생활 습관 사이의 상호작용이 미생물이라는 개별 지문에 영향을 끼친다는 진실을 밝혀내고 있다.

그러나 장이 건강하다는 말은 실제로 무슨 뜻일까? 그리고 '장 건강'은 면역을 강화하는 문제에서 신뢰성이 있기는 한 것일까? 장 건강의 일부는 장이라 불리는, 음식부터 대변까지 연결된 연약하고 섬세한 관을 돌보는 일이다. 소화에서 미생물총까지 모든 것이 여기 포함된다. 또 한편으로 장 건강은 누구나 매일 느끼는 것이다. 장은 아주 빠른 피드백 회로가 작동하는 극소수 영역 중 하나이기 때문이다. 대변의 농도와 통과 시간부터 복부팽만감, 소화불량, 배에 찬 가스 혹은 위산 역류까지 장과 관련된 증상들은 실제로 생생히 느껴지며, 건강에 영향을 끼친다. 그뿐 아니라 이러한 증상은 삶의 질에 생각했던 것 이상의 강펀치를 날릴 수도 있다. 그러나 대부분의 증상은 어느 정도 정상이다. 전문가에게 상담해야 할 때는 이러한 증상이 지속될 때다.

건강한 소화계의 다섯 가지 기준은 다음과 같다.[21]

1. 소화가 제대로 되고 있나?
2. 특정 장질환이 있나?
3. 미생물총은 안정적이고 다양한가?
4. 장벽은 강한가?
5. 신체적 · 정신적으로 건강이 좋은 상태인가?

장내세균 불균형dysbiosis—건강에 나쁜 영향을 줄 가능성이 있는, 미생물총 구성의 교란을 가리키는 용어—은 장내세균 관계에 균형이 깨졌다는 뜻이다. 넓게는 해로운 세균의 번성이 원인이며, 친근한 세균을 잃거나 세균의 다양성이 부족할 때도 생긴다. 장내세균 불균형을 판단하는 경우는 다양하다. 자기 건강의 이력을 바탕으로 옛 친구들의 도움이 더 필요하다고 느낄 수 있다. 아니면 만성질환이 있는데 장 건강이 도움이 된다는 말을 들었을 수도 있다. 연약한 소화관에 주의를 기울이는 것은 분명 해가 되지 않는다. 그리고 정말 소화 문제로 고통을 겪고 있거나 건강상 걱정이 있다면 소화관에 신경을 쓰는 일이 더더욱 중요할 수 있다. 최근까지만 해도 모두의 건강에 영향을 끼친다고 판단해 조정할 수 있는 것들은 식단과 운동, 혹은 흡연이나 약물 같은 부정적 요인의 중단 같은 생활 습관 요인뿐이었다. 따라서 장 건강에 관해 알게 되면 건강을 뒷받침할 수 있는 다른 가능성을 얻을 수 있다. 약물부터 위생, 식단, 생활 방식까지 일상에서 내리는 판단과 선택이 나의 전체 자아에 끼치는 영향을 고려해야 하며, 여기에는 눈에 보이지 않는 미생물도 포함된다.

내게 장 건강은 전통 의학과 새로운 의학 사이의 빠진 고리다. 장 건강은 고대인들이 이미 직관적으로 다루었던 주제다. 먼 옛날 살았던 사람들의 지혜는 현대과학과 일치하는 점이 있다. 장이 우리에게 어떤 영향을 끼치는지를 다루는 격언까지 있다. 가령 어려운 결정을 내릴 때는 '장gut'이라는 단어가 들어간 '직감gut feeling'이라는 말을 사용한다. 면접이나 큰 시험을 앞두고 예민해지면 위장에 '나비'가 있다는 표현을 쓴다. 장에 문제가 생겨 갑자기 화장실로 황급히 뛰어가야 할 때 사용하는 말이다. 의사들은 이러한 이야기를 낭설이라 치부해버린 경험이 있을 수도 있다. 그러나 나의 직감은 다르다. 미생물총을 알면 알수록 근거 없다는 옛 격언들을 과학적으로 이해할 수 있게 되었기 때문이다. 뭐니 뭐니 해도 사람은 각기 다 다르지 않은가.

구강 건강은 새로운 형태의 장 건강이다

소화관을 장으로 들어가는 입구라고 생각할 수 있다면 입은 미생물 공동체의 자원이다. 우리는 무언가 삼킬 때마다 수천 마리의 세균을 먹는 셈이다. 일부는 해로운 것이겠지만 그중 일부는 이로운 세균이라는 점이 가장 중요하다. 사실, 장내미생물과 마찬가지로 입안에도 치아와 몸의 건강을 돕는 이로운 미생물이 있다.

세균의 균형이 잘 맞는 건강한 상태일 경우 구강미생물총은 장내 세균과 마찬가지로 면역계와 대화한다. 구강건강은 장내미생물의 상태를 반영한다. 따라서 건강하지 않은 구강 상태는 장내미생물의 건강

상태를 나타내는 것이며, 심지어 그 외에 다른 일이 벌어지고 있다는 것을 말해주는 지표일 수도 있다. 연구들은 구강질환과 다른 질환 사이에 분명한 연계성이 있다는 것을 보여준다. 구강에 해로운 미생물이 과다하게 서식할 경우 류머티즘성 관절염, 염증성 장질환, 심지어 심혈관질환 같은 염증성질환으로 번질 수 있다는 사실이 밝혀졌다. 구강 건강을 먼저 살필 경우 말 그대로 질병의 진행이 멈춘다는 뜻이다. 어떤 식사를 하느냐는 구강건강 못지않게 중요하다. 충치를 초래하는 단 음료는 구강미생물총의 다양성을 감소시켜 문제를 유발할 수 있다. 최악의 범인은 클로르헥시딘을 함유한 구강청결제다. 이것은 입안의 미생물 다양성을 줄일 뿐 아니라 현대 건강의 많은 우려 요인을 촉진시킨다. 구강건강에 도움이 되려면 은나노 입자로 된 것, 혹은 약한 과산화수소를 함유한 구강청결제를 사용하는 것이 좋다.

장 건강은 먹는 것으로만 결정되지 않는다

미생물총의 변화는 식사만으로 초래되지 않는다. 지나치게 청결한 환경, 항생제 사용 증가, 현대 도시의 생활 습관 또한 미생물총을 사정없이 짓밟는다. 아마존강 유역에 사는 수렵채집민, 안데스산맥의 농부들과 서구 산업화 국가 국민들의 분변을 비교하면 서구인들의 미생물총 다양성이 단연 부족하다는 것을 알 수 있다.

이러한 변화를 미생물총과 우리의 관계를 중심으로 생각해보자. 공생관계가 형성될 때는 꽤 오랜 세월이 걸렸지만 중요한 종의 말살은 순식간에 이루어질 수 있다. 미생물총 부족 증후군이란 인류 진화적 과거의 일부였지만 현재 산업화된 세계에서 부족해진 미생물총 및 관련 기능의 손실을 설명할 때 쓰는 말이다. 각 세대가 물려받는 미생물총은 점점 더 빈곤해지고 있고, 이는 중요한 생애 초기의 면역교육을 방해하고 있다. 미생물총 부족은 장기적인 영향을 끼쳐 현재 많은 질환을 촉진시키는 것으로 알려져 있다.

친구들을 죽이지 말라

지난 100년 동안의 세균 혐오와 지나친 위생 관리, 식품과 환경의 산업화, 항생제 과용 때문에 부지불식간에 체내 미생물의 거대 멸종이 시작되었다. 이는 자가면역질환, 알레르기, 자폐, 천식, 당뇨병, 비만 등의 질환이 급증하는 데 기여했다. 간략히 말해 현대 생활은 미생물총에게 재난이다.

미생물총에 부정적 영향을 끼치는 많은 요인(출산 방식, 지리적 조건, 무엇보다 항생제 사용 빈도)이 통제할 수 없는 것들이지만 통제할 수 있는 것도 많다. 그뿐 아니라 과학을 기반으로 쉽게 접근할 수 있는 도구도 있고 이로운 미생물을 챙김으로써 면역력을 돌볼 수 있는 요령도 있다. 이제 살펴보자.

항생제, 축복이자 저주

1900년대 초까지 사망의 최고 원인은 감염, 감염, 감염이었다. 베이기만 해도 죽을 수 있던 시대다! 그런 다음 항생제가 등장했다. 1940년대 처음 광범위하게 쓰이기 시작한 항생제는 의학계의 가장 강력한 도구 중 하나가 되었다. 인류의 건강에 그토록 짧은 시간 동안 심오한 영향을 끼친 것은 항생제 외에는 거의 없을 것이다.

항생제는 미생물을 직접 표적으로 삼아 죽이거나 번식을 미연에 방지함으로써 감염을 치료하는 항균물질이다. 병원성미생물을 통제한 항생제 덕분에 입은 혜택은 이루 말할 수 없을 정도다. 항생제가 쓰일 무렵 사람들은 이 신약으로 모든 병원성미생물이 절멸되리라 생각했다. 그러나 항생제가 이로운 미생물에 끼치는 해악을 예상한 사람은 없었다.

한 번의 항생제 치료만으로도 장내세균의 구성과 다양성에 해로운 영향을 초래할 수 있다.[22] 항생제는 생체 기능에 중요한 많은 종을 쓸어버리며 우리 몸을 둘러싼 생태계를 붕괴시킨다.

항생제는 특정한 감염을 치료할 수 있지만, 항생제를 자주, 또는 장기적으로 사용하면 감염에 더욱 취약한 몸을 만들 수 있다. 사실 장기적이거나 빈번한 항생제 사용은 감기 및 다른 상기도감염 확률을 두 배 이상으로 만든다. 2세 이전에 항생제를 쓴 아동들을 연구한 결과에 따르면 74퍼센트가 8세가 될 무렵 천식에 걸릴 확률이 거의 두 배 높았다. 아동이 항생제를 처방받으면 받을수록 천식, 습진, 꽃가루 알레르기 증상이 늘어났다. 미생물총이 발달하는 중요한 시기는 생후 첫 5년이다(아이의 가장 중요한 발달단계도 첫 5년간이다). 사실, 아동의 항생제 노출은 장기적 건강에서 중요한 문제로서, 염증성 장질환, 비만, 당뇨, 천식, 알레르기 같은 면역계 질환의 위험이 증대될 수 있다. 오늘날에는 심지어 항생제 때문에 생기는 자가면역 사례까지 보고될 정도다.

18세가 될 무렵까지 평균 10~20번 항생제를 맞는다. 이 약물은 수많은 생명을 구했고 그 점을 간과하지 말아야 한다. 그러나 항생제는 쓰일 때마다 부수적 피해도 유발한다. 우리는 이제야 항생제 남용의 결과가 얼마나 심각한지 온전히 알아가는 중이다.

언젠가 항생제에 의존하지 않을 수 있는 해결책이 생겨날까? 소화계에서 돌출되어 있는 부분인 충수는 염증을 일으켜 충수염이 되기로 악명이 높아 대개 수술로 제거한다. 그러나 이제는 충수가 이로운 장내미생물의 저장소로서 중요한 역할을 한다는 것을 알고 있다. 이 보잘것없어 보이는 미생물의 아지트는 심각한 감염에서 회복되도록 돕고 항생제 폭탄이 터진 뒤 다시 자리를 잡는 데 도움을 줄지도 모른다. 또 다른 흥미로운 영역은 재발이 잦은 요로감염 치유다. 이때도 장기적으로 상황을 악화시킬 수 있는 항생제 대신 특정 종류의 이로운 세균을 이용해서 감염을 퇴치하는 방법이 있다.

항생제는 또한 비만율을 올리는 데 기여할 가능성도 있다. 적은 양의 항생제를 소에게 먹이면 고기 양이 늘어난다는 사실을 농부들은 오래전부터 알고 있었다. 항생제는 지방 신진대사를 돕는 정상적인 장내세균을 몰살시켜 돼지와 소의 덩치를 키운다. 우리에게도 같은 일이 벌어질 수 있을까? 적은 양의 항생제(감염 치료에 쓰이는 것보다 적은 양)는 생쥐를 최대 40퍼센트 살지게 만든다.[23] 여기다 구미에 확 당기는 식사를 합쳐보라. 그러면 최대 300퍼센트까지 체중이 증가한다.[24]

인간의 경우 장내미생물이 30퍼센트 적은 비만자들이 시간이 흐를수록 체중이 더 느는 경향을 보인다.[25]

미생물총의 작용을 교란시키는 것은 항생제만이 아니다

주의해야 하는 것은 항생제뿐만이 아니다. 널리 쓰이는 일부 처방약—메트포르민metformin[26], 양성자펌프억제제proton pump inhibitor(위궤양 약)[27], 항히스타민제와 비스테로이드성 항염증제[28]—은 최근 장내미생물 구성을 바꾸어놓는다고 알려졌다. 판매 대상 약물 1000개 중 24퍼센트는 최소한 한 종류의 미생물총을 억제한다.[29] 아직 이것이 이로운지 해로운지 확실히 말할 수 없으며, 장내미생물의 변동은 이로운 작용의 일부일 가능성도 없지 않다. 하지만 약물이 끼치는 장기적인 영향 중 많은 것에 관해서는 아직 알려진 바가 많지 않다. 배변을 원활하게 하는 완화제를 잠깐만 복용해도 일부 장내세균이 사라져 장내세균 불균형이 생겨나고 면역반응이 초래된다.[30]

미생물은 중요하다: 항생제로 인한 장내세균 불균형을 최소화하는 방법

항생제, 그리고 미생물에 영향을 끼치는 다른 약물은 의사가 꼭 필요하다고 처방을 내릴 때만 복용하라. 항생제류의 약물을 자가 처방하는 것은 절대 금물이다(일부 국가에서는 항생제 자가 처방을 허용하지만 이를 막아야 한다). 항생제를 복용할 경우 처방받은 복용량은 다 채워야 한다.

항생제를 복용하고 있거나 좋은 미생물에 영향을 끼치는 약물이 걱정스럽다면 미리 프로바이오틱스를 복용하라. 항생제를 복용하는 동안과 이후에 복용하는 것이 좋다(가능한 한 항생제 먹는 시간과 차이를 두고 프로바이오틱스를 먹으라. 그래야 복용 중인 항생제가 프로바이오틱스의 좋은 균을 죽일 가능성이 줄어든다).

섬유질이 풍부한 음식을 섭취하라. 가능하다면 다양한 식물성 음식을 먹되 일주일에 30가지 각기 다른 섬유질을 섭취하라. 하지만 기억해야 할 점은, 어떤 것이건 식단 변화를 도입할 때는 적응 기간이 필요하다는 점이다. 섬유소를 늘리려면 여유를 두고 천천히 늘리는 것이 좋다.

지나치게 청결하지는 않은가?

세균공포증은 거대 산업이다. 손 세정제와 클렌징 젤 같은 항균 제품은 시장이 엄청나다. 1980년대 이후 알레르기의 가파른 상승세는 이렇듯 폭발적으로 증가한 개인 및 가정 위생용 제품이 원인이다. 과학자들은 급기야 머리를 긁적이며 질문을 던진다. 우리, **지나치게** 깨끗한 것 아냐?

면역계는 운동선수와 같다. 강하고 숙달된 선수가 되려면 훈련과 연습이 필요하다. 세균은 면역계의 친구이자 코치다. 1980년대 말 등장한 위생가설에 따르면 알레르기질환은 농촌 지역에서 대가족과 함께 살면서 동물과 흙을 많이 만지고 자란 아동이 덜 걸렸다. 그러나 위생가설은 (2003년) 새로운 가설에 의해 뒤집혔다. 새 가설에 따르면 가장 중요한 환경 변화는 지나친 청결이 아니라 '옛 친구'—즉 무해한 미생물과 흙, 먼지와 공기—를 태어날 때부터 접촉하지 못하게 된 것이다. 미생물총이 건강에 중대한 역할을 한다는 것을 과학이 입증한 것이다.

알레르기가 더 두드러진 현상이 된 이후 우리가 함께 살면서 먹고 마시고 흡입해온 미생물과 흙 같은 오염물질의 혼합물도 현대인의 세균공포증 덕에 꾸준히 변화를 겪었다. 강박적일 정도로 표면의 먼지를 씻어내면서 나쁜 세균과 함께 좋은 세균까지 제거해버렸고, 면역계에 해를 끼치기는커녕 면역계 훈련에 도움을 주는 이로운 미생물이 사라졌다.

규칙적 청소는 (곰팡이, 반려동물 비듬과 집먼지진드기 같은) 알레르기와 천식의 유발물질을 줄이는 데 도움을 줄 수 있다. 그러나 초강력 항균 스프레이에 손을 뻗기 전에 잠시 멈추어보라. 많은 사람이 초강력 항균제 때문에 기로에 서게 된다. 손 세정제 같은 것을 사용해 계속 질병을 피해야 할까, 아니면 건강을 위해 세균이 묻은 손을 포용해야 할까? 첫째, 가장 마지막으로 만진 것을 생각해보라. 누군가 방금 재채기를 하고 악수를 했다면 그때는 위생이 먼저다. 그러나 기억할 것은 몸의 미생물군도 몸 자체의 갑옷의 일부라는 것이다. 항균 비누의 문제는 그걸 사용하면서 피부의 자연적 방어 체계까지 실제로 씻겨나간다는 것이다. 따라서 항균 비누를 지나치게 쓰는 사람들은 자신을 위험에 빠뜨리고 있는 셈이다. 게다가 설거지는 손으로 하는 편이 기계에 넣는 것보다 좋다. 미생물총의 균형과 건강한 면역계를 위해서다.[31] 왜? 식기세척기는 그릇을 살균하는 과정에서 좋은 미생물을 없애버리는 반면, 손으로 하는 설거지는 일부 좋은 미생물이 그릇에 붙어 있게 해주기 때문이다. 그러니 뽀득뽀득하게 설거지를 하는 게 능사는 아니다. 식기세척기가 없는 사람들에게는 희소식이겠다. 내가 포기할 수 있는지는 자신 없지만!

물론 맥락을 살펴야 한다. 엄격하게 청결을 지키는 일은 일부 환경에서는 꼭 필요하다. 가령 병원에서 손 세정제를 쓴다거나 기저질환이 있는 경우다. 그러나 손 세정제는 살균에 효과적이긴 하지만, 꼼꼼한 손 씻기의 부가물일 뿐 손 씻기를 대신할 수는 없다. 꼼꼼하게 비누 거품을 내서 비벼가며 씻는 것은 감염 확산을 줄이는 단 하나의 가장 효과적이고 과학적인 방법이라고 입증되었고, 전 세계 사람들의 건강 향상에도 중심축 노릇을 한다. 따라서 생닭을 잘랐다면 손을 씻고 살균해야 한다. 손에 상처가 있다면 손을 씻고 살균해야 한다. 하지만 밥 먹기 전에 아이가 정원에서 들어왔다면 보통 비누로 손을 씻는 정도면 충분하다. 게다가 손 세정제가 죄다 똑같이 만들어지는 것도 아니다. 효과를 내려면 손 세정제에는 최소한 60퍼센트 알코올이 함유되어 있어야 한다. '천연' 무알콜 세정제는 세균을 죽인다고 주장하지만 충분히 효력을 내지는 못한다. 그리고 이들은 세균을 99퍼센트 죽이지만 바이러스와 기생충을 비롯한 미생물을 100퍼센트 없애주지는 못한다.

집에서 평소에 쓰는 종류와 똑같은 손 세정제를 쓰면 피부에 살고 있는 보통 세균은 손상을 입는다. 일부의 경우 종래에 쓰이는 많은 세정 제품에 함유된 강력한 화학물질은 천식과 알레르기 증상을 유발하거나 더욱 악화시킬 수 있다. 위생을 느슨하게 한다고 해도 '옛 친구'들과 재회하지는 못할 것이다. 그래도 할 수 있는 중요한 한 가지 일은 '지나친 청결'에 관해 이야기만 하지 말고 어떻게 해야 올바른 종류의 오염과 안전하게 다시 만날 수 있을지 생각하는 것이다.

면역력 강화를 위해 코를 후벼야 할까?

코를 후벼야 할까? (어린 시절 갖고 있던 다른 더러운 습관은 어떨까?) 진지한 질문이니 웃지 마시라! 사실 사회적 합의를 제쳐두고 나면 코 파기는 면역에 이로울 수 있다. 좋다, 뭐 내가 좀 경박하게 굴고 있기도 하고 증거가 딱히 있는 것도 아니다. 하지만 아이들이 입에 많은 것을 넣는 것과 똑같이 코를 파는 것도 환경에서 견본을 채취하는 한 가지 방법이긴 하다.

코의 분비물은 세균과 공기 중에 있는 요소들을 포획해 이들이 폐로 들어가지 못하게 막는다. 사람들은 코딱지를 굳이 먹지는 않아도 대부분 코의 점액을 삼킨다. 이 세균들은 장에서 백신으로 작용해, 환경에 어떤 병원이 있는지 면역계에게 가르쳐준다. 콧물이 해로운 세균이 치아에 들러붙는 것을 막는 데 도움이 된다는 것을 밝힌 연구까지 있다.[32] 자연은 우리에게 이득이 된다는 이유로 어떤 일을 하도록 부추긴다.

아기들은 태어나기 수 주일 전부터 자궁 속에서 손가락을 빨고 있다. 자주 관찰되는 모습이다. 하지만 아이가 끊임없이 손가락을 입에 넣고 있는 모습을 보면 부모는 세균에 대한 두려움을 끄집어내 아이를 다그친다. 손톱을 물어뜯는 것도 코딱지를 후비는 것과 비슷한 이유로 부모에겐 근심거리다. 그러나 연구들이 시사하는 바에 따르면 어린아이들의 이런 습관이 모두 나쁜 것은 아니다.[33] 엄지손가락을 빨고 손톱을 물어뜯는 아이들은 나중에 피부 알레르기 검사에서 양성반응이 나올 확률이 더 낮기 때문이다. 보호 효과가 미생물 노출 때문이라고 가정해도 어떤 것이 이로운지, 이들이 실제로 어떻게 면역기능에 영향을 끼치는지는 아직 모른다. 하지만 이러한 결과 덕에 익숙한 습관을 다른 시각으로 볼 수 있게 된다. 아동뿐 아니라 이들이 성장하면서 견본을 수집하는 환경 사이의 복잡한 관계의 일부로, 아이들의 건강과 생리 기능을 지속적으로 형성하는 요인으로서 이러한 습관을 바라보게 된다는 말이다.

도시 면역

모체와 먹거리뿐 아니라 환경에서도 미생물을 얻는다. 손 세정제와 물티슈의 세계에 사는 사람들은 수조 개의 이로운 미생물을 매일 흡수하게 해주었던 산업화 이전의 생활 방식을 상상하기조차 어렵다. 흙은 이롭다. 자연에서 분리된 것은 좋지 않다. 현대 도시 생활은 미생물의 다양성이 적으며, 이로운 환경 내 미생물총과의 접촉을 막는다.[34] 이러한 변화는 미생물과 면역에 영향을 끼친다.

인간은 신체적으로나 심리적으로 자연과 함께해야 한다. 면역의 필요성도 있다. 우리가 들이마시는 공기에는 세균이 함유되어 있고 이들은 흙이나 식물에서 오는 미생물과 함께 호흡과 음식 섭취를 통해 입속과 기도에 쌓인다.[35] 이것들은 면역에 이로운 영향을 끼친다고 알려져 있다. 그러나 녹음이 우거진 농촌의 환경에 비해 현대 도시의 미생물총은 성질도 다르고 다양성도 떨어진다.[36,37] 알다시피 도시인들은 알레르기와 염증성질환에 더 취약하고, 아동기의 외부 미생물 노출이 면역계를 튼튼하게 만들어준다는 증거도 명확하다.[38] 가축우리에서 시간을 보내고 목장 우유를 먹은 농가의 아이들은 이러한 경험이 없는 아이들에 비해 평생 천식과 알레르기 비율이 확연히 낮다.[39]

농촌에 살지 않는 우리의 면역계에는 환경 속의 미생물이 누락되어 있을 수 있다. 하지만 어떻게 해야 도시에 사는 동안에도, 바쁜 우리 자신을 '다시 야생의 상태'로 만들 수 있을까? 놀라울 정도로 간단하다. 정원에서 시간을 보내고, 시골이나 공원으로 걸어나가며, 정원이나 주말농장에서 나오는 것을 바로 먹는 일 등. 시골 생활과 비슷한 활동으로 도시 생활의 균형을 확실히 잡아주되 정기적으로 하는 것이다. 화분 속 흙에 손가락을 집어넣는 것만으로도 기분이 나아지고 면역계가 강해질 수 있다.

자연환경을 포함하도록 미생물에 대한 생각을 확장시키는 것은 자연환경 속에서 숨 쉬고 놀고 흙을 만지고 파면서 미생물과의 관계를 길러나가는 것을 의미한다. 흙을 포함한 자연환경과 많이 접촉할수록 미생물이 우리에게 스며들어 보살피도록 허용하게 된다. 나는 농장에서 자랐고, 완전히 알레르기가 없는 것은 아니지만 확실히 그 시절의 도움은 받는다. 무엇보다 좋은 점은 이러한 노력에 큰돈이 들지 않는다는 것, 그리고 부작용이 전혀 없다는 점이다.

흙이 묻은 그대로 먹기

흙에는 미생물이 있고 과거에는 프로바이오틱스의 대부분을 흙속 미생물에서 얻었다. 흙과 환경상의 다른 무해한 미생물을 획득하는 것을 '수평전파horizontal transmission'라 한다. 이 과정은 우리 몸에서 번성하고 있는 미생물 생태계를 다양화하는 데 기여한다. 옛날에는 먹을거리를 전부 직접 길러 흙에서 따 씻지 않고 바로 먹곤 했다. 요즘은 음식을 길러주는 흙에서 너무 멀리 떨어져 사는 바람에, 우리 몸의 미생물총과 함께 살고 있던, 토양 속 중요한 미생물 일부를 잃어버렸다.

2004년, 연구자들은 예기치 않은 결과가 담긴 논문 한 편을 발표했다. 폐암 환자들에게 흔하고 무해한 토양 세균*Mycobacterium vaccae*(이 세균은 결핵 퇴치의 가능성을 보여준 미생물이다[40,41])을 주입했더니 삶의 질이 향상된 것이다. 환자들은 더 흡족해했고 활력도 더 커졌다.[42] 연구는 이 세균 소량을 농장 채소에서 섭취하거나 공기 중에서 흡입하는 것은 면역에 상당히 도움이 된다는 것을 시사한다.

일부 문화권에서는 '흙을 먹는다geophagy'. 좀 더 극단적인 생활 습관이다. 많은 사회에서 흙 먹기가 가장 흔한 시기(일부 사회에서는 유일한 때)는 임신했을 동안이다.[43] 가장 흔히 먹는 흙은 아프리카 사하라 남쪽 지방의 찰흙이다. 이 고대의 관행은 모체의 미생물총에 의해 면역계를 강화해준다고 여겨진다. 정기적으로 흙을 먹는 원숭이는 기생충이 더 적다.[44] 그리고 아이들에게 마음대로 놀라고 하고 어떻게 노는지 살펴보면 냉큼 땅으로 가서 흙을 먹는다. 흙을 먹는 것은 두 살 미만의 아기들에게 특히 흔한 일이다. 그리고 흙을 먹지 말라는 말을 알아들을 만큼 나이를 먹으면 아이들은 대개 스스로 그만둔다. 하지만 왜 이런 짓을 하는지 어른들은 대개 알지 못했다. 최근에 밝혀진 바에 따르면, 흙을 먹는 것은 면역계가 올바르게 성숙하도록 미생물을 섭취하기 위해서다.

그렇다고 흙을 먹으라고 제안하는 것은 아니다. 위험이 없지 않은 일이기도 하니까. 하지만 밖으로 나가 공원에 가서 자연환경에 사는 세균을 만나는 것, 그리고 가능한 곳에서, 가급적 시골에서 특히 아동기 때 세균과 만나는 것은 장기적으로 면역에 이롭다. 상이한 유형의 면역세포들을 조절하는 메커니즘이 존재한다는 관점에서 보면, 아동기야말로 면역조절기를 설치할 최상의 기회다.

지역 농부들이 물건을 직접 내다 파는 시장은 미생물이 살 가능성이 있는 또 하나의 공간이다. 이들이 지역 농산물을 배달하는 차량은 흙을 시장에 가져오는 과정에서 인간의 면역계를 일부 '옛 친구'들과 다시 친해지도록 해준다. 채집도 생각해볼 만하다. 자연이 거저 주는 선물인 자연 그대로의 음식을 채집하는 것이다. 이 방법 역시 환경에 자신을 노출시킴으로써 미생물 생태계를 풍요롭게 만든다.

일부 '옛 친구들'을 포용해야 한다는 제안은 해로운 세균까지 더 초대해야 한다는 뜻이 아니다. 오히려 그 반대다. 아주 간단히 말해 우리를 죽이지 않는 미생물—거의 모든 곳에서 언제든 우리를 둘러싸고 있는 세균의 99퍼센트는 우리를 죽이지 않는다—은 면역계의 균형을 가져온다.

프로바이오틱스를 둘러싼 사실과 허구

프로바이오틱스 혹은 유산균 사용의 원리는 간단하다. 고유한 자기 미생물 중 이로운 것들이 자기 일을 하게 돕는 것이다. 하지만 현실은 좀 다르다. 장 마케팅 열기가 최고조에 달한 상황에서 유산균을 고르는 문제는 골치 아프다. 알약과 기능성식품에서 프로바이오틱스 매트리스와 베개까지 생프로바이오틱스 배양물을 광고하는 제품의 행진은 멈출 기미가 없다. 시중에 나온 식품이나 프로바이오틱스 캡슐을 일부 먹어보았을 수도 있다. 하지만 프로바이오틱스가 정확히 무엇일까? 그것이 무엇이건 실제로 건강에 유익을 주는지 어떻게 알 수 있을까?

프로바이오틱스 혹은 유산균의 정의는 '적정량 공급받을 때 건강상의 이점을 제공하는 살아 있는 미생물'이다. '살아 있는'이라는 말은 여기서 생존 가능성을 가리킨다. 이는 제조업체에서 여러분의 집까지 간 다음 입에서 장까지 가는 동안 죽지 않고 버틴다는 뜻인데 결코 쉬운 여정이 아니다. 이들은 소화관이라는 가혹한 환경(위장은 입으로 삼킨 모든 세균의 통과를 막도록 설계되어 있다)에서 살아남아야 하고 결국 소화관의 맨 아랫부분인 대장까지 무사히 도착해야 한다.

그러니 콤부차(설탕을 넣은 녹차나 홍차에 유익균을 넣어 발효시킨 음료-옮긴이)는 잊어버리고 사실과 허구를 구별하자. 과학적으로 말해서 시판용 제품 중에 프로바이오틱스의 공식 정의에 부합하는 것은 거의 없다. 이로운 건강상의 효과가 대조군 연구에서 인간 피험자에게 입증된 것만 엄밀히 프로바이오틱스라고 한다. '프로바이오틱스'라는 용어는 기능 인정을 받았다는 뜻을 내포하므로 2019년 기준으로 유럽식품안전청European Food Safety Authority은 건강식품 기업들에게 유럽에서 생산되는 요구르트와 음료 같은 프로바이오틱스 식품에 대한 주장을 뒷받침할 과학적 증거를 제공할 것을 요구한다. 이들은 또한 소비자들을 호도하지 못하도록, 임상 증거가 없이 식품 포장지에 '프로바이오틱스'라는 단어를 쓰지 못하게 하려고 노력 중이다.

그럼에도 물어야 할 질문은 여전히 많다. 그렇다면 면역을 길러주면서 과학적으로 검증된 프로바이오틱스를 어디서 찾을 수 있을까? 그리고 섭취하면 얼마나 효과가 있을까? 심지어 온라인상에서 받을 수 있는 비싼 장 건강 검사가 있다 해도, 과학은 아직 어떤 종류의 미생물이 내 몸에 필요한지 예측하는 단계에 와 있지 못하다. 현재 가능한 일은 어떤 미생물이 있는지 없는지 측정하는 정도다. 게다가 이것이 우리 건강에 얼마나 의미가 있는지 늘 알 수 있는 것도 아니다. 지문과 마찬가지로 미생물 생태계의 개인차는 각 사람을 고유하게 만들어주는 요인이다. 그리고 종류만이 아니라 전체 미생물 생태계의 결과물 때문에도 개인차는 아직 측정할 수 없다. 따라서 대부분의 시판용 스툴 검사 키트들도 이러한 한계가 있다고 봐야 한다. 현재 구할 수 있는 진단기들은 시험 삼아 해보는 재미는 있지만 과학적으로 입증된 실질적인 정보를 주지는 못한다. 이러한 장 건강 검사들이 발견하는 특정 세균 종류에 관해 질문을 던져보자. 이들은 충분한 연구를 거친 것일까, 그리고 몸속에서 이 세균들이 뭔가를 실제로 하려면 어느 정도의 양이 필요할까?

우리의 개인차가 그토록 크다면 왜 똑같은 프로바이오틱스를 먹어야 하는지 의문도 제기할 수 있다. 좋은 지적이다. 그러나 프로바이오틱스의 경우 황금률은 소위 '이질적인 개체군 내 효력efficacy in a heterogeous population'이다. 이질적인 개체군 내의 효력이란 미생물 개입은 개개인의 초창기 마이크로바이옴에 상관없이 이로운 효과를 보여줄 수 있다는 뜻이다.

프로바이오틱스: 어떻게 작용하고 또 어떻게 작용하지 않을까

장 건강을 위해 범용 프로바이오틱스를 장려하는 추세가 늘고 있다. 솔직히 말해 우려스럽다. 프로바이오틱스에 관해 말하자면 전반적인 평결은 불행히도 광고가 말하는 것만큼 전망이 밝지는 않다는 것이다. 지식은 여전히 부족하고, 프로바이오틱스는 약물과 달리 모든 사람에게 똑같은 효과를(심지어 비슷한 효과라도) 제공한다고 보장할 수 없다.

널리 퍼져 있는 오해는 프로바이오틱스가 우리의 미생물총의 구성을 '점령하거나' 아니면 바꾸도록 작용한다는 이야기다. 사실이 아니다. 사실, 분변 미생물군 이식faecal transplant 같은 구체적 사례 이외에 프로바이오틱스가 장내미생물을 점령한다는 증거는 거의 없다. 우리의 위장관에 이미 뿌리박은 채 살고 있는 수십조 개의 미생물에 비하면 프로바이오틱스로 먹은 것들은 손님에 가깝다. 이 말은 이들이 장내 생태계에 자리 잡지 못하며 대부분은 일시적으로 사는 존재, 그것도 자주 먹는 한정된 기간에만 감지될 수 있을 정도라는 뜻이다. 그렇다고 프로바이오틱스의 건강상 이점을 무시해도 된다는 말은 아니다. 이들은 다른 방식으로 생체에서 활동한다고 알려져 있다. 가령 음식의 영양분을 이용할 가능성을 향상시키고, 우리 장을 지나가면서 면역을 강화시키고 항염증성 생물활성물질을 만들어내는 것이 프로바이오틱스의 기능이다.

프로바이오틱스는 기존의 미생물 생태계에 의미심장한 차이를 만들 정도로 새로운 미생물을 충분히 포함하고 있지도 않다. 설사 그 정도를 포함하고 있다 해도 우리 장을 점령하도록 미생물을 도입하는 것이 안전한지 여부에 관해서는 충분히 알려져 있지 않다. 장으로 들어와서 기존의 미생물을 쫓아내는 대다수의 신참은 우리 생태계의 고유한 균형을 바꾸어놓음으로써 의도하지 않았던 결과를 초래할 수 있다. 그러나 과학자들이 알고 있는 정도의 지식은 이러하다. 일시적으로 우리 장에 거주하는 미생물인 프로바이오틱스는 위장관을 통과하여 면역세포, 수지상세포dendric cell, 장세포, 식사로 섭취한 영양소, 그리고 기존의 장내세균과 상호작용함으로써 직간접적으로 이점을 전달한다는 것이다.

짧게 머무는 미생물 중 일부는 장벽을 탄탄히 유지하는 데 도움이 된다. 또 다른 임시 체류 미생물들은 더 나은, 더 규칙적인 배변을 돕는 근육 수축을 자극하는 신경전달물질을 유발한다. 면역 건강에 이롭다고 보이는 이로운 부산물을 만들어내는 미생물도 있다. 그래서 프로바이오틱스를 섭취하기로 결정하면 지속적으로 매일 섭취하는 것이 중요하다. 그렇지 않으면 이 미생물이 오래 머물 가능성이 없기 때문이다.

프로바이오틱스 사용을 뒷받침하는 가장 강력한 증거는 설사와 소화불량 치료와 관련이 있다. 가령 항생제 섭취 후에 오는 이러한 문제를 해결하는 데는 프로바이오틱스가 좋다.[45] 프로바이오틱스는 소화 건강에 도움이 될 뿐 아니라, 면역력을 적정한 수준으로 유지하는 데도 이롭다. 프로바이오틱스가 누구에게나 유용한지 혹은 어떤 특정한 종류를 섭취해야 하는지는 여전히 모른다. 하지만 많은 종류를 이용한 임상실험에 따르면 되풀이되는 감염을 줄이고, 염증을 개선하며, 심지어 위험성 높은 아동 알레르기와 아토피피부염까지 예방한다.[46] 노화에 전형적으로 수반되는 염증을 줄임으로써 노화의 질을 개선할 수 있다는 것을 시사하는 증거도 일부 있다.[47,48] 프로바이오틱스 보충제를 섭취하면 감기에 걸릴 가능성 또한 줄어들고, 걸린다 해도 기간을 단축하고 증상도 일부 완화해준다는 가설도 있다.[49] 물론 그 어떤 것도 즉각적으로 예방효과를 보이거나 증상을 치료하지는 못한다. 아플 때 프로바이오틱스 요구르트를 먹어도 꼭 반드시 낫는다는 느낌이 들지는 않는다. 이 분야의 연구는 대부분 형편없는 경향이 많고 때로는 일관성도 없다. 무엇보다 우리의 미생물총이 제각각이라는 사실 때문일 것이다. 좋은 장내미생물을 챙기려 할 때 음식을 우선으로 하는 접근법, 섬유질을 섭취하는 접근법을 유도해야 하는 이유도 바로 이런 것이다.

프로바이오틱스를 섭취하기로 결정했다면 자신의 상태에 이로운 효과가 있다고 증명된 종류로 찾아야 한다. 물론 그때도 효과가 좋으리라는 보장은 없다.

프로바이오틱스의 도움 없이 식사로 장 건강을 개선하는 법

- **유기농 식품을 이용하라.** 유기농 농산물에는 재래식으로 재배한 농산물보다 다양한 미생물이 훨씬 많다(특히 날것으로 먹으려면 유기농 농산물이 좋다. 조리하게 되면 좋은 미생물이 파괴되기 때문이다).[50]
- **발효식품을 섭취하라.** 미생물총 자체와 마찬가지로 김치, 콤부차, 케피르와 사우어크라우트 같은 발효식품에는 다양한 종류의 천연 효모와 미생물이 다수 함유되어 있다. 이러한 제품에는 미생물들이 나름의 통제된 방식으로 모두 살아서 번성하고 있다(공정 과정에서 좋은 미생물이 죽도록 살균 처리만 하지 않았다면 그러하다). 이들은 과학적으로 엄밀한 의미의 프로바이오틱스는 아니지만, 그래도 유산균을 포함하고 있다. 개인적으로는 발효식품

을 먹어 이득을 많이 봤지만, 그래도 이에 대한 임상 증거가 제한되어 있다는 사실을 기억해야 한다. 예외가 있다면 발효유뿐이다. 발효유는 건강 전반에 좋은 영향을 끼친다는 점이 입증되었다. 하지만 이 역시 증거는 많지 않다.[51]

- **30가지 이상의 식물성 음식을 섭취하라.** 다양한 식물성 음식을 많이 먹는 사람일수록 다양하고 건강한 미생물총이 있다는 점이 알려졌지만 어떤 미생물이 어떤 음식을 선호하는지 정확히 알지는 못한다. 특히 중요한 것은 아이가 고형식을 시작할 때 섬유질을 먹이는 것이다. 애초부터 장내 생태계의 다양성을 보장하기 위함이다.
- **식품성분표를 파악하라.** 염분, 당분, 지방이 높은 특정 식사 패턴은 미생물총에 부정적인 영향을 끼칠 수 있다. 7장에서 이러한 음식의 부정적 여파에 대해 더 알아볼 것이다.

4장

수면,
계절적 변동,
활동일주기

'수면 시간이 짧을수록 수명도 짧아진다.'

매슈 워커 Matthew Walker

UC 버클리 신경과학 및 심리학 교수

『우리는 왜 잠을 자야 할까Why We Sleep』 저자

나는 (내 직업군에 종사하는 사람이 바라는 바대로) 대체로 건강을 잘 유지하는 편이다. 가끔씩 가벼운 감기나 두통이나 통증을 겪는 일을 빼고는 늘 건강하다. 하지만 지난겨울은 달랐다. 건강이 꽤 나빠진 것이다. 시작은 1월에 닥친 감기와 기침이었다. 목뒤가 따끔따끔 아픈 인후염은 남편도 아들도 앓았다. 일주일 안에 남편과 아들은 둘 다 회복기로 접어들었고 나도 머지않아 낫겠다고 생각했다. 예상은 틀렸다. 하지만 동료나 가족이나 친구들을 실망시키고 싶지 않아서 병을 무시했고 정상 생활을 계속했다. 마침 바쁜 시기였고 나는 (지금도 늘 그렇지만) 과도하게 일에 매진했다. 밤이 되면 머리가 째깍거려 잠을 깨기 일쑤였고 아침마다 스트레스를 받았다. 할 일도 문제지만 어떻게 하루를 또 보내야 하나 싶은 몸 상태였기 때문이다. 그럼에도 곧 나으리라 확신하고는 평상시처럼 자신을 밀어붙였다.

두 달 후 결국 누운 자리에서 일어날 수 없는 날이 닥쳤다. 아이들의 아침밥을 차려줄 수도, 아이들을 어린이집까지 데려다줄 수도 없었다. 더 이상 평소처럼 일할 수도 없었다. 꼬박 3주를 침대에 누워 폐렴을 앓았다. 곧 죽을 사람처럼 발작하듯 기침이 났고 '끈적한 녹색 점액'을 덩어리로 뱉어냈다. 늑골이 너무 아파 돌아누울 때도 남편의 도움을 받아야 했다. 더 자세한 이야기는 나중에 할 참이다. 그런데 나는 지금 왜 이 이야기를 하는 것일까? 별것 아닌 계절독감이 폐렴으로 번진 이유는 면역 '증강' 슈퍼 푸드가 부족해서도, 심지어 식사가 형편없어서도 아니었다. 그것은 내가 건강의 가장 중요한 기둥, 다른 모든 것의 토대가 되는 기둥인 잠을 허투루 여겼기 때문이었다. 나는 스트레스로 잠을 갉아먹었다. 의사는 그것을 '현대 엄마 번아웃'이라고 불렀다. 일과 가정생활을 병행하는 스트레스라는 뜻이었다.

내가 방탄복처럼 튼튼하지 못해 창피했지만 그래도 폐렴 사건은 내게 일어났던 가장 좋은 일이었다고 느낀다. 조치를 취하지 않을 수 없었으니까. 이제 나는 잠과 스트레스, 이들의 밀접한 관계를 전혀 다른 눈으로 바라보게 되었다. 몸의 건강이건 정신적 건강이건 수면의 질 저하에 영향받지 않는 것은 하나도 없다. 잠은 면역과 밀접하게 얽혀 있는데도, 보충제와 기능성식품을 애호하는 웰빙 산업의 많은 부분에서 도외시되고 있다. 잠을 못 자는 데는 약도 없다. 참 받아들이기 힘든 진실이다.

가장 진부하고 쓸모없는 생각은 죽으면 실컷 잔다는 생각이다. 훨씬 더 큰 진실은 다르다. 자지 않으면 죽는다, 더 일찍. 하지만 오늘날의 세계에서 양질의 수면은 바라기 힘든 일이다. 기술이 풍요로운 환경에는 제시간에 잠자리에 들지 못하게 방해하는 것들이 늘 존재한다. 잠을 자려면 규율과 습관이 필요하다. 하지만 4장에서 이야기할 내용대로 잠에 대한 투자는 그만한 가치가 충분히 있다.

얼마나 자야 할까?

누구나 기본적으로 잠이 필요하고 일정 시간 이상 자야 건강하다는(그리고 머리가 맑다는) 느낌이 든다는 점은 분명하다. 잠을 자지 않는 것이 불가능하다는 사실은 누구나 안다. 하룻밤 꼬박 새고 나서 (의도했든 어쩔 수 없었든) 더 새려 할 때 어떤 일이 벌어지는지 생각만 해봐도 알 수 있다. 하지만 정확히 얼마나 자야 할까?

충분한 수면을 취했다는 좋은 징후는 알람 시계 없이 일어나서 카페인을 섭취하지 않아도 하루 종일 깨어 있는 상태를 유지하는 것이다. 밤을 새운 다음 날은 짜증이 나고 피곤하고 불행하고 스트레스를 받는다. 만일 여러분이 나처럼 어린아이를 키우면서 직장까지 다닌다면 단 몇 시간의 잠이라도 얼마나 소중한지 알 것이다. 대부분 평균적으로 하루에 약 7~9시간의 잠이 필요하고, 이보다 조금이라도 더 적게 자면 일찍 죽을 위험이 있다.[1] 살아가는 부담이 무겁다면, 바쁘거나 스트레스가 특히 심하다면, 체육관에서 심하게 운동해야 한다면(아니면 운동선수라면) 9시간 가까이 자야 한다. 수면 시간이야말로 회복하는 시간이기 때문이다. 중요한 것은 수면의 양만이 아니다. 질 또한 중요하다. 그리고 수면의 질은 훨씬 측정하기 힘들 수 있다.

정의상 양질의 수면이란 잠자리에 있는 시간의 85퍼센트 이상을 잠들어 있으며, 하룻밤에 한 번 넘게 깨지 않고, 깨어 있는 시간은 20분 미만인 상태다. 따라서 잠자리에 10시간 있었다면 8.5시간은 잠든 상태여야 한다. 대부분 잠이 금방 들지 않는다는 것을 고려하면 건강한 수면 시간을 맞추는 것은 어려울 수 있다. 영국인들은 점점 수면 시간이 줄어들고 있어서 77퍼센트가 필요한 수면량을 채우고 있지 못하다. 게다가 잠을 충분히 못 잔 사람들은 고혈압, 당뇨병, 우울증과 비만 같은 만성질환을 겪을 확률이 높다. 심지어 수면부족 증후군이라는 새로운 수면 질환까지 있다. 이에 따르면 사람들은 특정 생활 습관을 우선시하기 위해 일부러 잠을 줄인다(항상 넷플릭스 영화를 보다 자게 되지는 않으니까 말이다). 이러한 습관은 건강에 영향을 끼친다. 현대인은 자신의 몸을 대상으로 삼아 커다란 실험을 하고 있는 중이고 초기 결과는 별로 좋아 보이지 않는다.

수면 구조

수면에도 단계가 있다. 이 단계들을 묶어 수면 구조라 한다. 수면은 두 가지 유형으로 이루어져 있다. 렘REM수면과 점차 깊어지는 비렘NREM수면이다.

각 단계는 전 단계를 거쳐야만 도달할 수 있다.

- **1단계 비렘수면**: 가벼운 잠. 눈이 감겨 있지만 깨기 쉽다.
- **2단계 비렘수면**: 몸이 깊은 수면에 들 준비를 하면서 심박수가 느려지고 체온이 떨어진다. 2단계는 우리가 자는 시간의 약 50퍼센트를 차지한다. 잠을 국이라고 치면 2단계는 국물이다. 나머지 단계의 기반을 제공할 뿐 아니라 그 자체로도 영양가가

아주 높다.

- **3단계 비렘수면**: 서파수면이라 알려진 3단계는 잠이 깊이 드는 시간이다. 잠을 깨기가 더 어려워지고, 누군가 깨우면 몇 분 동안은 비몽사몽 상태가 된다. 깊은 수면은 대부분 이른 밤 시간에 발생한다. 따라서 일찍 잠자리에 드는 것이 도움이 될 수 있다.
- **렘수면**: 렘수면의 단계가 되면 꿈을 꾼다. 대개 잠이 들고 나서 90분 후면 렘수면 단계에 접어든다. 렘수면 첫 시기는 대개 10분간 지속된다. 나중으로 갈수록 렘수면 단계 각각은 더 길어지고 마지막 렘수면 단계는 최대 한 시간가량 지속될 수도 있다. 심박수와 호흡이 빨라진다. 렘수면 동안 강렬한 꿈을 꿀 수 있다. 뇌가 더 활동적이 되기 때문이다. 아기는 잠의 최대 50퍼센트를 렘수면 단계에서 보낸다. 성인의 경우는 잠의 20퍼센트 정도만 렘수면 단계다. 큰 차이다.

잠의 모든 단계가 중요하지만 각각 우리 몸에 상이한 효과를 낸다. 비렘수면의 깊은 단계 동안 몸은 회복하고 다시 자란다. 매일의 난제에 대비하는 면역 강화 단계다.

휴식이 최선이다

수면과 면역은 서로 연결되어 있다. 면역은 수면을 바꾸어놓고 수면은 몸의 방어 체계에 영향을 끼칠 수 있다는 뜻이다. 잠을 더 많이 잔다고 반드시 면역력이 천하무적이 되지는 않지만 수면 부족은 거의 즉각적으로 면역계를 불균형하게 만들어 일부를 약화시키고 일부는 강화시키는 일을 동시에 한다.

모순된 이야기로 들릴 수도 있다. 하지만 면역은 이항대립적이지도 않고 단순하지도 않다. 불면은 균형이 잡혀 있던 과거의 면역계를 깨뜨려 강력한 염증 분자가 튀어나가게 만들 수 있다. 연구 결과에 따르면 시간이 갈수록 수면 부족은 면역력과 회복력을 둘 다 심각하게 훼손할 수 있다.

수면이 우리 몸의 방어 체계에 얼마나 중요한지 보여주는 초창기 지표는 19세기 말에 밝혀졌다. 당시 연구들은 개에게서 잠을 완전히 박탈했고 잠을 전혀 자지 못한 개들은 며칠 후에 결국 사망했다. 이는 전적으로 면역 붕괴 때문이었다.[2] 지금은 하룻밤만 잠을 잘 못 자도 자연살해세포—바이러스와 암세포가 될 가능성이 있는 세포에 대한 최초 방어선—가 심각하게 줄어든다는 사실이 알려져 있다. 자연살해세포의 감소—최대 70퍼센트 감소—는 그저 콧방귀 끼고 무시해도 될 현상이 아니다. 자연살해세포가 줄어들면 우리 몸의 감시 기능이 저하되고 다른 면역세포에서 보이는 것과 유사한 부정적 변화도 초래되기 때문이다.[3] 일 년 내내 신경을 긁는 감기와 씨름 중이라면 양질의 잠을 충분히 자고 있는지 체크하라.[4] 하루에 6시간이나 그 미만을 자는 사람은 하루에 7시간 이상을 자는 사람에 비해 감기에 걸릴 확률이 네 배나 높다. 이것만으로도 크리스마스 파티 시즌이 끝나면 지독한 독감에 걸리고 마는 이유를 알 수 있다. 게다가 수면 부족이 백신의 효과를 약화시킨다는 연구 결과도 있다. 이는 더 심각한 질환에도 영향을 주고 노인 같은 취약계층에 심각한 문제가 된다.

그러나 수면 문제는 감기나 독감에 걸리느냐 마느냐의 문제만이 아니다. 수면은 질병과 싸우는 방식에도 영향을 끼친다. 가령 면역이 감염의 공격을 받아 염증이 유발되면, 그 규모와 지속 기간에 따라 염증은 잠에 여러 가지 작용을 한다. 피곤을 유발하고 수면 욕구를 증가시키며 잠의 질을 방해하여 잠드는 데 시간은 더 걸리지만 회복을 촉진하는 깊은 수면은 불가능해진다.

누구나 몸이 좋지 않아서 쉬어야 한다는 느낌이 드는데도 그 느낌을 무시하려 애썼던 때를 떠올릴 수 있다. 이것은 면역계가 염증성 사이토카인을 이용하여 뇌에게 행동을 바꾸라고 직접 전달하는 실례다. 면역에 의해 유발된 피로감과 수면 욕구는 활동을 줄이라고 촉구한다. 잠을 자는 동안 감염성 세균에 대한 면역반응이 향상되고(수면은 필시 면역을 진정으로 증강시키는 유일한 방법이다) 회복이 촉진되기 때문이다. 밤에 열이 오르는 이유는 이 때문이다. 그러나 잠을 자지 않으면 열 반응이 유발되지 않아 최상의 방식으로 감염과 전쟁을 벌이지 못하게 될 수 있다.

몸 상태가 좋을 때도 질 좋은 수면은 가장 좋은 약이다. 매일 밤의 수면은 중요한 변화를 끌어내어 전체 면역계를 강화시킨다. 양질의 수면은 골수 줄기세포를 젊게 유지해준다. 골수 줄기세포들은 매일매일 신선한 새 면역세포가 되어 면역계 전체를 재생시키는 전구세포다. 반대로 수면 부족은 골수 속 '졸린' 줄기세포를 끌어낸다. 이 졸린 줄기세포는 유전자 변화로 인해 기능적으로 손상된 세포로서, 혈액 속으로 들어가 면역세포의 재생 기능을 할 수 없다. 다행스럽게도 이러한 유전자 변화는 하룻밤만 잘 자도 교정이 가능하다.

깊은 수면은 최근에 형성된 잊기 쉬운 기억들을 안정적이고 장기적인 기억으로 바꾸는 데 특히 중요하다. 또 한 가지 발견된 사실이 있다. 깊은 수면은 과거에 만났던 세균과 위험에 대한 면역기억 또한 강화한다.[5]

죽느냐 사느냐를 결정하는 문제

진정 큰 문제는 수면(혹은 수면 부족)이 현대의 심각한 만성질환과 싸워 이를 퇴치할 때 핵심적인 역할을 한다는 것이다. 잠을 충분히 자지 못해 '염증 촉진' 신호가 상승하면[6] 알레르기와 자가면역질환 같은 기저질환이 악화될 뿐 아니라 그로 인한 위험는 증가한다.[7,8] 그뿐 아니라 깊은 잠을 충분히 자지 못할 경우 통증에 대처하는 능력도 상당히 저하된다. 갖가지 통증, 두통 혹은 무엇이건 기저질환의 통증이 악화될 확률이 높아진다.[9]

불면증이 심장병과 신진대사 합병증의 예측 변수라는 것은 잘 알려진 사실이다. 섬세한 면역 균형이 침식당하기 때문이다. 수면 부족, 잠드는 일의 어려움, 오래 잠들어 있지 못하는 상태는 제2형 당뇨병의 위험을 각각 28퍼센트, 57퍼센트, 84퍼센트 높인다. 수면 방해가 소화를 어렵게 하는 방식으로 신진대사를 바꾸어놓기 때문이다. 건강한 사람들의 서파수면을 3일 밤만 줄여도 다음과 같은 일이 바로 나타난다. 잠재적으로 이로운 혈당 관리 상태가 변하면서 당뇨전단계pre-diabetes 징후가 급속히 발생하고 아동의 비만 위험이 45퍼센트나 증가한다. 수면의 질 저하는 보호 유전인자들의 노화를 가속화해 암의 위험을 증가시킨다. 사실 잠이 부족한 사람은 잘 자는 사람에 비해 온갖 원인으로 죽을 위험이 실제로 더 크다. 잠은 결코 소모품이 아니다.

수면과 뇌의 자정작용

밝혀진 바에 따르면 수면은 뇌를 물리적 · 생리적으로 유지하는 데 중요한 역할을 맡는다. 몸이 잠자는 동안 뇌는 정신의 수위 노릇을 꽤 능동적으로 해낸다. 매일매일 생각하면서 생긴 쓰레기를 치우는 것이다.

림프계는 혈관계의 일부라 혈류 시스템과 아주 비슷하지만, 핵심적 차이가 있다. 자세한 내용은 6장에서 다룰 것이다. 림프계는 면역세포가 몸속을 신속하게 돌아다니기 위해 사용하는 고속도로다. 림프계는 또한 몸의 관리인 역할도 한다. 쓰레기가 생기면 깨끗하게 치우는 것이다. 잠자는 동안 글림프계Glymphatics—아주 최근에 발견된, 뇌의 특수 림프관—는 스위치를 켜고 뇌가 온종일 쌓은 신진대사 폐기물을 몽땅 제거하느라 여념 없이 일한다. 그러나 아무 잠이나 도움이 되는 것은 아니다. 이 글림프계가 기능하는 데는 깊은 비렘수면이 특히 중요하다. 깊은 서파수면 동안 글림프계는 쌓여 있는 아밀로이드베

타단백질(알츠하이머병 환자의 뇌에 축적되는 것으로 보이는 단백질) 총량의 무려 40퍼센트를 치운다. 36시간만 잠을 자지 못해도 이 아밀로이드 수치는 25~30퍼센트 증가한다. 따라서 젊을 때 잠을 건너뛰면 뇌에 회복할 수 없는 손상을 입게 되고 노화가 이르게 닥치거나 다른 공격에 대한 취약성이 높아질 수 있다. 그러나 현대사회에서는 뇌에게 꼭 필요한 청소 시간이 점점 줄고 있다.

뇌뿐만 아니라 생명에 꼭 필요한 글림프계 기능을 훼손하면 고혈압과 심혈관질환, 심지어 당뇨도 유발한다고 밝혀지고 있다. 심히 우려할 만한 상황이다. 비교적 덜 해로운 결과는 (하룻밤을 완전히 샜거나, 일주일 내내 하루에 몇 시간씩밖에 자지 못해 스트레스가 많은 정도일 때) 수면 부족이 집중력과 주의력을 방해하고 정보를 창의적으로 분석하지 못하게 한다는 것이다. 교대근무, 불면증, 그리고 비슷한 다른 증상으로 인해 양질의 수면이 부족한 상태가 만성화될 경우는 최악으로 신경퇴행성 질환이 빨라질 수 있다.

불면의 낙수효과

수면 부족이나 수면의 질 저하는 면역력을 약화해 질병에 걸리기 쉬운 몸 상태를 만들 뿐 아니라 행동과 감정도 바꾼다. 성격이 나빠질 뿐 아니라 사회적으로 위축되며 고독해질 확률도 높다.[10] 수면 손실은 형편없는 생활 습관—한 가지 음식만 집중적으로 먹는 습관—을 선택할 가능성도 높인다.

잠을 못 잔 피험자들의 뇌를 스캔한 결과 보상 경로reward pathway의 활동이 증가한 모습을 보였다. 보상 경로는 고에너지식품이 더 당기게 만든다. 비만과 수면의 악순환에 빠진다. 늦게까지 자지 않으면 칼로리 소비가 증가하지만 늦은 시간대에는 대체로 많은 에너지를 쓰지 않고 누워 있다. 잠이 부족한 사람은 비만에 걸릴 확률이 45퍼센트 더 높다. 그리고 비만은 다시 잠을 방해한다.

햇빛의 힘

잠을 관장하는 두 가지 주요 과정이 있다. 첫째는 수면-각성 항상성이다. 수면-각성 항상성은 뇌에서 조절하는 일종의 피드백 메커니즘으로, 잠의 필요량을 관장한다. 수면-각성 항상성은 꽤 직관적으로 작용하며 일종의 체내시계다. 깨어 있는 시간이 지나면 잠을 자라는 압력을 주는 식으로 작동한다. 보통 깨어 있는 시간이 길수록 잠을 자고 싶은 느낌이 들 확률이 높아진다. 수면을 조율하는 물질 중 가장 유명한 것(비록 유일한 것은 아니지만)은 뇌 속의 아데노신adenosine이다(카페인은 아데노신의 기능을 차단한다). 이 피드백 메커니즘을 통해 각성이 지속된 후에는 수면의 지속성과 강도가 모두 증가한다.

누구나 수면을 취할 뿐 아니라, 대부분 **잠드는 시간**도 일정하다. 즉, 하루의 리듬을 따른다. 이 리듬은 얼마나 오래 깨어 있었는지와 상관없다. 이것이 수면을 조절하는 두 번째 과정이다. 바로 활동일주기circadian rhythm다. 인간의 활동일주기는 체내시계가 (거의) 24시간 우리 몸을 배경으로 돌아가는 식으로 작용한다. 이 주기 덕에 우리는 잠을 자거나 깨어나는 일을 비롯한 행동과 생체 기능에 리듬을 부여받고 이에 맞추는 것이다. 누구든 대체로 자신의 24시간 활동일주기를 따라 살아가지만, 모든 인간의 시계가 똑같이 돌아가는 것은 아니다. 그래서 활동일주기는 전에 잠을 얼마나 잤느냐와는 무관하다.

파티를 즐기느라 늦게까지 자지 않는 상황을 상상해보자. 정상 취침 시간 즈음 되면 피곤함을 느끼기 시작한다. 이는 활동일주기에 영향을 받는다. 그러나 억지로 졸음을 참고 그 시간을 지나 평상시의 취침 시간보다 더 늦게까지 깨어 있다면 다시 정신이 말짱하다고 느낄 수 있다. 이러한 각성의 차이(졸림의 일주리듬을 억지로 지나게 하는 것)는 오래 깨어 있을수록 수면 압력이 증가하는 현상과는 관계가 없다.

뇌 속의 마스터 생체시계는 몸의 나머지 시스템에 하루 중의 때를 알려준다. 눈에서 나오는 신경섬유들이 교차해 뇌로 들어가는 곳에 고작 2만 개의 신경세포로 이루어진 작은 송이가 있다. 시각교차상핵 SCN, suprachiasmatic nucleus이라는 부위다. 뇌 속에 있는 마스터 시계의 전용 링크가 눈에 있다는 점이 중요하다. 이 링크를 통해 빛과 어둠에 대한 외부 정보가 눈에서 마스터 시계로 직접 전달되기 때문이다. 인간은 파장이 짧은 빛, 특히 태양에서 방출되는 푸른빛에 민감하다. 마스터 시계가 외부의 낮-밤 주기와 리듬을 맞추게 되면 시계는 이 정보를 몸의 나머지 부분으로 전달한다. 이것이 리듬 피드백 고리다. 졸음을 유발하는 멜라토닌이라는 호르몬 생성이 핵심적인 사례다. 어둠이 내리고 태양과 함께 푸른빛이 사라지면 두 눈은 이 새로운 정보를 뇌로 보내 멜라토닌을 분비하라고 신호를 보낸다. 그다음 몇 시간 동안 어두워지면서 더 많은 멜라토닌이 분비되고, 뇌는 수면 모드로 돌입하라는 신호를 받는다. 해가 떠오르면 멜라토닌 분비가 억제되고 뇌의 각성 회로가 재개된다. 저녁에 블루라이트에 노출되면 졸음을 유발하는 멜라토닌이 감소해 잠이 오지 않게 되고 이는 잠이 드는 데 걸리는 시간에 영향을 끼쳐 결국 수면의 질을 망가뜨린다.

멜라토닌은 건강 무기고의 강력한 무기다. DNA를 수리하고, 항산화제를 가동하며, 노화 과정을 막고, 면역조절에도 중요한 역할을 수행하기 때문이다. 매일 밤 생성되는 멜라토닌의 다른 장점으로는 규칙적인 생리주기, 기분 향상, 뇌 건강 개선과 암 퇴치가 있다. 멜라토닌이 우리 건강에 극히 중요한 다른 이유는 멜라토닌과 세로토닌 사이의 연계성 때문이다. 세로토닌은 기분을 개선하는 물질로 알려져 있는데 멜라토닌의 전구물질이기도 하다. 멜라토닌이 세로토닌에서 만들어진다는 뜻이다. 뇌 속에 이 두 가지 물질이 충분하면 편히 쉴 수 있고 기분도 더 좋아진다. 많은 사람이 수면 문제, 그리고 관련된 정신 건강 문제를 겪는 것은 적정량의 멜라토닌이 나오지 않거나, 활동일주기가 변해서 멜라토닌이 제때 만들어지지 않기 때문이다.

생체시계는 엄밀한 타이밍 체계가 아니다. 오히려 이 주기는 지구의 자전주기와 일치하도록 매일 다시 맞추어야 한다. 이러한 일치를 동조entrainment라 한다. 자이트게버zeitgebers(생체시계에 영향을 끼치는 인자-옮긴이)라 불리는 동조 신호가 없다면 생체시계는 24시간 흐름에서 조금씩 벗어나 결국 밤과 낮의 자연적 리듬과 어긋나게 된다. 빛은 음식 섭취의 타이밍에도 관여한다. 빛은 리듬을 품고 있는 또 하나의 강력한 자이트게버다. 무엇을 먹느냐에 상관없이 **언제** 음식을 먹느냐가 한밤중 수면의 질에 중요하다는 뜻이다. 조상들이 그랬듯 12시간 이내에 식사하는 것(하루 12시간은 공복으로 있는 것)은 건강 악화의 징후에서 벗어나는 유용한 도구다. 활동일주기의 약화는 고열량식을 할 때도 발생한다. 집단적으로 우리의 생체시계는 식사 시간뿐 아니라, 움직임, 사회 접촉, 기온 및 음향 변화를 비롯한 자이트게버까지 감지하여 이들 정보를 빛과 어둠 감지와 통합하여 활동일주기를 늘 제시간에 맞추어놓는다.

활동일주기 면역

세균에서 포유류에 이르기까지 거의 모든 유기체는 생리작용 및 행동을 매일의 리듬에 맞추도록 적응해왔다. 대다수 종의 생리작용과 행동은 주로 빛과 어둠, 낮과 밤의 지령을 받아 이루어진다. 인간은 어두울 때 자고 낮에 가장 활동적으로 사는 쪽으로 진화해왔다. 이러한 패턴은 유전자 표현부터 행동까지 생리 구조의 거의 모든 측면에 영향을 끼쳤고, 24시간씩 일주일 내내 조명을 켜는 생활을 하기 전까지는 인간 생존에 꼭 필요한 것이었다.

우리 신체가 겪는 매일의 리듬은 온갖 종류의 방식으로 건강에 영향을 끼쳐왔다. 생물학적으로 말한다면 밤은 지정된 수면 시간이다. 각성 상태는 변하지만, 다양한 호르몬, 소화 과정, 운동 능력, 혈당 조절과 면역도 변하기는 마찬가지다. 이러한 리듬을 조절하는 활동일주기 유전자 스위치는 대다수의 면역세포 속에 존재한다. 그렇기 때문에 당연히 면역반응의 여러 특징이 하루 중의 시간에 따라 달라지는 것이다. 면역이 강해지는 최적 시간이 따로 있다기보다는 면역의 상태가 시간대에 따라 각기 다르다고 말하는 편이 더 적합하다. 밀물과 썰물을 방불케 하는 이러한 변동은 진화에 의해 만들어진 것이고 매일의 생활 리듬을 생각하면 오히려 자연스럽다. 중요한 것은 규칙적으로 리듬을 지키는 일이다. 리듬 엄수는 방어 작용에 정확성을 더하고, 응집력 있는 통일된 반응을 24시간 내내 제공함으로써 에너지를 보존한다. 다시 말해 면역계는 우리가 활동하는 낮에는 '공격할 태세만 갖추고' 있다가 우리가 쉬는 밤에는 문제 해결과 보수에 돌입하는 것이다. 이러한 변동이 발생하는 이유는 상이한 시간대에 우리 몸을 공격하는 세균에 대처하도록 진화되었기 때문이거나 아니면 다른 선택의 여지가 없기 때문일 것이다. 딱히 구체적 이유가 있어서라기보다 24시간 주기의 부작용으로 나타난 결과일 공산이 더 크다는 뜻이다. 활동일주기와 관련된 면역 작용의 고저는 감염에 대한 취약도와 염증성질환을 겪을 가능성을 확실히 바꾸어놓을 수 있다. 물론 중요한 점은 규칙적 리듬을 유지하는 것이다.

수술, 감염, 심지어 백신접종의 결과도 시간대에 따라 달라질 수 있다. 인간의 심장발작은 아침에 가장 흔히 닥친다고 알려져 있고, 연구의 시사점에 따르면 아침에 일어나는 심장발작이 더 심각한 경우가 많다. 심지어 미생물총도 일주기 변동을 보이며, 우리가 감염에 반응하는 방식뿐 아니라 수면의 질에도 영향을 끼친다.[11,12] 천식과 자가면역질환은 흔히 밤이나 이른 아침에 더 심해진다. 혈액의 염증이 자연스레 정점에 이르는 때가 아침이라 기존의 염증 상태가 심해지는 것이다. 류머티즘성 관절염 환자들도 아침에 일어날 시각으로 갈수록 염증이 정점에 가까워진다. 건강한 사람의 10배 확률이다. 상처의 치유는 여러 날이 걸리는데, 생체시계를 이용하여 낮이나 밤의 상이한 시간대에 상이한 과정을 최적화한다.[13] 간단한 규칙은 없다. 각 상태나 질환에는 고유한 리듬이 있다.

생체리듬circadian rhythms을 방해하는 것이 무엇이건 건강에 부정적인 영향을 끼친다. 수면/각성 주기를 바꾸는 것은 돌아다니는 마스터 조절자인 T세포의 수, 항체의 수, 심지어 바이러스와 싸우고 암을 찾아다니는 자연살해세포의 수에도 영향을 끼쳐서 염증을 통제할 수 없게 만든다. 활동일주기가 방해받는 동안 면역에 문제가 생기면 면역기능 손상과 염증 통제 불가라는 결과가 초래된다. 시차증jetlag은 단지 뭔가 어긋나는 듯 불편하고 혼란스러운 느낌 이상의 결과를 만들어낸다. 병에 더 영향받기 쉬운 상태가 된다는 뜻이다. 사실, 활동일주기가 단 한 차례만 바뀌어도 건강에 문제가 생길 수 있다.

전 세계적으로 밤낮 교대근무의 보급률이 비교적 높아지고 있다. 유럽 내 노동자의 약 20퍼센트가 교대근무를 하고 있다. 교대근무 노동자들은 피로, 수면 부족, 불면증, 수면 무호흡증 같은 수면 질환뿐 아니라 다른 건강 문제, 특히 대사증후군[14]과 심장병에 걸릴 확률이 더 높다. 일주리듬의 붕괴는 암과도 강력한 연관성이 있다.[15] 물론 부실한 식사와 운동 부족 같은 다른 요인도 기여한다. 2007년, 세계보건기구는 밤교대 근무를 생체활동 주기 방해로 인한 발암물질 후보로 분류했다. 교대근무가 필요한 직업에 종사하는 이들에게는 불행한 현실이다. 이들을 보호할 방안을 찾아내야 한다.

코르티솔 각성 반응

다음 장에서 본격적으로 코르티솔을 다루겠지만 지금은 코르티솔이 신체의 주요 스트레스호르몬이라는 것, 기분과 공포와 동기를 조절하기 위해 뇌의 상이한 부위에서 작용한다는 것만 알아두면 좋겠다. 코르티솔은 주로 '투쟁-도피' 본능과 연관이 있지만, 몸속 수많은 과정에서도 중요한 역할을 한다. 멜라토닌과 달리 코르티솔은 아침에 분비되기 시작해서 낮 동안 상승하면서 에너지를 유지해주다가 저녁이 되어 멜라토닌 분비가 시작되면 다시 떨어진다.

스트레스 관련 호르몬이라는 악명이 있지만 코르티솔은 우리가 일어나서 움직일 수 있게 도와준다. 코르티솔 덕에 침대에서 일어나 그날 할 일을 준비할 수 있는 것이다. 코르티솔 각성 반응CAR은 혈중 코르티솔 농도가 상승하는 것이며 이는 잠에서 깨어 일어난 다음 첫 한 시간 동안 발생한다. 이것은 몸이 '천연 카페인화', 즉 천연 각성을 하는 방식이다. 아침의 코르티솔 각성 반응은 우리가 잠자리에서 일어나 세상으로 나갈 태세를 갖추었다는 느낌이 들도록 도움을 준다. 이는 미니 스트레스 테스트로서, 우리의 건강에 영향을 끼치는 활동일주기의 또 다른 측면이다. 아침에 일어날 즈음이 되면 멜라토닌 수치가 떨어져 낮에는 간신히 감지할 수준으로 낮아진다. 눈을 떠서 빛이 들어오는 순간 이 코르티솔 각성 반응이 급상승해 30분 정도 지나면 정점에 다다랐다가 다시 떨어진다. 아침이 되었는데 코르티솔 각성 반응이 상승하지 않을 경우 몸 상태가 좋지 않다거나 약간 '끊긴' 듯한 느낌이 들거나 그날 할 일에 대처하지 못할 것 같은 느낌이 유발된다.

코르티솔 각성 반응이 중요하게 대두되는 새로운 분야는 자가면역이다. 우리 몸은 면역세포를 만들 때 면역세포들이 자가면역을 일으키지 않도록 흉선에서 점검한다(122쪽 참조). 흉선은 엄청난 수의 T세포를 만들어내고, 각각의 T세포는 고유한 수용체receptor를 갖고 있다. 가능한 한 가장 광범위하게 감염 보호를 하기 위해서다. 감염 보호 과정은 닥치는 대로 벌어지기 때문에 자가면역세포가 생성될 가능성이 상존한다. 양질의 흉선이 각 세포를 점검하다 자가면역반응을 일으키는 T세포를 감지하는 경우, 그 세포는 옆으로 끌려나가 파괴 대상이라는 꼬리표가 붙는다. 이 파괴를 실행하는 것이 바로 코르티솔이다. 이러한 파괴를 흉선의 글루코코르티코이드 유발 세포사멸glucocorticoid-induced apoptosis of the thymus gland이라 한다. 코르티솔 각성 반응이 제대로 일어나지 않으면 이러한 자가면역세포들이 파괴되지 않고 새어나가 돌아다니다가 자가면역을 일으키거나 악화시키는 것이다! 따라서 이미 자가면역질환이 있다면 코르티솔 각성 반응이 부족할 때 증상이 악화될 수 있다.[16]

현대사회에서 잘 자는 법

현대의 생활 방식은 양질의 수면에 도움을 주지 못한다. 이런 세상에서 잘 자는 것(그리고 올바르게 자는 것)은 노력이 필요한 일이다. 잠을 지키는 한 가지 방법은 자신의 생체리듬에 주의를 기울이는 것이지만, 잠에 빠질 수 있는 최상의 환경과 마음 상태 또한 확보해야 한다. 건강한 수면 습관을 양질의 수면위생sleep hygiene이라고 하는데 이 위생에 따라 삶의 질이 크게 달라질 수 있다. 현대 생활이 요구하는 많은 것에 맞서 눈을 뜨는 순간부터 잠을 보호하는 변화를 만드는 방법을 제시하고자 한다. 하루를 시작하고 끝낼 때 간단한 테크닉과 간단한 의례를 실행하는 일이 면역력을 키우는 좋은 방법인데도 늘 과소평가되고 있다는 점도 지적하고 싶다.

블루라이트를 차단하라

블루라이트는 빛을 제공하는 태양에서만 나오는 것이 아니다. 형광등과 LED 조명, 평면 텔레비전, 컴퓨터 모니터 화면, 노트북 컴퓨터와 스마트폰, 다른 디지털 기기까지 인공 광원은 어디서나 블루라이트를 방출한다.

오늘날 세계 인구의 75퍼센트는 밤에도 빛에 노출되어 있다.[17] 저녁에 블루라이트에 노출되면 생체리듬이 교란된다. 어딘가 어긋난다는 느낌이 들고 생체시계가 혼란스러워지며 피곤함이 엄습하거나 깨어 있지 말아야 할 때 깨어 있게 된다. 스크린 사용을 많이 하는 사람들은 더 늦게 자고[18] 덜 자며 밤에 잠이 오지 않는다고 보고할 확률이 훨씬 더 높다.[19] 청소년들에게는 특히 큰 문제다. 사춘기 청소년의 90퍼센트는 자기 전에 스크린 앞에 얼굴을 묻고 지내기 때문이다. 그 때문에 치러야 할 대가는 성적 하락뿐이 아니다. 나이가 든 이후의 당뇨병과 심장병 위험도 늘어난다.[20] 또 한 가지 주목해야 할 점은 10세 미만의 어린이들[21,22]은 저녁나절 블루라이트가 유발하는 멜라토닌 억제 효과에 훨씬 더 취약하다는 것이다. 또한 밤 시간대 빛 노출의 해로운 효과는 모체를 통해 태아에게 전달될 수도 있다. 태아의 DNA에 후성epigenetic 변화를 일으킬 수 있기 때문이다. 조명을 켜는 밤 생활에 건강상의 대가가 따른다는 또 하나의 증거인 셈이다.[23]

다행스럽게도 일주일만 스크린을 사용하지 않아도 정상적인 수면 패턴이 회복된다.[24] 쉬운 해결책처럼 보이지만 밤에 스마트폰과 태블릿과 컴퓨터를 써야 하거나 쓰고 싶어 하는 사람이 늘고 있는 상황에서 일주일간 이러한 기기를 제한하기는 쉽지 않을 것이다. 사실 이 책을 쓰면서 나 역시 새벽까지 스크린을 응시하고 있다. 일도 하며 두 아이의 엄마 노릇을 하면서 살아가자니 어쩔 수 없는 일이다.

블루라이트 차단 안경

좋은 품질의 블루라이트 차단 안경을 쓰는 것은 스크린을 전혀 마주하지 않는 것만큼이나 효과가 좋다.[25,26] 이러한 안경은 비교적 싸고 온라인상에서도 쉽게 구할 수 있다. 휴대폰이나 노트북 컴퓨터의 블루라이트 양을 조정해주는 앱도 있다. 그렇다 해도 나는 잠자기 전 한 시간 정도는 지나치게 자극적인 일을 가급적 하지 않으려 노력한다. 소셜미디어를 들여다보는 일은 진을 빼놓으며 불안을 유발할 수 있다. 자기 전에 휴대폰을 내려놓는 것은 블루라이트 차단에만 좋은 습관이 아니라 긴장을 풀고 졸음을 유발하는 방법이기도 하다. 붉은 백열등을 사용해 저녁나절의 조명도를 낮게 유지하는 것도 좋다.

일어나서 빛을 쐬라

밤에 지나치게 많은 블루라이트에 노출되는 것만큼 낮에 자연광을 충분히 받지 못하고 살아가는 이들이 많다. 사실 낮 동안 우리가 받는 전체 일조량이 수면 조절에 더 중요할 수 있다. 정오 전인 오전에 직장까지 걸어가면서 햇빛을 쐬는 사람들은 수면의 질이 더 높았다. 아침에 일어날 때 받는 자연광은 잠들기 전의 전자기기 사용으로 멜라토닌이 약화되는 부작용을 원상태로 돌릴 때도 도움이 된다.[27] 낮에 햇빛을 많이 쐬면 건강에 좋은 비타민D 수치를 유지하는 데도 좋다. 연구에 따르면 비타민D 수치는 수면의 질과 연관이 있다. 사실 여러 연구는 혈중 비타민D 수치가 낮으면 수면 방해, 수면의 질 저하, 그리고 수면 시간 감소로 이어질 수 있다는 것을 밝혀놓았다.[28,29]

잠을 비축하라

하루에 일곱 시간에서 아홉 시간 양질의 수면을 목표로 하는 것은 중요하지만, 바쁘고 불규칙한 스케줄을 피할 수 없다면 효과적인 전략은 잠자는 시간을 하룻밤 단위로 설정하지 말고 주간 단위로 설정해 챙기는 것이다.

잠을 잘 자보려 했지만 뭔가 방해했던 날이 있을 수 있다. 이때 못 잔 잠을 주중에 보충하려고 노력해 낮잠을 계획한다면(198쪽 참조) 못 잔 잠을 보충하는 데 일부 도움이 될 수 있다. 가령 하루 8시간을 자는 경우 일주일이면 총 56시간이다. 하지만 어느 날 밤 6시간밖에 자지 못한다면 일주일 동안 다른 날을 택해 못 잔 잠을 보충할 수 있다. 반대도 가능하다. 오늘 밤에 늦게까지 깨어 있어야 하거나 집에서 못 잘 상황이라 최상의 질의 수면이 불가능할 것 같다면 그 시간이 오기 전에 미리 좀 자두어도 좋다.

건강에 중요한 면역 유지는 깊은 잠이 드는 서파수면 동안에 일어난다. 그러나 수면 단계의 비율을 의식적으로 조절하기란 극히 어렵다. 소수의 연구 결과에 따르면 일찍 잠자리에 드는 것, 섬유질 섭취를 늘리는 것, 그리고 규칙적인 운동이 서파수면에 도움을 줄 수 있다. 그러나 모든 것을 고려할 때 아주 미미한 효과에 불과하다.

침실은 늘 서늘하게 유지하라

고려할 만한 점이 하나 있다. 최적의 수면을 취하려면 일 년 내내 침실을 서늘하게 유지하는 것이 좋다. 밤이 다가와 잠자기 직전이 되면 체온은 바닥을 친다. 이제 속도를 늦추고 휴식을 취할 시간이 되었다는 신호다. 이는 졸음 멜라토닌을 유발하는 데 도움이 된다. 새벽 4시 30분까지 몸은 가장 차가워지고 일어날 때가 가까워질수록 체온은 자연스레 상승한다. 침실 온도를 차게(섭씨 16~18도로) 유지하면 자연스러운 수면 본능이 강화된다.

역설적이지만 잠자기 전 더운 목욕을 하면 오히려 체온을 식히는 데 좋다. 샤워를 하자마자 체온이 급속히 떨어져 침실 온도에 맞추어 재조정되기 때문이다. 이 급속한 변화는 생리적으로 심부온도core temperature의 하락을 촉진하여 졸음을 유발한다.

직관과 달라 보이지만 따뜻한 허브차를 마시는 것 또한 유용하다. 더운 음료는 몸의 열부하heat load를 증가시키고 몸은 땀을 흘려 대응한다. 땀의 배출은 내부에서 얻은 열보다 크고, 이제 이해가 갈 것이다. 땀이 피부에서 증발하면 체온은 내려간다. 따라서 졸음이 유발된다.

식사는 계획적으로

앞에서 식사 시간 또한 활동일주기를 설정하는 데 중요한 자이트게버라고 말했다. 먹을 때 방출되는 호르몬인 인슐린은 서로 다른 많은 세포와 조직들의 리듬을 개별적으로 조절한다. 조절하는 방법은 피리어드PERIOD라는 단백질 생산을 자극하는 것이다. 피리어드는 모든 세포의 생체시계에 필수적인 톱니 같은 존재다. 하지만 요즘 사람들은 제때 식사를 하지 않고, 하루 18시간 이상 무언가 먹으며 보낸다. 양질의 수면을 위한 가장 좋은 방법은 10시간 안에 규칙적인 간격의 식사를 모두 마치는 것이다.

낮에 하는 운동

연구에 따르면 잠에 가장 큰 효과를 주는 것은 운동이다. 규칙적이고 일과가 되는 운동이어야 한다. 운동은 특히 수면에 어려움을 겪는 사람들에게 좋다. 특히 유산소운동—피를 원활하게 돌게 하고 큰 근육을 움직이게 하는 모든 활동—은 수면의 질과 지속 시간을 개선할 뿐 아니라 낮 시간의 각성과 활기까지 개선하는 효과적인 전략이다. 꼭 체육관에 가서 운동할 필요는 없다. 그저 하루 중 규칙적으로 아주 짧게 한바탕 몸을 움직이는 정도면 된다. 유산소운동으로는 빠르게 걷기나 수영이 있다. 특히 아침 운동은 깊은 수면을 유도한다. 취침 시간에 가까울 때 지나치게 격렬한 운동을 하는 것은 심부온도를 올려서 오히려 수면을 더 어렵게 만들 수 있다는 점에 유의하라. 운동은 최소한 취침 시간 두 시간 전에 끝내야 한다.

리듬과 일상

자기 몸(의 리듬)을 거스를 수 있다고 생각하겠지만, 몸이란 녀석은 밤에 깨어 움직이도록 설계되어 있지 않다. 밤샘, 노동 시간 변화 때문에 수면 스케줄이 불규칙한 사람들은 그러한 습관이 건강에 끼치는 해악을 눈치챈다. 이런 사람들은 수면 조절 실패로 인한 건강 악화에 가장 취약하다. 이들을 보호할 전략이 있어야 한다. 매우 어렵긴 하지만 가장 좋은 노력은 빛 노출과 식사 시간을 조정하는 것이다. 밤교대 근무를 하는 동안에 식사를 너무 자주 하거나 끊임없이 간식을 달고 있지 않는 것 역시 중요하다. 신진대사 교란이 발생하기 때문이다. 그리고 일단 교대 시간이 끝나면 수면 환경을 밤에 잘 때와 최대한 비슷하게 만들어야 한다. 암막 커튼을 치고 안대를 하고 소음이 없도록 환경을 만들라. 낮교대로 돌아갈 때는 점심시간 전에 꼭 아침 햇빛을 충분히 받도록 챙기자.

기술을 활용하라

저녁에는 스크린 사용을 줄이도록 노력해야 하지만, 모든 기기나 장비를 피해야 하는 것은 아니다. 스마트 매트리스, 백색소음기, 수면을 추적해 실행 가능한 피드백을 주는 앱까지 수면을 돕는 첨단기기가 많다. 그러나 불면증이나 스트레스 때문에 심하게 힘들다면 트래킹 기기가 최상의 선택이 아닐 수 있다는 데 주의하라. 과도하게 슬립 트래킹을 이용하는 데서 오는 수면 불안인 '오소인섬니아Orthoinsomnia'는 정식 병명이며, 수면 트래킹 기기를 강박적으로 과도하게 써서 이상적인 수면 데이터를 얻으려는 완벽주의 때문에 오히려 불면이 심해질 수 있다.

기력 회복용 낮잠

포유류의 85퍼센트 이상이 다상수면polyphasic sleep을 한다. 하루 동안 짧은 잠을 여러 번 잔다는 뜻이다. 인간은 단상수면monophasic sleep을 하는 소수의 종에 속한다. 인간의 하루는 각성과 수면으로만 나뉘어 있다는 뜻이다. 그러나 이것이 인간의 자연스러운 수면 패턴인지는 분명하지 않다.

로마인들이 **호라 섹스타**hora sexta라고 불렀던 낮잠 전통은 13세기부터 쇠퇴하기 시작했다. 시계가 발명된 탓이라 여겨진다. 비록 어린아이와 노인들은 여전히 낮잠을 자고, 낮잠을 중요하게 여기는 문화권이 아직 있기는 하다.

분주한 현대 생활에서 낮잠은 게으름이나 나태함의 상징으로 낙인이 찍혀 있지만, 사실 낮잠은 건강을 위한 최고의 방책이다. 최적 낮잠 시간은 90분 정도다. 이 정도면 수면 주기 전체를 경험할 수 있다. 그러나 각각 30분이 넘지 않는 낮잠을 두 번 정도 자는 것—한 번은 오전, 한 번은 오후에—도 스트레스를 감소시키고 수면 부족이 면역계에 미치는 부정적 효과를 상쇄시키는 것으로 드러났다. 심지어 15~20분 정도만 확실히 자도 각성 수치가 증가하고 기분이 나아진다. 밤에 충분히 자는 사람들도 마찬가지 효과를 본다. 근무일 중 30분 정도 낮잠 잘 짬을 낼 수 없다면 단 20분이라도 점심시간을 이용해 낮잠 시간을 확보해보라. 나처럼 어린아이를 키우는 부모이거나 밤중에 몇 시간마다 깨야 하는 상황이라면 짧은 낮잠은 아주 요긴하다.

낮잠의 타이밍도 중요하다. 취침 시간에 너무 가깝게 자는 낮잠은 좋지 않다. 새벽에 일어난다면 정오에서 오후 3시 사이에 낮잠을 자는 것이 합리적이며, 이는 낮잠을 정상시하는 문화권의 관습과도 일치한다. 그리고 밤에 충분히 자지 못하는 사람들, 운동선수나 혹은 할 일이 많아 잠이 부족한 사람들은 낮잠을 두 시간 이상으로는 늘리지 않는 것이 모자란 밤잠 중 일부를 보충하는 데 중요하다.

낮잠이 나쁠 수도 있을까? 수면 전문가들이 재빨리 지적하는 바에 따르면, 언제나 밤잠이 우선이다. 낮잠이 밤잠을 빼앗아갈 때는 물론 금지다.

스트레스 없이 잠자기 위한 수면위생

일상을 유지하기는 쉽지 않다. 그러나 양질의 수면 중 일부를 매일 자각하는 것은 자신의 자연스러운 생체리듬을 존중하는 태도이며, 지나온 하루를 곰곰이 생각할 수 있게 해준다. 무엇이 효력이 있었고 무엇이 없었는지 고려하기 위해 자신이 이룬 것들을 높이 평가하고 더 나은 내일을 만들라.

지금부터 제시할 내용을 다음 장에서 다룰 스트레스 해소 의식과 결합해 자신의 하루에 대한 통제권을 되찾기를 바란다.

- 침실의 잡동사니를 다 치워 차분한 느낌을 만들고, 차고 어두운 환경을 만들 것. 그리고 일관된 수면 시간을 지킬 것.
- 하룻밤 7~9시간 수면을 목표로 삼을 것. 바쁘거나 스트레스를 받거나 만성적으로 잠이 부족하다면 더 자야 한다. 양 못지않게 중요한 것은 질이다. 질을 보장하려면 침대에 누워 있는 시간이 더 길어질 수 있음을 고려할 것.
- 밤잠을 우선시하되 필요할 때는 낮잠을 유용한 도구로 쓸 것.
- 늦은 저녁에는 화면에서 벗어나 꼭 긴장을 풀 것(아니면 블루라이트를 차단할 것).
- 기상 시간을 일관되게 정하라. 그런 다음 아침 햇빛을 많이 쬘 것. 소셜미디어로 직행하기 전에 잠깐 멈출 것.
- 알람시계의 반복 타이머를 쓰는 것은 좋지 않다. 자꾸 잠이 깨

어 양질의 잠을 방해할 수 있기 때문이다. 실제로 일어날 시간에 맞추어 알람을 설정하라.

- 정오 이후에는 커피를 마시지 말 것. 또한 술은 빨리 의식을 잃고 잠들 수 있는 비결처럼 보이지만 실제로는 수면 방해의 주범으로 알려져 있다.

수면위생이 통하지 않을 때

잠이 들기 정말 어렵거나 잠에서 자꾸 깨어난다면 어떻게 해야 할까? 수면위생만으로는 상황을 바꾸지 못해 양질의 수면을 취하지 못할 수 있다. 실제로 불면의 고통에 시달리는 경우 수면위생을 챙기는 일 자체가 또 다른 걱정이 될 수 있고 진짜 큰 원인, 가령 자야 한다는 스트레스와 흥분 상태 같은 요인을 보지 못하게 되어 문제를 해결하지 못할 수 있다.

불면증 치료를 목적으로 하는 인지행동치료CBT는 증거를 기반으로 한 정식 치료로서 '강박적 생각racing mind'처럼 불면증 관련 정신적 요인들, 그리고 불면 경험에 수반되는 걱정 및 다른 부정적 감정들을 극복하는 방법을 이용하는 치료법이다. 인지행동치료는 잠을 못 자는 사람들이 건강한 수면 패턴을 확립하도록 돕는다. 이 치료는 수면제보다 효과가 좋은 것으로 입증되었으며 사람들이 '수면 친화적인' 일상을 발전시키고 침대와 성공적인 잠 사이의 강력한 연관성을 이루도록 지원한다. 침대와 성공적 잠 사이의 연관성이란, 침대에서 잠이 들어

깨어나지 않는 것이 더욱 자동화되고 자연스러워진다는 뜻이다. 잠 문제로 씨름하고 있다면 관련 분야의 전문가들에게 지원을 요청하는 것도 괜찮다.

'잠에 좋은' 음식과 보충제

보충제는 수면 문제의 쉬운 해결책처럼 보이겠지만 내가 권장하고 싶은 방법은 '잠에 좋은' 음식을 함께 섭취하는 일이다.

멜라토닌 식사

멜라토닌은 일부 국가에서는 보충제로 구할 수 있고 처방전을 받을 수도 있지만, 약물 없이 멜라토닌 수치를 높이는 방법도 있다.

일부 음식에는 트립토판tryptophan이 함유되어 있다. 긴장을 풀어주는 세로토닌과 잠을 유발하는 멜라토닌의 전구물질이다. 트립토판이 풍부한 음식(유제품, 육류와 가금류, 견과류, 바나나, 브로콜리, 시금치 등)을 먹으면 체내 멜라토닌 분비와 수치를 늘릴 수 있다. 트립토판은 초콜릿, 귀리, 병아리콩 등 대부분의 단백질 기반 음식이나 식이 단백질에도 함유되어 있다. 비타민B6가 풍부한 음식(아보카도, 콩, 씨앗, 생선, 육류)과 마그네슘을 잎사귀가 있는 녹색 채소와 꼭 함께 섭취하여 가바GABA, gamma-aminobutyric acid(긴장을 풀어주는 신경전달물질) 수치를 늘려야 한다.

타트 체리(신맛이 나는 체리) 주스에는 아예 멜라토닌이 통으로 들어 있어 멜라토닌 분비를 개선하여 수면 패턴에도 이로운 영향을 끼친다. 피스타치오는 멜라토닌이 가장 풍부한 견과류일 뿐 아니라 일반 음식 중에서도 멜라토닌이 가장 높다. 멜라토닌이 기능하기 위해서는 단 두 알이면 충분하다!

포스파티딜세린

포스파티딜세린PS, Phosphatidylserine은 몸속에서 광범위한 기능을 하는 화학물질이다. 체내 코르티솔 분비가 과다해지는 것을 막고 멜라토닌 분비를 도와 건강에 나쁜 코르티솔 증가를 줄여 편안히 잠을 자게 해준다. 포스파티딜세린은 음식에서 얻는다. 대개는 동물성 식품이지만 보충제로도 사용 가능하며 수면 개선에 도움이 된다고 밝혀졌다. 12주 동안 하루 세 차례 오메가3지방산과 함께 100밀리그램씩 섭취할 경우 활동일주기가 조절되어 수면의 질을 긍정적으로 바꾼다는 사실이 입증되었다.

엘테아닌

면역을 강화하는 엘테아닌L-theanine이라는 화합물은 홍차와 녹차에 함유된 물질로 긴장을 완화하고 수면을 돕는다. 차에는 카페인이 함유되어 있지만 엘테아닌은 몸이 카페인을 다르게 처리하도록 도움으로써 각성 효과를 방해한다. 만일 커피를 좋아하지만 불안해지고 싶지 않다면, 커피가 효과를 내는 동안 엘테아닌을 일부 추가하거나 더 부드러운 카페인 각성을 위해 차 종류로 기호품을 바꾸어도 좋다. 저녁 시간에 유용한 수면 보조제가 될 수도 있다. 2018년 한 연구가 발견한 바에 따르면 8주 동안 매일 450~900밀리그램의 엘테아닌을 섭취한 사람들은 수면 만족도가 더 높아졌다. 그러나 언제나 의료진에게 먼저 상담하라.

글리신

글리신Glycine은 진정 효과로 유명한 아미노산(단백질 구성체)이며 체내 세로토닌 합성을 돕는다.[30] 잠자기 전 3그램 정도의 글리신을 먹으면 심부온도를 낮추고 가바 분비를 자극함으로써 수면을 유도하고 수면의 질도 높여준다는 연구 결과가 있다.[31,32] 글리신은 앰비엔Ambien(일명 졸피뎀) 같은 처방 수면제가 모방하는 신경전달물질과 같은 물질이며 세포를 보호하고 고치는 강력한 항산화제인 글루타티온glutathione을 체내 합성할 때도 사용된다.[33]

마그네슘

마그네슘Magnesium은 몸과 마음을 진정하게 만들어 수면을 준비하도록 해주는 효과가 있으며, 세로토닌 및 멜라토닌과 함께 작용한다. 물을 마시고 녹색 채소, 견과류, 시리얼, 육류, 생선, 과일 같은 음식을 섭취하면 얻을 수 있다. 그러나 영양이 풍부한 자연식품을 기반으로 한 식사를 해도 마그네슘을 충분히 섭취하기 어려울 수 있다. 마그네슘이 충분치 않으면 스트레스를 받고 잠을 제대로 못 잔다고 알려져 있다. 최근의 추정치에 따르면 영국 내 성인과 아동 모두 마그네슘 권장량을 충분히 섭취하고 있지 못하다.

불면증에 마그네슘 보충제가 끼치는 영향을 직접 알아본 연구는 극소수라 특정량을 권고하기는 어렵다. 그러나 편안한 잠을 자도록 긴장을 푸는 한 가지 방법은 따뜻한 마그네슘염에 목욕하는 것이다. 이 목욕은 사지에 혈류량을 증가시켜주고, 심부온도를 낮추어 잠잘 준비를 해준다. 아니면, 글리신마그네슘의 형태로 마그네슘을 섭취하는 것(보충제나 피부를 통한 투여)도 진정 효과를 추가해준다.

카페인은 면역의 친구인가 적인가?

커피는 각성 효과뿐 아니라 기분을 좋게 만드는 '도파민' 효과 등 다양한 이점 때문에 인기다. 순환성 염증 표지 수치도 낮춘다고 알려져 있다. 커피에 함유된 항산화제는 심장병, 당뇨병, 골다공증, 신경질환 예방에 도움이 된다. 그뿐만이 아니다. 커피는 암 위험도 줄여준다고도 한다. 하지만 이 선풍적인 표제들을 세심하게 해석해야 한다. 연구는 커피가 죽음의 위험을 줄여준다는 것을 입증하지는 못하기 때문이다. 이러한 연관성은 커피를 마시는 이들이 건강에 좋은 행동을 하고 있다는 데서 기인하는 것일 수도 있다.

카페인은 스트레스호르몬인 코르티솔 수치를 올려 수면에 영향을 끼치고 불면증을 유발할 뿐 아니라, 고용량으로 섭취하는 경우 불안과 짜증, 가슴 두근거림까지 유발할 수 있다. 유명한 이야기다. 코르티솔 수치 상승은 면역계가 감염과 싸우는 능력을 감소시킨다. 반면 엘테아닌(202쪽 참조)의 대사 부산물인 에틸아민Ethylamine이 감염을 막도록 방어를 돕는 특정 T세포의 반응을 촉진해 이들이 최대 5배 빠르게 반응하도록 해준다. 면역을 강화하는 이러한 효과는 카페인을 커피가 아니라 차로 섭취할 때, 그리고 적정량으로 섭취할 때 얻을 수 있다. 따라서 핵심은 균형이다.

그러나 카페인은 궁극적으로는 수면의 버팀목이다. 그리고 카페인 중독은 실제로 존재한다. 알람시계 소리를 듣고 일어났는데 에너지가 솟아나지 않으면 커피나 차를 마셔야 움직일 수 있다. 아침의 카페인 각성은 문화에 뿌리박힌 관습이지만 이러한 의례적 행위는 에너지를 늘리기는커녕 몸을 고갈시켜 에너지를 오히려 없애버리는 게 아닐까? 일부 사람들은 이 덫을 안전하게 피한다. 아침에 커피를 마시고 하루 내내 잘 지내는 것이다. 그러나 현대 생활의 미친 듯 바쁜 속도는 스위치를 끊임없이 껐다 켜도록 요구하기 때문에 카페인은 피로를 피해야 할 필요가 있을 때 '켬' 스위치를 제공할 수 있다. 따라서 대부분은 커피 한 잔에 만족하지 못하고 카페인의 이득을 최대화하려다 적정선을 넘어버린다. 전날의 과로와 수면 부족에 카페인을 지속적으로 더하는 악순환으로 뛰어드는 것이다.

대체로 하루 1.5그램 이상의 카페인은 전형적인 카페인 중독 증상(불안, 초조, 불면, 배뇨 증가와 소화장애)을 유발한다. 일반적으로 말해 최대 400밀리그램의 카페인(대략 3~4잔, 내린 커피 240밀리리터)은 대부분의 건강한 성인에게 안전하거나 온건한 정도의 양으로 인정받는다(청소년은 100밀리그램 이상은 안 된다). 그러나 기억해야 할 점은 카페인의 반감기(몸이 카페인의 절반을 제거하는 데 걸리는 시간)는 연령, 체중, 임신 여부, 특정 약물과 유전 같은 요인에 따라 사람마다 크게 다르다는 점이다. 건강한 성인의 카페인 반감기는 5~6시간 정도다. 따라서 일반적으로 점심 이후에는 카페인을 아예 섭취하지 않는 것이 좋다. 그리고 여러분이 내 남편처럼 저녁을 먹고 나서 더블 샷 에스프레소를 마시고도 잘 잔다고 느끼는 부류라면 착각이다. 충분히 잤다고 생각해도 잠의 질은 확실히 손상된 것이니까.

코르티솔 각성 수치(189쪽 참조)가 정점에 달하는 아침에 섭취하는 카페인의 효과는 자연적인 아침 코르티솔 수치를 줄여 스트레스축의 균형을 깨뜨릴 수 있다. 설상가상으로, 아침에 카페인을 섭취하면 몸은 카페인 내성을 키워, 카페인으로 인한 흥분 상태가 상당히 줄어든다. 카페인 양을 늘리는 악순환은 이렇게 시작된다. 코르티솔은 아침에 정점에 다다를 뿐 아니라 점심시간과 이른 저녁 즈음에 오르락내리락하기도 한다. 따라서 '커피 브레이크 타임'을 아침과 점심 사이(가령 오전 9시에서 11시 사이)에 잡는 것은 코르티솔 수치를 자연스레 떨어뜨리는 이점이 있다. 예로부터 이 시간에 커피를 마셨던 것은 이치에 딱 맞는 조치였던 셈이다.

아침 햇살을 쐬라

아침 햇살을 많이 쬐는 것은 생체시계를 적정 궤도에 올려놓고 유지하는 데 꼭 필요하다. 그뿐 아니라 아침 햇빛은 태양에너지가 면역계에 주는 복잡한 영향을 통해 건강 유지에도 필수적이다. 오래전부터 뼈를 튼튼히 유지하는 비타민D—일명 햇빛 비타민—의 효과가 입증된 바다. 그러나 2000년대 초반 이후 비타민D가 뼈에만 좋은 게 아니라는 사실이 밝혀졌다. 비타민D는 면역력 증강에도 중심 자리를 차지하고 있다. 사실 비타민D는 1000개가 넘는 유전자의 표현을 통제한다. 그러나 현대인들에게는 비타민D 부족이 만연하다.[34] 전 세계 사람들의 50퍼센트는 일일 비타민D 섭취량을 충족시키지 못하고 있다.[35]

태양에너지의 약 10퍼센트는 자외선UV을 포함하고 있는데 자외선은 피부 속 광합성 과정을 통해 비타민D를 형성하는 데 필요하다. 과학자들은 정확히 왜 비타민D가 발달했는지 확신하지 못하지만 한 가지 이론은 비타민D가 일종의 초기 자외선차단제로 기능했고, 편리하게도 몸이 칼슘을 이용하도록 돕는다는 것이다. 비타민D를 충분히 만드는 데는 많은 시간이 걸리지 않는다. 세계보건기구는 5~15분 정도 자외선차단제 없이 두 손과 얼굴과 양팔에 일주일에 몇 차례만 햇빛을 쐬어도 충분한 비타민D를 충전할 수 있고 효과를 볼 수 있다고 말한다. 피하는 음식만 아니라면 지방이 많은 생선과 강화우유 또한 훌륭한 비타민D 섭취원이다. 그러나 사는 지역이나 계절에 따라 햇빛을 쐬는 일이 여의치 않을 수 있다. 그렇다면 나이(가령 70세인 사람은 20대인 사람보다 비타민D를 네 배는 덜 합성한다), 체지방량(비타민D는 지용성이므로 체지방량이 많을수록 몸에서 쓸 수 있는 양이 적다), 피부색(피부가 흰 사람은 비타민D를 가장 빨리 만든다), 온종일 집 안에 있는 경향 등의 요인들을 고려하라. 지나치거나 모자라지 않게 햇빛을 쐬는 일이 매우 힘들 수 있다. 하지만 매우 중요한 문제다. 특히 면역에 필요하다.

햇빛은 면역력도 강화한다

비타민D는 면역계가 세균 및 바이러스와 싸우도록 돕는다(겨울에 더 아픈 또 하나의 이유기도 하다). 비타민D는 또한 다발경화증, 천식, 우울증, 심장병과 암을 비롯한 많은 질환에 맞서 보호 작용을 해준다는 이유로 주목받고 있기도 하다. 호주에서 진행된 한 연구에 따르면 비타민D 결핍은 땅콩 알레르기 확률을 11배(그리고 달걀 알레르기 확률을 3배) 증가시킨다. 비타민D 수치가 가장 낮은 이들은 가장 높은 이들에 비해 심장병으로 사망할 확률이 두 배 이상 높다.[36] 비타민D는 운동선수의 성적과 회복에도 중요하다고 밝혀졌다.

또한 비타민D는 면역계라는 정교한 체계의 다양한 무기를 조율하는 활동 전체를 관장한다. 가령 우리의 마스터 조절자인 T세포는 충분한 비타민D를 감지하지 않으면 몸속을 제대로 돌아다니지 않는다. 게다가 비타민D는 피부와 폐와 장내 항균성물질을 생산하도록 도와 몸이 새로운 감염에 대비하는 방어를 촉진한다. 그뿐 아니라 비타민D는 자가면역질환과 관련된 염증성 보조T1세포Th1 및 보조T17세포Th17의 면역반응도 억제한다. 또한 자연살해세포의 원활한 작용을 유지한다. 알다시피 자연살해세포는 암과 바이러스를 막아주는 매우 중요한 인자다.

한 연구에 따르면 급성 뇌졸중 환자의 77퍼센트는 비타민D가 부족했다. 보건당국이 비타민D 보충제 섭취를 적극적으로 홍보하는 이유가 지금쯤이면 확실해졌을 것이다.

그러니 비타민D를 많이 섭취하는 편이 좋다. 보충제를 이용하건 외부에서 안전한 시간에 태양을 쬐건 상관없다. 비타민은 한 번에 최대 2개월까지 여러분의 지방 저장층에서 살기 때문에 늦여름과 초가을에 태양 빛을 미리 비축해두는 일은 이론상 독감의 계절이 절정을 향해 다가갈 때 건강을 유지해준다. 하지만 태양 과다 노출은 화상뿐 아니라 심지어 피부암도 유발할 수 있기 때문에, 태양을 얼마만큼 쬐건 자외선 차단은 필수다. 그러나 자외선차단제 때문에 비타민D를 합성하는 피부의 능력이 확연히 줄어들지는 않을까? 과거의 연구들은 정기적으로 자외선차단제를 쓰는 사람들이 그렇지 않은 사람들에 비해 혈중 비타민D가 절반밖에 안 된다고 했지만, 최근 실험들은 자외선차단제를 발라도 비타민D 수치에 별 차이가 없다고 한다. 어쨌건 정기적으로 자외선차단제를 쓰는 이들의 비타민D 수치가 더 높아 보인다. 이는 아마도 안전하게 햇빛 노출을 하는 이들이 밖에서 햇빛을 쐬는 시간이 더 길기 때문일 것이다. 과학 연구에 나타나는 교란변수의 전형적인 사례다. 햇빛을 쐬면 신나는 일이 벌어진다. 운동, 자전거 타기, 친구들과의 산책 같은 일이다. 밖에 나가서, 그리고 자연스레 비타민D 수치를 계속 충전하는 사람들은 더 건강하고 더 만족스러운 야외 습관을 이미 확립해놓은 것이다.

사실 햇빛에는 비타민D만으로는 설명할 수 없는 아주 독자적인 역할이 있어 이것이 면역에 영향을 끼친다. 다시 말해 햇빛에서 발견되는 블루라이트는 피부 속에 있는 질병을 퇴치하는 T세포가 더 빨리 움직이게 만든다. T세포의 속도를 높여 햇빛에 반응하는 최초의 인간 세포가 되는 것이다.[37,38] T세포는 움직일 때 비로소 자기 일을 할 수 있다. 자기가 사는 집인 림프샘에서 나와 감염이 있는 곳까지 가야 한다는 뜻이다. 햇빛은 비타민D와 별개로 조절T세포(녀석은 극도로 중요한 면역조절자지만 제멋대로 군다)의 발달을 돕는다. 많은 사람이 햇빛이 아토피피부염 같은 피부질환에 도움이 된다고 생각하는 것은 이런 이유에서다.[39] 이들은 면역계가 환경에 반응하는 또 하나의 사례이고 왜 인간이 설계상 밖에서 더 많은 시간을 보내야 하는지 보여주는 좋은 이유이기도 하다!

증거가 계속 쌓이면서 우리는 음식과 물과 집만이 아니라 햇빛도 필요하다는 점을 깨닫는다. 뼈와 면역, (3장에서 본대로) 미생물총을 위해서다.

면역은 계절에 뿌리를 두고 있다

계절에 따라 먹고 싶은 음식이 달라진다는 것, 특정 질환도 계절을 탄다는 점을 알아차린 적 있는가? 면역계의 활동은 여름에서 겨울까지, 다시 겨울에서 여름까지 변한다. 겨울에는 콧물이 더 날 뿐 아니라 추운 몇 개월 동안 관절염이 심해지기도 한다. 사실 자가면역질환, 알레르기, 심장발작, 뇌졸중, 심지어 우울증, 고관절 골절, 정신질환, 편두통, 응급수술까지 거의 대부분이 계절 변화에 영향을 받는다.

겨울은 면역 방어를 증가시킨다. 독감 같은 감염을 피하기 위해서지만 해로운 염증의 위험 또한 높임으로써 심장발작, 뇌졸중, 당뇨병, 심지어 일부 정신질환의 문턱을 낮추기도 한다. 이러한 질환이 악화될 확률이 높아지는 것이다. 여름에 나빠지는 질환도 있다. 다발경화증이 있는 사람들은 더워지면 이미 질병 때문에 손상된 신경을 따라 이루어지는 메시지 전달을 늦추어 증상이 악화된다.

계절 패턴을 따르는 것으로 유명한 감염질환도 있다. 리노바이러스(감기의 주범) 감염증과 독감이다.[40] 계절 차이가 있는 또 다른 감염의 원인은 황색포도상구균Staphylococcal aureus으로서 식중독, 피부질환, 폐렴, 뇌수막염, 부비동염을 일으킨다. 더 많은 감염은 여름과 가을, 특히 병원에서 얻는 메티실린내성황색포도구균MRSA(항생제 내성세균-옮긴이)이 일으킨다.[41]

활동일주기뿐 아니라 계절성 면역 주기 또한 건강에 강력한 영향을 끼친다. 진화는 계절 변화에 대응하기 위해 계절에 따라 유전자가 변하게 만들었다. 인간 유전체의 무려 23퍼센트는 계절에 따라 상당한 차이를 보인다.[42] 유전자는 여름과 겨울, 우기와 건기, 그때마다 두각을 드러내는 감염 유형에 따라 스위치가 켜지거나 꺼지면서 표현이 달라진다.[43] 계절에 따른 유전자 표현 변화는 감염과 싸우는 능력뿐 아니라 염증을 억제하는 중요한 조절 기능에도 영향을 끼친다. 따라서 일 년 내내 난방을 하고 늦은 밤까지 환하게 조명을 켜놓는 안락한 현대 사회는 면역계에 혼란을 주고 있으며, 이는 현대인을 괴롭히는 염증성질환의 위험 요인이 될 수 있다. 계절과 관련해서 가장 중요한 조치는 자연을 만나러 나가는 것이다. 집에서 멀리 갈 필요도 없다. 인구 밀도가 가장 높은 지역에 살고 있다 해도 자연은 주변 어디에나 존재하니까.

잠에 관한 마지막 조언

수면과 계절, 활동일주기가 건강의 기초라는 사실, 면역을 통해 환경과 우리의 건강을 연결해준다는 사실이 분명하게 이해되었기를 바란다. 나는 출발점이 어디든 건강해지고 싶다면 수면 문제부터 해결하라고 조언한다. 밤낮의 시간과 계절 변화가 자신에게 어떤 영향을 끼치는지 알아보고 그 근원을 살피는 일은, 우리가 24시간씩 일주일 내내 바쁜 생활로 인해 받는 나쁜 영향을 완화할 힘을 제공하는 간단하지만 꼭 필요한 방편이다.

5장

정신 건강의 중요성

'미생물의 세계에서 보이는 현상은 큰 생물의 세계에서도 나타난다.
세포가 살아남기 위해 서로 연결되어야 하듯,
우리 또한 친구, 가족, 공동체와 정기적으로 인연을 맺어야 한다.
인간관계야말로 세포의 영양 공급원이다.'

손드라 배릿Sondra Barrett

과학자이자 저술가
전 캘리포니아 대학교 교수

생각과 감정은 우리가 환경과 상호작용하는 방식의 필수적 요소다. 뇌와 감각은 우리 주변에서 무슨 일이 벌어지고 있는지, 우리가 어떻게 느끼는지에 관한 정보를 끊임없이 전달한다.

가슴이 두근거리는 것을 느낀 적이 있는가? 직장에서 큰 발표를 할 생각에 심장박동이 빨라진 적은? 이들은 감정의 생리적 효과다. 감정은 행동을 이끈다. 그뿐만 아니라, 우리가 오랫동안 생각해왔던 것과 달리 심리와 면역은 밀접하게 얽혀 있다. 앞에서 면역이 우리의 육감이라는 말을 한 적이 있다(52쪽 참조). 정신신경면역학—정신이 면역계 기능에 영향을 끼치는 방식에 관한 연구하는 학문—이라는 새로 뜨고 있는 분야가 있다. 이 학문은 오랜 세월 우리를 곤혹스럽게 해왔던 흥미로운 통념, 주류 과학의 언저리를 맴돌던 개념에 증거를 제시하고 있다. 건강할 때나 아플 때나 정신이 몸에 영향을 미칠 수 있다는 것이다.

면역반응은 삶의 부침에 적응할 때 적절히 사용하는 많은 '도구' 중 하나다. 면역세포는 내장된 방어기제를 실행할 때 수동적이지 않다. 오히려 외부의 신호—특히 뇌에서 오는 신호—에 능동적으로 귀를 기울여 그에 맞추어 행동한다. 따라서 신경계와 면역계가 양방향으로 쌩쌩 돌아다니는 공유 분자들을 통해 공통의 생화학적 언어를 구사한다는 사실은 전혀 놀랄 일이 아니다. 호르몬과 신경전달물질, 사이토카인 같은 메신저들은 면역과 심리 사이의 끊임없는 대화를 가능케 하며, 각 체계는 자체의 소통 분자뿐 아니라 서로의 분자를 받아들이는 수용체를 갖고 있다. 체내의 어떤 체계도 절대로 정보 공유 없이 단독으로 일하지 않는다. 몸속 세포들은 머리가 말하는 모든 것에 반응한다. 부정적인 생각은 면역력을 떨어뜨린다. 몸속 모든 세포는 끊임없이 우리의 생각에 귀를 기울이고 있다.

감정이 건강에 영향을 준다는 생각은 복잡한 설명이 필요한 문제로 오랫동안 남아 있었기 때문에 의료계에서는 회의적인 태도를 보여왔다. '면역-뇌' 축 덕에 우리는 좋아하는 것과 싫어하는 것을 구분하고, 광범위한 난제에 대응하며 환경에 적응한다. 면역은 가장 많이 신경 써야 하는 것은 무엇인지 알아내며, 위협을 계산해야 한다. 감염 퇴치, 조직 복구 혹은 생명을 지탱하기 위한 작용 중 어떤 일을 최우선으로 해야 하는지 생각하는 것이다. 이렇듯 여러 작용이 교차하는 체계는 건강에서 정신과 몸이 연관되어 있다는 점을 확인할 때 도움을 준다. 생각과 감정이 알맞은 방향으로 향하지 않으면 기분이 저조해질 뿐 아니라 면역력 또한 저하된다.

그러나 질병 문제에서 정신이 몸에 힘을 발휘한다는 점을 지나치게 과장하지 말라고 경고하고 싶다. 정신의 힘은 몸에 영향을 끼치는 수많은 요인 중 하나일 뿐이다. 가령 암이 부정적인 기분이나 태도 때문에 생긴다는 증거는 전혀 없으며, 상이한 감정이 유발하는 신경 변화에 영향을 받지 않는 질환도 많다.

질병 행태와 면역-뇌 축

적응을 중시하는 몸의 체계는 면역계와 신경계 단 둘이다. 누구든 감염을 겪은 사람이라면 몸이 편치 않다는 느낌을 이루는 요소를 알 것이다. 예를 들면 독감에 걸렸을 때 느낀 점들을 생각해보라. 면역계가 바이러스에 대처하는 방식은 사회적 위축, 식욕 변화, 소극성, 불안감, 졸림, 집중력 저하, 피로 같은 우울증 증상과 겹친다. 이들을 임상적으로 '질병 행태sickness behaviors'라 한다. 이는 타당한 이유로 진화한 일련의 행동들이다.[1]

이름이 뜻하는 바대로 질병 행태는 아픔을 극복하도록 돕는다. 몸에 해를 더 끼치거나 감염을 퍼트리지 못하도록 제약을 가하는 행동이다. 이 변화를 일으키는 것은 감염과 싸우는 면역계다. 면역계가 감염과 싸우는 동안 혈중의 면역 화학물질 메신저들이 뇌에 전달되고, 뇌는 휴식과 회복을 할 수 있도록 우선순위를 재구성한다. 에너지 비용이 높은 열을 사용해 효율적으로 감염과 싸울 수 있도록 자원을 보존하라고 지시하는 것이다.

면역계가 뇌 건강과 연관되어 있다는 추가적 증거는 최근의 연구 결과에서 나왔다. 이 결과에 따르면 패혈증—감염을 막으려 벌어지는, 생명을 위협할 정도로 강력한 염증성 면역반응—에서 살아남은 환자들은 훗날 장기적인 인지 손상, 우울증, 불안을 경험한다. 이는 이들이 겪었던 강력한 면역반응 때문이다.[2] 신경과 면역 사이의 대화는 쌍방향으로 진행될 수 있다. 중추신경계CNS는 면역반응을 조절하기 위해 면역계와 능동적으로 소통할 수 있고 그 반대도 가능하다. 요컨대 우리의 느낌은 면역계가 감염 같은 위험에 얼마나 잘 대응하는가에 영향을 끼칠 수 있다. 그리고 마찬가지로 맹렬한 면역반응 역시 뇌에게 행동을 조절하라고 지시할 수 있다.

이러한 작용은 면역계가 감염 퇴치를 넘어 더 큰 역할을 하고 있음을 분명히 알려준다. 정신 건강이 죄다 마음에 달려 있다는 생각은 틀렸다. 물론 정신 건강은 심리와 연관이 깊지만, 못지않게 신체 건강과도 깊이 관계되어 있기 때문이다.

염증과 정신 건강

과학자들은 우울증이 있는 사람들이 전형적인 질병 행태를 보인다는 점, 그리고 아픈 사람들이 우울증에 걸린 사람들과 동일한 느낌을 많이 받는다는 점을 알아내기 시작했다. 현재 둘 다를 설명할 수 있는 공통의 원인을 탐색하고 있다. 면역계, 더 구체적으로 면역계의 염증 가능성이 정신 건강 악화와 다수 정신질환의 **필수 불가결한 조건**으로 부상하고 있다. 염증성 사이토카인과 그 밖의 염증의 다른 특징들은 우울기 동안 급상승하는 것으로 드러났으며, 양극성장애가 있는 사람들의 경우 차도를 보이는 기간에는 염증 특징도 떨어지는 것으로 나타났다. 건강한 사람들도 염증 급상승을 일으키는 백신을 접종받은 뒤에 일시적으로 우울하고 불안한 상태에 빠질 수 있다.[3]

실마리는 또 있다. 과거의 통념과 반대로, 류머티즘성 관절염 같은 만성 염증성 질환을 앓는 사람들은 자신의 병이 장기적인 질환이라는 것을 알고 있고 그래서 병이 가차 없이 나빠질 것이라고 예상한다. 그러나 사실은 그들의 우울 증상은 질병 행태의 심리적 결과다. 질병으로 인해 염증 표지가 상승했기 때문에 일어나는 반응이다.

면역과 심리 사이의 연관성은 양방향으로 일어나는 과정이다. 가령 동맥 염증으로 인해 심장발작을 겪은 사람들은 우울증에 걸릴 확률이 50퍼센트 증가한다.[4] 또 우울증은 심장병과 심장발작의 회복을 방해하는 위험 요인으로 작용한다.[5] 염증은 궁극적으로 몸에 중요하다. 염증은 감염으로부터 몸을 보호하는 주요 방어기제일 뿐 완전히 제거해야 하는 것이 아니다. 그러나 염증은 본래 단기적 공격만 하도록 설계되어 있기 때문에, 우리 몸은 장기적 염증에 대처할 만한 완충재를 갖고 있지 않다. 게다가 기분과 관련된 염증 활동의 최적 수준은 개인차가 매우 크다.

우울증은 가족력이다.[6] 부모가 우울증이 있다면 자식이 우울증을 앓을 확률이 크게 증가한다는 뜻이다. 그러나 선천이냐 후천이냐에 대한 답은 아직 분명하지 않다. 2018년에 발표된 한 연구는 우울증 위험 증가와 연관된 유전자를 최초로 특정해냈다. 획기적인 발견이기는 했지만, 답만큼이나 많은 질문을 제기한 발견이기도 했다.[7] 우울증에 관여하는 유전자는 총 44개였다. 적지 않은 숫자지만 유전자 각각은 나름 작은 위험의 원인이기 때문에 켜지고 꺼지는 식의 간단한 스위치처럼 작동하지는 않는다. 연구를 더 하게 되면 우울증 관련 유전자의 숫자가 훨씬 더 늘어날 가능성도 있다.

이 유전자들은 무엇일까? 이 중 많은 것은 당연히 신경계 기능에 중요하다. 더 놀라운 점은 많은 유전자가 면역계의 작용에서 핵심 역할을 수행한다는 것, 특히 염증반응에서 중요하다는 사실이다. 두 번째 질문, 우울증을 촉진하는 이 특정 유전자 변종은 왜 진화를 거치고도 살아남은 것일까? 비교적 최근까지(100년도 채 안 되었다) 죽음의 주요 원인은 감염이었다. 우울증을 재촉하는 유전자 변종은 진화하는 과정에 발생한 것으로 여겨진다. 우리 조상들이 감염과 싸우도록 도움을 주었기 때문에 생겨난 것이다.[8] 누구나 이 유전자 중 일부를 물려받을 것이고, 그 때문에 우리는 지속적으로 위험의 스펙트럼 선상에 놓이게 된다. 따라서 우리가 우울증에 걸릴 확률은 이러한 유전자를 얼마나 많이 갖고 있는가, 그리고 축적된 영향이 얼마나 되는가에 따라 달라진다. 면역계에 끼치는 축적된 영향은 타고난 유전자보다 훨씬 많다. 뇌를 제외하고 몸속 어떤 체계도 이토록 적응에 강조점을 두지 않는다. 그래야 이치에 맞다. 면역계가 계속해서 변화하는 환경이 초래하는 정서적 역경에 대응하지 않는다면 어떻게 될까? 우리는 끝장이다.

증거가 계속 쌓이면서, 당연히 나오는 질문이 있다. 류머티즘성 관절염이나 심장병처럼 공공연한 만성 염증성 질환도 없고, 정신병 취약 유전자라는 최악의 불행도 만나지 않는다면 애초에 염증을 유발하는 것은 무엇일까 하는 질문이다. 면역계를 어긋나게 만들어 부적절한 우울증을 유발하는 염증의 원인은 도대체 무엇일까?

앞에서 살폈듯이 감염이 생겨야만 염증이 발생하는 것은 아니다. 면역계는 세균뿐 아니라 위험도 감지하도록 설계되어 있다. 면역계는 태어날 때부터 온전히 성숙한 상태가 아니다. 면역이 성장하려면 환경이 투입해주는 특정 정보가 필요하다. 세포는 원래 있지만 이들이 어떻게 발달해서 얼마나 잘 조절되는지는 우리가 만나는 것들, 우리가 하는 모험들에 의해 달라진다. 면역은 변화하는 감정 및 환경에 의해 형성된다. 식사가 물론 중요하지만, 미생물총도 못지않게 중요하고, 충분한 수면과 규칙적인 운동도 중요하다. 이러한 요소들은 궁극적으로 우리의 양육, 환경, 심리사회적 지위뿐 아니라 보이지 않는 생활의 무게에도 영향을 받는다. 이쯤 되면 정신 건강 역시 현대 생활에 대한 자가면역반응처럼 보이기 시작할 것이다. 비정상적인 환경에 대한 정상 반응이 바로 현대인의 정신질환이 아닐까 싶을 정도다. 현대의 정신 문제를 일부라도 설명하려면 전 세계로 뻗어나가야 할 판이다.

우울증이 의료 장애의 가장 큰 단일 원인인데도 1990년대 이후 우울증 치료에는 큰 진전이 없었다.[9,10] 믿을 수 없을 만큼 큰 고통과 장애를 일으키는 중대한 문제를 치료할 돌파구를 찾고 싶다면 발상의 전환이 필요하다. 정신 건강의 기능을 머리의 문제로만 보는 것, 가령 언어에 바탕을 둔 심리치료talking therapy나 (선택적 세로토닌 재흡수 억제제인 SSRI처럼, 신경전달물질을 조정해서 우울증을 치료하는 약물인) 항우울제를 사용하는 방식은 정신 건강 문제를 온전히 해결하지 못한다는 것이 밝혀지고 있다. 오히려 면역계가 정신 건강에서 실행하는 역할에 대한 새로운 접근법을 바탕으로, 항염증인자를 새로운 항우울제로 보는 연구가 발전을 거듭하는 중이다.[11]

항염증인자는 광범위하게 적용되지는 못하지만 염증 임상 징후를 보이는 우울증 환자들에게 다소 도움이 된다. 우울증 환자의 약 3분의 2의 염증 수치가 꾸준히 높다는 사실은 잘 알려졌지만, 과민성 면역계를 가진 우울증 환자들에게 항우울증약이 잘 듣는 것은 아니다.[12,13] 혈중 염증 수치를 측정해 면역계를 겨냥하는 약물이 종래의 치료법이 잘 듣지 않는 절박한 환자들을 치료할 수 있지 않을까 하는 희망이 있다. 이미 면역계 약물 접근법이 효력을 낸다는 임상실험의 초창기 결과들이 있다. 우울증은 수억 명의 사람에게 영향을 끼치는 질환이다. 설사 항염증 접근법이 이들 중 소수에게만 도움이 된다고 해도 그 숫자는 엄청나다. 그러나 새로운 접근법이 가져올 가장 큰 변화는 우울증을 바라보는 태도에 관한 것이다. 이제 우울증 환자가 그저 '기운을 차리면' 된다는 사고방식은 줄어들게 될 테니까 말이다.

발상의 전환이 이루어지기 시작하면 앞으로 항우울제는 그저 알약이 아니라 정신 건강 악화를 개선하는 모든 방안이 될 공산이 크다. 내가 바라는 바는 이 분야에서 더 많은 연구가 이루어져 의사들이 그동안 누락된 점에 주의를 기울이게 되는 것, 환자들이 약물에만 의존하지 않는 치료의 의학적 가치를 이해하고 받아들이고, 이러한 치료를 통해 회복하는 것이다. 음식과 생활 습관을 활용하여 염증을 억제하는 일뿐 아니라 사람들과의 관계, 우리가 살아가는 환경과의 접촉, 감정과의 끈을 다시 회복시키는 것이다.

그러나 항우울제를 내치기는 아직 이르다. 뇌의 화학물질에 영향을 끼치는 것으로 알려진 SSRI가 면역계에도 긍정적인 영향을 끼친다는 증거가 있기 때문이다. 그리고 SSRI는 세로토닌 재흡수를 차단함으로써 세로토닌을 면역계의 핵심 세포에 쓰도록 유도해 면역계가 감염과 싸우도록 교육할 수 있다.[14,15]

머리와 몸은 하나다: 질병의 감정적 뿌리

면역과 우울증 사이의 연관성을 알게 되었으니 이제 마음이 면역에 영향을 끼칠 수 있다는 말을 들어도 놀랍지 않을 것이다. 수많은 과학 연구가 행복과 건강이 나란히 간다는 옛 격언을 확증하고 있다. 의학계의 대부분은 아직 회의적인 반응을 보이지만 감기부터 암, 심장병까지 거의 모든 질환이 긍정적으로건 부정적으로건 당사자의 감정적 · 정신적 상태의 영향을 받는다는 증거가 쌓이고 있는 상황이다. 이제 더는 둘의 연관성을 간과하지 말아야 한다.

'병에 걸린 사람을 파악하는 것이 병을 파악하는 것보다 훨씬 더 중요하다.' 서양의학의 창시자인 히포크라테스의 명언이다. 의사들은 똑같은 질병을 앓고 있는 환자들이라도 반응은 다 다르다고 말한다. (현대 의학의 아버지라 일컬어지는) 윌리엄 오슬러William Osler가 '결핵 치료의 관건은 환자 몸에 있는 병보다 머릿속에 있는 것'이라고 말한 지 100여 년이 지난 뒤에야 과학자들은 감정 상태가 정확히 어떻게 질병의 발발과 진행에 영향을 끼치는지 해독하기 시작했다. 건강에 끼치는 감정 상태의 영향에 대한 증거를 축적하는 많은 연구는 면역계가 심리사회적이고 물리적인 환경에 영향을 받으면서 감정 상태의 통로이자 조절자 기능을 하고 있다는 주장을 강력하게 펼치고 있다.

삶의 다른 모든 요소와 마찬가지로 감정 역시 단순하거나 순수하지 않다. 이런저런 요소가 뒤죽박죽 섞여 있는 데다 때로는 모순적이기까지 하다. 우리가 경험하는 분노와 행복과 놀라움 등 여러 감정은 명확히 알아볼 수 있는 형태로 존재한다. 분노할 때는 혈압이 올라가고, 절망할 때는 장을 끊어내는 듯 아프다. 부정적·긍정적 감정과 연관된 뇌 부위의 활성화는 면역반응을 강화하거나 약화시키는 것처럼 보인다.[16]

그런데 분노는 대체로 부정적 감정으로 여겨지지만, 감정 상태의 근원적인 부분으로서 반드시 나쁘지만은 않다. 위협을 지각하거나 신체적 혹은 감정적 자극을 받을 때 이에 반사적으로 유발되는 분노를 통해 행동의 방향을 유용한 쪽으로 정할 수 있기 때문이다. 교통체증이 심하면 그러한 상황에 대한 분노를 통해 다른 도로를 찾도록 동기를 부여받을 수 있고 이러한 노력은 스트레스를 감소시킨다. 그러나 같은 교통체증을 만나도 도로에서 오도 가도 못한 채 대안이 전혀 없다면 분노해도 별 소용이 없다. 분노의 효용가치가 떨어진다는 말이다. 분노가 심한 경우 건강이 안 좋아지며[17] 이러한 변화는 염증을 악화시킴으로써 면역이 기능하는 방식을 바꾸어놓는다. 진화상으로 분노는 폭력으로 이어졌을 테니, 분노를 통해 면역계 작용을 준비시키는 것(염증)이 단기적으로는 이익일 수 있다. 그러나 장기적인 분노는 문제가 된다. 또한 분노의 강도가 평균 이상으로 높아도 그렇지 않은 경우에 비해 질병 치유와 회복 과정이 상당히 둔화될 수 있다.

긍정적인 감정 상태가 강력할 경우 면역계는 두드러지게 이로운 영향을 받는다. 연구가 시사하는 바에 따르면, 행복감과 건강을 증진시키는 취미(태극권, 미술, 호흡운동)가 있는 사람들은 감염에서 회복되는 속도도 더 빠르다. 웃음 치료(간단히 말해 웃음을 유발하는 영화를 보는 것)는 면역계를 조절하는 효과가 놀라울 정도로 커서 바이러스와 싸우고 암을 감시하는 자연살해세포를 강화한다고 보고되었다. 행복의 성취는 또 다른 행복에 대한 기대로 이어지지만 불행히도 현실은 우리가 바라는 항구적인 행복을 고집스레 주지 않으려 한다. 그러나 영원한 행복이 불가능하다는 점을 기억하는 것도 나름대로 가치 있는 일이다. 행복이 항구적인 상태가 아니라는 사실에 행복해해야 할 것 같다. 그렇지 않은 척해봐야 불안감만 더 커질 테니 말이다.

고독: 날아갈 집 없는 벌처럼

우리는 태어날 때부터 특정 공동체에 속하게 된다. 사회적 관계에 대한 필요를 타고난다는 뜻이다. 사회에서의 고립과 건강 사이의 흥미로운 연관성은 오래전부터 주목의 대상이었다. 심장병에서 암, 그리고 일부 신경 퇴행성 질환에 이르기까지 외로움은 수많은 질환의 원인이 된다. 하지만 질환과 고독 간의 직접적인 연계성을 검증한 연구는 전무했기 때문에 연관성을 실제로 설명할 수는 없다. 일부 연구는 긍정적인 관계를 맺고 있는 사람들이 규칙적 운동과 건강한 식습관 같은 긍정적 행동을 할 확률도 높다는 점에 주목했다. 사회관계의 또래압력이론이라는 것이다. 그러나 이 분야의 최근 연구는 외로운 사람들의 나쁜 습관이 반드시 건강 악화로 이어지지는 않는다는 것도 보여준다.

2007년 고독과 건강 악화 사이의 빠진 고리로 등장한 것이 바로 면역이다. 외로운 사람들의 면역계는 그렇지 않은 사람들의 면역계와 극적으로 다른 행태를 보이는 것 같다.[18] 외로움은 몸을 속인다. 몸이 고독을 치명적인 위험으로 여기게 만들어 ('투쟁-도피' 반응을 담당하는) 교감신경계의 활동을 늘려 염증을 유발한다. 보통 때 같으면 염증을 억제하는 내장된 브레이크를 쓰지만 이 경우는 쓰지 않는 것이다. 동시에 뇌가 당신이 외롭다는 신호를 보내면 면역세포는 '위험해!'라는 말로 알아듣고 항바이러스 방어 스위치의 일부를 꺼버린다. 이렇게 되면 면역계는 항바이러스 방어에 쓸 자원까지 동원해 염증을 맹목적으로 퍼붓는다. 시간이 지날수록 고독을 위협으로 인지한 교감신경계의 작용은 서서히 타오르는 만성염증 공격을 통해 면역 작용을 엉뚱한 방향으로 돌리게 되고 이는 여러 질환의 위험을 증대시킨다.

이 또한 사회라는 외부 세계가 우리 몸 내부의 면역 세계와 상호작용하고 있다는 단서다. 면역세포들은 우리의 심리와 자체적인 연계성을 갖고 있으며 이는 정신의 세계를 몸의 화학작용으로 전환한다. 그러나 과거의 세계와 달리 오늘날의 문명 세계에서 외롭다고 해서 치명적인 위험에 처해 있다고 볼 수는 없다. 다만 생명을 위협받지 않는 상황에서 외롭고 거부당한다는 느낌을 받는 것이다. 그러나 면역계는 이러한 맥락을 읽어내지 못한다. 고독이라는 위험이 아무리 사소하다 해도 면역계에게 위험이란 그저 대응해야 할 비상사태일 뿐이다. 이제부터가 중요하다. 21세기를 살아가는 현대인은 과거에는 단 한 번도 상상해보지 못할 정도로 인터넷과 소셜미디어를 통해 서로 끊임없이 접속하고 있다. 이런 의미에서 현대인의 건강을 좀먹는 것은 객관적으로 존재하는 사회적 고립이 아니라 **인지된 고립**이라고 할 수 있다. 대부분의 추정치에 따르면 현대인의 20~30퍼센트가 만성적인 외로움을 겪고 있다. 외로움을 느끼는 런던 시민의 비율은 50퍼센트에 육박한다. 사회적 고립은 질병을 일으키는 강력한 위험 요인으로 부상하고 있다. 다른 어떤 것과도 비교할 수 없을 정도다. 지금까지 연구된 바에 따르면, 염증의 급증을 가장 신뢰할 만하게 예측할 수 있는 요인은 사회적 거부와 인간관계의 상실인 듯하다. 정신적 외상과 암으로 고통받는 사람들, 죽어가는 배우자 때문에 슬퍼하거나 그런 배우자를 돌보는 사람들, 인간관계의 어려움을 겪고 있는 사람들이 그러하다.

스트레스와 면역: 위험 감지

현대 생활의 여러 측면 중 면역을 교란하는 것 하나는 스트레스다. 현대인이라면 큰 고민 없이 부정적인 뉘앙스를 담아 생각하고 말하는 단어다. '스트레스'라는 용어를 오늘날 쓰이는 뜻으로 처음 쓴 것은 1936년 한스 셀리에Hans Selye라는 인물이다. 헝가리의 선구적인 내분비학자였던 셀리에는 스트레스라는 신조어를 만들었다. 그가 정의한 바에 따르면 스트레스는 '모든 변화 요구에 대한 신체의 비특이성 반응(특정한 원인을 찾을 수 없는 반응-옮긴이)'이다. 몸이 보이는 스트레스 반응은 한 가지뿐이지만 스트레스 유발 요인stressor 수는 거의 무한하다. 환경, 자신의 몸, 생각도 스트레스의 원인일 수 있다. 좋은 쪽으로건 나쁜 쪽으로건 우리의 항상성을 바꾸어놓는 모든 것이 스트레스라고 생각하면, 다양한 형태를 띤 스트레스는 건강한 생명체의 정상적이고도 중요한 반응이다.

대체로 억울하게 비난받고 있지만 스트레스는 부정적인 것이 아니다. '스트레스'는 잘 봐줘도 참 애매모호한 용어다. 일부 사람들에게 스트레스는 흥미와 도전('좋은 스트레스')을 의미하는 반면 또 다른 많은 사람들에게는 만성피로, 근심, 좌절, 대처할 수 없는 무능 같은 바람직하지 못한 상태('나쁜 스트레스')를 나타내기도 한다. 나쁜 스트레스의 경우 나는 '스트레스 축적stressed out'이라는 용어를 선호한다. 나쁜 스트레스의 부정적인 상태가 지닌 만성적 성질을 잘 전달해주기 때문이다. 본질적으로 스트레스는 '급성'의 단기적인 상태일 때는 정상이고 적절하다. 급성 스트레스는 대자연이 우리를 죽이려고 주는 것이 아니라 오히려 우리를 도우려고 선사하는 선물이다. 스트레스는 우리를 각성시키고 동기를 부여하고 위험을 피할 대비를 하도록 만든다는 점에서 긍정적일 수 있다. 물론 '정말 스트레스받아, 근사하지 않아?' 같은 말을 들어본 적은 없을 것이다. 하지만 살아가는 동안 스트레스가 아예 없다면 인간으로서 성장하지 못하고, 회복탄력성도 발달시키지 못하며, 앞으로 나아가지도 못할 것이다.

과학자들이 '유스트레스eustress(나쁜 스트레스는 디스트레스distress라고 한다-옮긴이)'라 부르는 '좋은 스트레스'는 흥분할 때 느끼는 것이다.

'투쟁-도피' 반응이라고도 불리는 유스트레스는 자율신경계의 특수대다. 자율신경계에는 교감신경계라는 스트레스 반응 단위가 내장되어 있는 무의식적 통제 센터가 있다. 스트레스 상황과 싸울 수 있도록 생리 변화를 착수시키는 센터다. 최근의 행동 연구들에 따르면 급성 스트레스는 우리가 사회성과 감정이입 능력을 발달시킬 수 있도록 독려까지 한다. 응급 상황 동안 다친 사람을 도와주는 데 유용한 능력이다.[19] 따라서 우리는 단순한 생각만으로도 지극히 강렬한 감정뿐 아니라 그러한 감정에 수반되는 신체적 동요도 크게 겪는다. 대부분의 사람은 흥분과 동요한 느낌을 직관적으로 안다. 위협감이나 공포는 없지만 피가 솟구치는 느낌, 아찔한 느낌을 받는다. 여기에는 살아 있다는 생생한 느낌과 극도의 흥분감이 함께한다. 마치 롤러코스터를 탈 때나, 승진할 때, 첫 데이트를 나갈 때와 같다. 일단 스트레스 요인에 대처하고 나면 (대개 '휴식과 소화'라 불리는) 부교감신경계가 교감신경계와 협력하여 우리를 다시 원래의 상태, 스트레스 이전의 건강하고 행복한 지점으로 되돌려놓는다.

스트레스 과학

스트레스에 반응하는 중추 기관은 시상하부-뇌하수체-부신 축HPA axis, hypothalamic pituitary adrenal axis과 교감신경계SNS다. 기본적으로 스트레스 반응은 뇌와 몸의 감동적이고 역동적인 뒤얽힘이다. 둘의 뒤얽힘에는 호르몬과 신경전달물질과 면역 분자들이 이용된다. 이를 조절하는 것은 뇌 속에 있는 아주 작은 아몬드 모양의 시상하부다. 그러나 시상하부는 작은 스트레스와 압도적인 스트레스를 구분하지 못한다. 위협과 강력한 공포감을 전달하는 경보장치인 편도체로부터 분명한 신경 신호를 받고 있을 뿐이다. 위험을 감지하는 즉시 이 (자율적인) 자동 네트워크는 (보통 아드레날린이라 알려진) 에피네프린을 방출한다. 에피네프린은 아찔한 흥분감, 심장이 박동치는 느낌을 만들어내 피로를 극복한다. 이제 몸은 몇 분 이내로 투쟁-도피 반응을 준비한다.

이때 다량의 염증성 화학물질이 혈액으로 유입되면서 면역 또한 비상경계 상태가 된다. 염증은 방어에 극히 중요하면서도 해로우므로 감시가 필요하며, 따라서 거의 동시에 코르티솔도 분비된다. 당질코르티코이드glucocorticoid라는 일종의 스테로이드호르몬이다. 코르티솔 분비는 스트레스 반응의 중요한 단계로서 코르티솔은 혈액의 흐름 같은 필수 기능을 유지하도록 도와 공포의 순간에도 죽지 않고 살아남게 해준다. 따라서 압력을 받는 상황에서도 기절하지 않는 것이다. 스트레스가 쇄도하는 상황에서는 몸 전체의 반응도 달라져, 뇌는 합리적 사고의 작용을 억제하고 당장 닥친 위협에 집중하도록 강제한다.

공포가 닥친 순간에 필요하지 않은 기능을 억제하는 기능도 코르티솔이 담당한다. 사실 코르티솔은 면역에 극적인 영향을 끼친다. 물밀듯 면역을 약화시켜 염증뿐 아니라 온몸을 돌아다니는 면역세포의 숫자까지 줄이는 것이다. 코르티솔은 새로운 면역세포 생성도 중단시킨다. 스트레스가 필수적인 면역반응을 억제한다니 이상하게 보일 수도 있겠지만, 면역반응은 상당한 에너지가 필요한 일이다. 급박한 위험이 닥치는 순간에는 살아남기 위해 에너지와 비축된 힘을 모조리 쏟아야 한다. 감염은 위험하지만 급박한 위험에 비해서는 중요성이 크지 않다. 우선순위는 다음과 같다. 1단계: 죽음의 위협에서 살아남는다. 2단계: 코감기에 대처한다. 따라서 스트레스 반응 단계 중 코르티솔이 분비되는 단계에서는 면역 방어를 억제해 문제부터 해결하고 수리와 보수는 나중으로 미룬다.

자연스러운 스트레스 반응은 언제 해로워지는가

스트레스 반응은 우리 몸의 복잡한 경보체계이자 지극히 정상적인 과정이다. 중요한 점은 자기 제어성이 있다는 것이다. 스트레스 반응은 몸 전체의 생리작용을 근원적으로 바꾸어놓기 때문에 격렬하고 짧게 설계되어 있다. 스트레스는 차 사고가 날 뻔한 찰나의 순간처럼 특정 사건이나 상황에서 유발되며 우리의 대처를 강제한다. 그러나 인지된 위협이 지나가면 코르티솔은 정상 수치로 돌아가며 우리 몸에 끼친 코르티솔의 영향도 잦아들어 면역에 손상도 전혀 남기지 않는다.

그러나 이러한 생리작용이 현대사회에서는 제대로 돌아가지 못한다. 현대인의 생활은 스트레스로 가득하다. 조상들이 스트레스를 경험했던 방식은 아니다. 그러나 인류가 천천히 진화하면서 마주쳤던 세계와 급변하는 현대 사회와의 극심한 차이는 스트레스의 한 요인이 된다. 투쟁-도피 반응은 외부의 위험에서만 오는 것이 아니라 무능하다는 느낌이나 공포감의 형식을 띠고 내부에서도 온다. 실제로 죽음을 당할 위협은 과거에 비해 덜하지만, 우리의 몸은 지각이 무서워 달음질을 쳐야 하고 연애를 해도 스트레스를 받으며 장시간 노동의 피로와 사회 불평등 같은 새로운 형태의 위협에 직면해 과거나 별 차이 없이 스트레스 반응에 돌입한다. 행복과 건강을 위협하는 이러한 요인들은 배고픈 사자에게 쫓기는 공포감에 비하면 그다지 크지 않을지도 모른다. 그러나 현대의 스트레스는 해결책이 전혀 없기 때문에 더 많은 스트레스를 발생시킨다. 스트레스 가득한 업무나 불행한 가정생활은 만성 스트레스라는 해악을 초래한다. 만성 스트레스는 건강에 영향을 끼칠 가능성이 있는 심각한 스트레스라고 본다. 생리작용이 투쟁-도피 반응을 지속해서 요구할 경우 몸의 조직은 그것을 '질병dis-ease(편안하지 않은 상태가 바로 질병이다)'으로 감지한다. 방어 작용을 하는 동안에는 치유도 보호도 불가능하다.

진화의 기준에서 볼 때 '만성' 스트레스의 지속은 최근에 새로 생긴 것이므로 우리 몸은 이에 대처하도록 설계되어 있지 않다. 따라서 만성 스트레스가 오랜 기간 계속될 경우 몸과 마음의 건강에 부정적 영향을 받을 수 있다. 확실하지는 않지만 현대 환경에서는 작고 간헐적이고 애매모호한 요인이 격렬한 스트레스 반응을 활성화할 수 있고, 이것이 결국 '급성 간헐성 스트레스'가 될 수 있다. 가령 스크린과 테크놀로지는 교감신경계를 활성화할 수 있다. 교감신경계 활성화는 생체 스트레스 반응의 하나다. 저녁 시간에 스마트폰을 놓지 않는 아이들은 교감신경계의 투쟁-도피 반응이 활성화되어 스트레스를 '끄는' 스위치인 부교감신경계의 활동이 줄어든다. 이메일을 보내고 답장을 초조히 기다리는 일 역시 교감신경계를 활성화시킨다. 얼마나 많은 현대인이 온종일 이런 식으로 살고 있을까?

스트레스 요인들이 상존할 때, 그래서 계속해서 공격받는다는 느낌이 들 때 정신 건강뿐 아니라 면역까지 좀먹는다. 많은 사람이 무의식적으로 스트레스를 받고 있고 (스트레스받는 당사자는 모르고 잊어도) 몸은 절대로 모르거나 잊지 않는다. 스트레스는 감기부터 심장병, 자가면역질환 같은 만성 염증성 질환부터 조기 사망까지 건강 악화 가능성을 고려할 때 필시 가장 간과되고 과소평가되는 요인이다.

뉴노멀

충분한 회복 없이 지속적인 위협에 직면하면 스트레스가 부정적으로 변한다. 운동도 일종의 스트레스다. 그러나 운동은 사이사이 휴식과 이완을 충분히 제공하면 효과가 좋은 긍정적인 스트레스다. 마찬가지로 휴식 시간이 없으면 우리 몸은 과부하 상태가 되어 만성 긴장으로 꽉 차게 되고 이는 신체적·정서적으로 마모되게 만든다. 사회적 위협과 면역반응 사이의 모든 연결 고리는 위험 신호에 대비해 신경계를 더욱더 예민하게 만든다. 전체 스트레스 반응으로 원래의 길을 벗어나게 되고 몸은 '중단' 메시지를 듣지 못하고 '전진' 메시지에 과도하게 민감한 상태가 된다. 터져 나오는 모든 염증은 분자를 방출한다. 이 분자들은 애초에 염증을 만들어냈던 동일한 신경면역 통로를 자극한다. 이로써 또 하나의 악순환이 탄생한다. 이 악순환은 '생물학적 각인 biological embedding'이라는 과정을 통해 지속해서 염증을 강화한다. 스트레스는 염증을 일으키고 염증은 다시 스트레스 반응을 재촉하는 과정이 무한 반복된다.

주관적 스트레스: 당신이 지고 있는 짐은 무엇인가?

스트레스는 주관적 성질을 갖고 있으므로 정의도 측정도 어렵다. 건강한 대학생들을 대상으로 연구한 결과들에 따르면 스트레스 유발 사건에 심각한 심리적 반응을 보인 학생들은 똑같은 사건을 겪었지만 심리적 반응을 거의 보이지 않은 학생들에 비해 자연살해세포 수치가 적었다. 고작 3분의 1밖에 되지 않았다. 폐암에 걸린 흡연자들과 암에 걸리지 않은 흡연자들을 비교한 연구들도 스트레스 인지 정도가 차별점이라는 것을 입증했다. 감정이 질환을 유발했는지 질병이 감정을 일으켰는지 구별하기 불가능하다고 이의를 제기할 수도 있겠다. 그렇다면 다음 결과를 보라. 아프기 전 상태의 사람들을 연구한 결과들은 훨씬 더 인상적이다. 인지된 스트레스 수치가 높은 암 환자들을 관찰한 결과, 이들은 암이 발병하기 전부터 이미 면역반응이 상당히 줄어든 상태였다.

무엇이 스트레스를 주고 안 주는지 합의를 보기는 어렵지만, 자신의 삶을 통제하지 못한다는 느낌은 늘 스트레스를 준다. 이 점만큼은 누구도 부정하지 않을 것이다. 스트레스의 핵심은 바로 그것이다. 스트레스에 대한 우리의 반응이 스트레스 자체보다 더 해로워질 때 문제가 된다는 것. 이런 일이 되풀이될수록 오히려 그것이 더 정상적으로 느껴질 수 있고 심지어 딱히 스트레스로 인식조차 되지 않을 수 있다. 스트레스 상황이 늘 벌어지는 일로 각인되는 것이다. 사실 최근 들어서는 스트레스의 의미에 대한 변화구가 새로운 이론으로 대두되었다. 새로운 이론이란 스트레스의 일반화된 위험 이론GUTS, generalised unsafety theory of stress이다. 실제 위협이 아니라 안전에 대한 인지를 고려하는 이론이다. 일반화된 위험 혹은 안전 부재란 고독같이 현대인이 영위하는 생활의 많은 측면을 가리킨다. '알로스타틱 부하allostatic load(스트레스로 인한 신체의 마모나 손상-옮긴이)'라는 용어는 '스트레스'라는 단어의 애매모호함을 명확히 규명하기 위해 새로 만든 단어다. 나는 알로스타틱 부하를 일종의 컵이라고 생각했으면 한다. 스트레스 컵이 오랫동안 차올라 넘칠 지경이 되면, 스트레스로 인해 면역이 해를 끼치는 낙수효과가 발생한다. 유념해야 할 중요한 점은 현대인은 모두 스트레스 컵이 차오르도록 다양한 문제를 지녔다는 점이다.

죽이진 않지만 아프게 만드는 것

스테로이드 처방을 받아본 적이 있다면 면역이 심하게 약해지는 결과에 익숙할 것이다. 의사는 분명 면역의 '꺼진' 스위치 때문에 장기적으로 부작용을 겪을 위험을 강조했을 것이다. 마찬가지로 스트레스를 오래 받거나 자주 받을수록 면역세포가 받는 항염증 신호도 많아진다.

급성 스트레스가 만성이 되면 코르티솔은 더 이상 도움이 되지 않는다. 코르티솔은 원래 면역세포에게 중요한 감시 기능을 수행해야 하니 몸속을 돌아다니지 말고 면역 조직 내에 콕 박혀 있으라고 명령하는 물질이다. 시간이 지날수록 면역 소통을 담당하는 사이토카인이 붕괴되고 면역세포들은 감염 메시지가 와도 잘 반응하지 않게 된다. 새로운 면역세포가 생성되는 비율도 낮아지고 남아 있는 것들의 기능도 떨어져 전반적인 면역 하락이 가속화된다. 노화 현상과 매우 비슷한 과정이다(2장에서 논의한 내용대로다). 그뿐만 아니라 중요한 코르티솔 각성 반응(189쪽 참조)도 중요한 기능을 수행하지 못한다. 이렇듯 심각한 탈선은 감염에서 몸을 보호하고 암을 찾아내는 능력을 저하시킬 뿐 아니라 부적절한 반응의 가능성도 높인다. 자가면역과 알레르기의 세계로 들어가게 되는 것이다.

지나친 스트레스는 감염을 일으킨다

심하거나 잦은 스트레스를 받는 동안 면역은 전반적으로 붕괴된다. 그러나 면역은 항바이러스 반응보다 항세균 반응을 보존하는 쪽을 선택한다. 버스에 치이기 직전처럼 목숨이 위험한 상황에 처한다면, 독감에 맞서는 항바이러스 반응보다는 부상당한 상처를 감염시킬 세균에 맞서 싸우는 편이 더 유용하기 때문일 것이다. 원시시대부터 진화한 이러한 반응은 현대인의 스트레스 작용에도 반영되어 있다. 80여 년 전 한스 셀리에가 코르티솔이 면역계에 끼치는 극적인 영향력을 처음 발견했던 당시 실험실 쥐들은 불쾌한 스트레스에 노출되자 근원적인 면역억제 작용을 보였다. (T세포를 발생시키는) 흉선은 망가졌고 종양, 위궤양, 그리고 이들이 받은 스트레스와 직접적 상관관계가 있는 서로 다른 다수의 질환도 빈번해졌다. 그 이후 시험 스트레스를 받는 동안 학생들의 항바이러스 반응을 살폈던 인간 대상 연구도 같은 결과를 발견했다. 이번에는 항바이러스 면역이 손상되면서 감기, 기침, 독감에 취약해졌다. 따라서 병은 벼락치기 공부에 치르는 비용일 수 있다. 감기는 교감 스트레스 반응이 커져 면역이 방해한 결과물인 셈이다.

그러나 문제는 감기와 독감 퇴치에 국한되지 않는다. 헤르페스(포진)과에 속하는 바이러스도 문제다. (구순포진과 생식기 사마귀를 일으키는) 단순포진herpex simplex, (수두를 일으키는) 바리셀라조스터varicella-zoster, 그 외에도 거대세포바이러스와 엡스타인바 바이러스를 비롯한 다른 바이러스들이 여기에 포함된다. 대부분의 사람은 이 바이러스 중 한 개 이상 가지고 있다. 가령 엡스타인바 바이러스는 인구의 95퍼센트를 감염시키는 것으로 여겨진다. 이러한 바이러스도 우리 마이크로바이옴의 일부이며 대부분 문제를 일으키지 않고 수십 년 동안 몸속에 살 수 있다. 이를 잠복기latency라 한다. 그러나 기회주의자들인 바이러스들은 기회만 노리다 '용해기lytic'라는 단계로 변할 수 있다. 갑작스레 발병하여 악화되는 것이다. 그러나 이러한 발병은 무작위로 나타나는 것이 아니다. 바이러스는 면역계가 (가령 스트레스 때문에) 교란될 때까지 기다렸다가, 체내 코르티솔이 상승하면 활동을 시작하는 용해기로 들어갈 신호로 받아들인다. 바이러스는 스트레스를 이용하지만 그 자체로 또한 음흉한 스트레스 요인이기 때문에 시상하부-뇌하수체-부신 축을 자극하여 코르티솔 수치를 더 상승시키고, 코르티솔은 바이러스가 계속 체내에 머물면서 면역을 제압하도록 작용한다. 항바이러스제를 복용한다 해도 스트레스를 해결하지 않는 이상 궁극적으로 해결할 수 없다.

스트레스와 알레르기

스트레스가 알레르기를 직접 일으키는 것 같지는 않지만 일정 역할을 하기는 하는 것 같다. 그리고 스트레스는 알레르기 증상을 악화시킬 수 있다. 1970년대와 1980년대 이후 수많은 연구 보고서에서는 스트레스와 불안의 증가가 알레르기 악화와 병행한다는 점을 밝혔다. 한 연구에 참여한 피험자 중 39퍼센트는 스트레스 증가 기간에 알레르기 증상이 한 차례 이상 악화되었다.[20] 알레르기 증상 악화는 스트레스를 주는 사건이 일어나는 즉시 나타나지 않을 수는 있으나, 일상적인 수준의 스트레스가 증가하고 며칠 후에 발현될 수 있다. 스트레스와 알레르기 사이의 연관성이 명백하지 않을 때가 많다는 뜻이다. 스트레스 상황은 천식으로 인한 입원 가능성을 높이기도 한다.[21] 아동들은 가족 불화 후에 천식이 발병했고[22,23] 임산부의 심리적 스트레스가 알레르기를 프로그래밍하는 요인으로 기능하는 경우가 많아지고 있다.[24]

1장을 떠올려보자. 고도로 구체적인 후천면역반응에는 여러 하위 작용이 있다. 코르티솔은 면역 균형을 Th2(보조T세포의 한 유형) 쪽으로 영리하게 바꾸어놓아 알레르기를 촉진한다.[25] 일부 천식 환자가 글루코코르티코이드 약물에 내성을 보이는 이유가 이것이다. 희소식은 스트레스를 줄이면 면역계가 강화되고 알레르기 관리도 용이해진다는 것이다. 가장 좋은 방법은 알레르기 유발 요인과 계절뿐 아니라, 스트레스 유발 요인을 알아내는 것이다.

스트레스와 자가면역

스트레스는 대개 자가면역의 퍼즐 조각에서 간과되는 요인이지만 사실 이들의 관계는 단순하지 않다. 스트레스는 질병을 일으키는 유발 요인인 동시에 기존의 질병을 악화시키기도 한다. 다발경화증을 예로 들어보자. 신경계를 파괴하는 자가면역질환인 다발경화증은 지난 60년 동안 증가세를 보였고, 특히 여성에게서 증가했다. 1 대 1이었던 여성 대 남성 비율이 3 대 1로 올라간 것이다.[26] 현대 생활에서 여성이 받는 스트레스가 증가한 탓이 일부 있다. 자연 발생적으로 자가면역질환에 걸린 쥐와 닭에게서 코르티솔 계통의 근원적 문제가 드러났다. 모든 면역세포 유형 중 코르티솔에 가장 많이 저항하는 세포는 보조 T17세포Th17다. 이 세포들은 자가면역 조직의 염증을 추진할 때 주요 역할을 수행한다.[27]

스트레스 관련 정신질환을 진단받은 경험이 있다면 자가면역질환의 위험도 커진다. 스트레스가 심해져도 자가면역질환 가능성이 높아지는 듯 보인다. 그러나 직장에서 스트레스를 받는다고 자가면역질환이 생길까 봐 걱정한다면 그런 걱정은 기우다. 스트레스를 받는 것과 정신질환 진단을 받는 것 사이에는 큰 차이가 있기 때문이다. 자가면역질환 위험을 증가시키는 정신질환으로는 외상후스트레스장애PTSD와 중증 트라우마 경험이 있다.[28,29,30,31] 외상후스트레스장애가 있는 사람들은 대개 코르티솔의 작용이 엇나간 탓에 면역 작용이 변화해 건강에 문제가 생긴다. 외상후스트레스장애를 겪었건 말건 스트레스를 줄이는 것을 목표로 하는 심리치료와 인지행동치료는 많은 자가면역질환 개선에 효과가 있는 것으로 밝혀졌다.

아동기의 역경

아동기 스트레스가 면역계를 손상시키고 장기적으로 건강에 영향을 끼친다는 연구 결과가 속속 나오고 있다. 지난 2년 동안, 신체적 · 정서적 학대 같은 아동기 역경ACE이 만성질환에서 수행하는 역할에 대한 논의가 훨씬 늘어났다. 과학자들이 밝힌 바에 따르면, 역경이 지나가고 난 지 한참 후에도 스트레스는 여전히 면역계에 부정적인 영향을 끼치고 있었고 그러한 영향은 성인기까지 이어졌다. 우울증을 겪지 않아도 결과는 마찬가지였다. 아동이 스트레스에 반응하는 방식은 성인과 약간 다르다. 아동이 갑작스러운 역경을 만나거나 만성적인 역경에 처하게 되면 스트레스호르몬이 몸속에서 강력한 변화를 유발하여 화학물질 구조를 바꾸어놓고 이들의 DNA 해독 방식을 바꾸어놓는다. 스트레스 요인은 사실로 해석되며, 결과적으로 아동의 잠재의식은 스트레스에 과하게 예민해진다. 성인이 된 이들의 생활에 스트레스가 없다 해도 상황은 달라지지 않는다. 뇌와 몸은 환경에서 오는 정보를 처리할 때 과거에 위험할 때와 마찬가지로 처리하기 때문에 스트레스 반응은 불균형 상태로 영속화된다. 발달 중인 면역계와 뇌는 환경에서 정보를 받아 처리하는데, 화학물질의 폭격에 대한 아동의 스트레스 반응은 영구적인 '높음' 상태로 재설정된다. 결과적으로 이러한 아동은 성장기에 정신적 · 신체적 건강에 파괴적인 영향을 받을 수 있다. 결국 향후 수십 년 동안 만성염증이 증가하며 자가면역질환의 위험도 가속화된다. 아동기 역경이 네 건 이상인 아동은 전혀 없는 아동에 비해 천식 위험이 두 배 높다. 동일한 자가면역질환에 걸렸어도 아동기 역경이 전혀 없는 사람은 역경을 겪은 사람에 비해 입원할 위험이 적었다. 입원 비율은 아동기 역경이 늘어나는 것과 비례해 늘어났다.

낙수효과

많은 사람들이 스트레스를 제어할 방법을 찾지 못한다. 수치가 높지는 않지만 만성화된 스트레스는 늘 스트레스 반응 태세를 갖춘 면역계 탓에 언제나 더 쉽게 경종이 울릴 수 있는 상태다. 오늘의 스트레스 때문에 내일의 스트레스에 좀 더 취약해진다. 시간이 지날수록 이러한 상태는 몸에 영향을 끼치게 되고 만성 스트레스와 관련된 건강 문제가 생겨난다. 게다가 이러한 결과에는 부정적인 낙수효과까지 있기 때문에 식생활에서 인간관계까지 모든 것을 사정없이 파괴할 수 있다.

직감은 장이 느끼는 감각이다

뇌는 감정을 해석할 때 혼자서 일하지 않는다. 뇌의 신경계는 미주신경을 통해 뇌와 밀접하게 연계되어 있다. 장은 미주신경(250쪽 참조)을 무전기로 활용하여 뇌에게 감정에 관한 정보를 전달한다. '활동전위action potential'라는 전기 충격을 이용하는 것이다.

직감gut feeling은 실재한다. 시상하부-뇌하수체-부신-스트레스 축의 붕괴는 면역을 망가뜨릴 뿐 아니라 3장에서 살펴보았던 미생물총도 아수라장으로 만들어놓는다. 건강하고 편안하고 안전하다는 느낌이 들 때 장내미생물 공동체는 대개 예측 가능한 공생 방식으로 조화롭게 협동하며, 체내 균형에 필요한 모든 대사산물을 생성한다. 반면 스트레스를 받을 때 장내미생물 공동체는 혼란에 빠져 예측 불가능해져 사람마다 다른 방식으로 작용한다.[32] 따라서 심리적 혹은 신체적 고통을 겪지 않을 때의 미생물총 공생 행태가 훨씬 예측하기 쉽고 조화롭다.

과도하게 스트레스를 받는다는 느낌이 들면 건강한 습관을 실행할 확률이 줄어들고, 결국 나쁜 결정을 내리게 되며 집중력도 떨어진다. 모두 건강에 타격을 줄 수 있다. 내 경험상 스트레스는 양질의 수면을 방해한다. 과학의 설명에 따르면 수면장애는 스트레스를 끄는 스위치를 고장 낸다. 잠잘 때 시상하부-뇌하수체-부신 축과 교감신경계는 둔화되어 코르티솔, 에피네프린, 노르에피네프린의 작용을 줄이며,

휴식-소화 부교감신경계가 일을 넘겨받는다. 잠을 제대로 자지 못하면 이러한 반응이 낮에도 이어질 수 있다. 따라서 제대로 자지 못할 경우 생기는 면역 손상 효과의 일부(177~190쪽 참조)는 스트레스 반응이 지속적으로 활성화되기 때문이다. 스트레스를 받을 때 제대로 자지 못하고, 피곤한 채로 깨서 전보다 더 스트레스를 받는 것은 이런 이유에서다. 스트레스 증가와 수면 부족의 악순환이 지속되면 면역력은 더욱 약화된다.

한가해서 병이 난 적이 있는가

네덜란드의 한 연구 단체는 2001년 '휴가병leisure sickness'이라는 신조어를 만들어냈다. 압박을 받는 노동자들이 쉬자마자 병에 걸리는 현상을 기술하기 위해서였다. 소위 '휴가병'의 원인을 규명하기 위한 수많은 가설이 등장했다. 그리고 모든 이론의 공통점은 바로 스트레스였다!

휴일 전에 쌓이는 일의 부담과 휴가 준비 부담은 특히 압박이 높은 일을 하는 사람들에게 심리적 스트레스를 가중시킨다. 휴가 전 스트레스에 시달리는 몇 주 동안 감염에 더 취약해질 수 있지만, 면역계가 코르티솔의 염증 억제 신호를 계속 받아 어떤 증상도 느끼지 못하게 된다. 스트레스로 유발된 면역억제가 해제되는 순간, 다시 말해 휴가가 시작되는 순간, 면역계는 비로소 병의 증상을 드러낸다. 몸속에 살고 있는 병원균들이 항염증 신호가 없어지면서 폭발한 결과다. 요컨대 휴가가 시작되기 전에도 우리 몸은 이미 병에 걸려 있었지만 휴식이 시작되고 나서야 눈치챈 것 뿐이다. 하지만 일상의 변화, 수면 패턴, 시차증, 음식 그리고 평상시보다 늘어난 음주량 또한 기여했을 수 있다. 심지어 비행기 안에서 몇 좌석 떨어진 곳에 감기 환자만 있어도 전염될 확률이 80퍼센트는 된다.

아니면 번아웃을 경험한 적은?

'번아웃burnout'이라는 용어는 1970년대 미국의 심리학자 헤르베르트 프로이덴베르거Herbert Freudenberger가 만든 것으로, 의사와 간호사, 혹은 돌봄노동에 종사하는 이들에게서 나타나는 극도의 스트레스 결과를 기술하는 데 쓰인다. 이들은 남을 돕다가 '에너지가 소진되어' 극도로 지치고 무기력해져 대처조차 할 수 없게 된다. 번아웃 증상은 요즘 한창 미디어의 관심을 받고 있다. 심지어 세계보건기구의 국제질병분류International Class of Diseases는 2019년 번아웃을 직업 관련 증상Occupational Phenomenon으로 지정하기에 이르렀다.[33] 남을 돕는 직업에 종사하는 사람들만의 증상이라거나 사랑하는 사람들을 위해 희생하는 일의 어두운 면으로만 여겨지던 번아웃은 이제 스트레스가 쌓인 전문직 종사자부터 연예인, 과로하는 직장인과 전업주부까지 누구에게나 닥칠 수 있는 것으로 여겨진다. 번아웃이라는 용어는 명확히 정의된 질환이라기보다는 일군의 증상에 적용된다. 나도 번아웃을 경험할 뻔한 적이 있었다. 그 후 남은 질문은 다음과 같다. 인간은 지구상에서 아는 것이 제일 많은 종이다. 그런데 어쩌다 번아웃 상태에 이르렀을까?

번아웃 증상

엄밀히 말해 번아웃은 증상이 아니다. 의료 전문가들도 번아웃이 실제로 무엇인지 의견 합의에 이르지 못했다. 그러나 번아웃을 보여주는 증상은 광범위하다고 간주된다.

- **고갈되고 지친 느낌.** 번아웃을 겪는 사람들은 진이 빠졌다는 느낌, 감정적으로 고갈되었다는 느낌을 받는다. 대처할 능력도 없고 피곤하다. 기분이 처지고 에너지도 없다. 신체적 증상으로는 위나 장의 문제가 있다.
- **(일 관련) 활동으로부터의 고립.** 일은 점점 더 스트레스가 되고 좌절감만 든다. 번아웃을 겪는 이들은 자신의 노동 조건과 동료들에 관해 냉소적으로 바뀌기 시작한다. 이와 동시에 스스로 감정을 느끼지 못하게 되고 일에 관한 감각이 없어진다고 느끼기 시작한다.
- **줄어든 실적과 전문가로서 효능감 저하.** 직장 업무나 가사나 돌봄 노동에서 해야 할 과제들이 직격탄을 맞는다. 번아웃이 된 사람들은 자기 일에 매우 부정적이며 집중하기를 어려워하고 열의도 창의성도 떨어진다.

번아웃 증상은 우울증 증상과 유사하기 때문에 일부 사람들은 번아웃으로 오진을 받는 경우가 있다. 그러므로 성급히 (자가) 진단을 내리지 않도록 유의해야 한다. 성급한 진단은 부적합한 치료로 이어지기 때문이다. 가령, '그저' 일 때문에 지친 사람은 휴일을 연장하고 일을 쉬라는 조언만 따르면 회복할 수 있다. 그러나 우울증이 있는 사람이 이러한 처방을 받으면 상태는 악화된다. 우울증 환자에게 필요한 도움은 전혀 다른 종류다. 핵심은 다음과 같다. 걱정스럽다면 전문가에게 상담할 것.

심신의학

정신 건강은 생각과 감정과 행동 방식에 영향을 끼친다. 그러나 정신 건강은 또한 신체 건강, 몸이 감염에 대처하는 방식, 회복과 수리 방식뿐 아니라 질병에 대한 취약성과 처리 방식에도 영향을 끼친다.

정신 건강의 관리와 정신병 치료는 이제 중대한 시점에 도착했다. 약물 처방에 집중하던 기존 모델은 전 세계적으로 정신 건강의 악화라는 문제에 대처하는 데 큰 성과를 거두지 못했다. 뇌와 면역계를 연계하는 혁신적인 과학은 마음과 몸 사이에 다리를 놓는다. 신체와 정신 건강을 모두 결정하는 인자들은 복잡하지만, 내가 보기에 심신의학의 장래는 밝다. 중요한 인자인 면역계의 역할은 강력하며 신체와 정신 질환을 다른 방식으로 볼 수 있게 해준다. 신체 건강과 정신 건강 사이의 연계는, 면역 유형부터 인성까지 '전체' 자아를 고려할 때만 탐색할 수 있다. 스트레스를 주는 일이나 사건은 피할 수 없는 현실이다. 나는 스트레스를 가하는 삶에서 달아나라거나 생리 기능을 뒷받침해주는 보조제에 기대라고 제안하고 싶지 않다. 그러나 이러한 스트레스가 우리에게 끼치는 영향을 관리하기 위한 조치는 행할 수 있다. 1퍼센트만 변화를 주어도 효과는 커진다. 다음 열거한 생활 방식 지침은 스트레스와 연관된 화학작용의 끊임없는 흐름을 막는 데 도움을 주어 염증을 줄여줄 수 있다. 인생에서 짊어져야 할 짐을 인식하고 스트레스 관리법을 배워서 얻는 보답은 마음의 평화, 그리고 건강하게 오래 사는 삶을 가져올 수 있다.

행복 가이드

삶은 늘 도전을 주기 마련이고 우리는 모두 취약하다. 스트레스는 빠르게 내닫는 현대 생활에 항상 존재하기 때문에 제어하지 않고 방치하면 건강을 위험에 빠뜨릴 수 있다. 스트레스는 조만간 사라지는 만만한 존재가 아니다. 투지와 감사와 연민 같은 자원은 마음과 몸이 가진 강력한 무기다. 이들은 눈에 보이지 않아도 우리가 잘 통제할 수 있는 것들이다. 스트레스에 더 잘 대처하고, 정신 건강 질환을 피하거나 개선하기 위해 할 수 있는 일은 많다. 다행히도 이러한 대책 중 많은 것들은 면역계가 다루기 힘든 염증반응을 유발하지 못하도록 하는 일과 겹친다. 가령 합리적인 생활 습관과 건강 악화 요인을 기억하는 것(지나친 음주 삼가기, 금연, 마약 피하기)이 그러하다. 양질의 수면과 체력 유지 및 증강 또한 중요하다. (기분을 북돋는 운동은 격렬할 필요도 없고 꼭 체육관에서 해야 할 필요도 없다. 그저 10분 정도 적정한 강도로 할 수 있는 운동이면 충분히 기분을 향상시켜줄 수 있다.[34] 30분을 넘어가는 운동이 기분을 더 좋게 만든다는 증거는 거의 없다. 매일 동네 주변을 한참 걷는다고 기분이 좋아지는 건 아니다!) 살아가면서 져야 할 짐에 매몰되지 않도록 조심해야 하고, 건강한 습관을 확립하는 데 중요한 정서적·사회적·환경적 정보를 빠뜨릴 수도 있다는 점 또한 염두에 두어야 한다.

희소식은 스트레스-면역 반사가 스펙트럼상에 존재하기 때문에 긍정적인 피드백 회로로 작용한다는 것이다. 스펙트럼의 한쪽 끝에는 유스트레스, 즉 좋은 스트레스가 있다. 가령 면역 강화를 유발하는 단기간의 스트레스 말이다. 다른 쪽 끝에는 디스트레스, 즉 나쁜 스트레스가 있다. 만성적이거나 장기적인 스트레스인 디스트레스는 면역 기능의 조절을 실패로 돌릴 수 있다. 스트레스와 스트레스의 메커니즘의 역할은 최근 들어서야 연구 대상이 되었기 때문에 스트레스 관리법은 여전히 갱신 중이다. 그러나 자신이 상황에 끌려다니지 않고 상황을 주도하고 있다는 느낌을 갖기 위해 스트레스 반응을 관리하는 방책들이 있다. 지금부터 소개할 방법을 일상생활에 적용함으로써 일과 놀이 사이의 균형점을 찾으면 좋겠다. 스트레스를 퇴치하는 다음 제안들은 상호 보완적이며 이들의 총합은 부분의 합보다 크다. 최대의 이익을 보려면 규칙적으로 실천해야 한다.

궁극적으로, 장기적인 스트레스 관리는 나날이 압력이 증대되는 오늘날 지속적으로 다루어야 하는 문제다. 핵심은 우리가 내버린 것을 되돌려놓는 일이다. 늘 그렇듯 나는 이러한 아이디어들이 만병을 고치고 수명을 100년 더 늘려주는 마법의 탄환이라고는 생각하지 않는다. 물론 의사의 조언에는 늘 주의를 기울여야 하고, 어떤 접근법에도 역효과가 전혀 없다고 생각해서는 안 되며, 자신의 현재 상태나 지금 먹고 있는 약물과 새로운 방안이 상충하지 않는지 확인해야 한다. 그러나 새 방편 또한 우리가 쓸 수 있는 또 다른 수단이다. 그리고 나는 자신을 교육함으로써, 그리고 현대 과학을 활용해 잠재적 이득을 점검함으로써 간단하면서도 시간 및 비용 대비 효과가 좋은 조치를 취할 수 있으며, 이것이 총체적으로 우리 건강에 경이로운 결과를 초래할 수 있다고 굳게 믿는 편이다.

친구에 관한 진실

가족과 친구들로 이루어진 강력한 사회 네트워크를 꾸리는 일은 건강에 큰 도움이 된다. 당연하게 들리겠지만 현대 생활에서 가장 흔히 나오는 괴로움은 고독이다. 연구들은 열 명 중 한 사람은 고독에 시달린다는 것을 꾸준히 밝혀왔고, 정신건강재단Mental Health Foundation의 보고서는 청소년의 고독이 늘고 있다는 점을 시사한다. 어떻게 해야 고독을 멈출 수 있을까?

사회 변화는 고독의 큰 원인이다. 직장과 생활환경뿐 아니라 전반적인 공동체 환경이 급변하고 있다. 가족을 만나고 친구를 사귈 기회는 점점 줄어든다. 오늘날 우리를 이어주는 것은 '가상 환경'이다. 인터넷이 술집이나 카페를 대신해 사회 교류의 장으로 기능하고 있다. 건강에 해악을 끼칠 수 있는 문화적 변화에 어떻게 대처해야 할지 개방적이고 창의적으로 고민할 때가 도래했다.

고독과 싸울 수 있는 쉬운 방법은 없다. 그러나 자신의 상태를 자각하고 선제적으로 행동하는 것이 좋은 출발점이다. 이따금 화면을 벗어나 시선을 위로 향하기, 과도한 책임을 단호히 거절하기, 그리고 '가상이 아닌' 사회 네트워크에 참여하기는 가장 좋은 건강 유지법의 하나일 수 있다. 혹시 지역사회 프로젝트에 참여할 가능성이 있는가? 전에 말을 섞지 않았던 직장 사람들과 대화를 트려고 시도해보았는가? 누군가 길에서 힘들게 애쓰고 있는 것을 보면 도움을 제공하라. 옛 친구에게 문자를 보내는 대신 전화를 걸어보라. 사람들에게 마음속에 품고 있는 열정에 관해 물어보라. 타인들이 말하는 동안 귀를 기울이고 마음을 온전히 쏟아보라. 불만을 제한하라. 당신의 어투는 사람들이 상호작용하는 방식을 결정할 수 있다. 현실 문제나 어려운 문제를 거론조차 하지 말라는 뜻은 아니지만 뇌가 타고난 '부정 편향'이 있다는 점에 유념하라(뇌가 부정 편향이 있다는 것은 불쾌한 소식에 더 민감하도록 설계되어 있다는 뜻이다). 건강한 관계에는 긍정적인 면과 부정적인 면 사이의 균형을 거의 저절로 조절하는 이상적 균형이 존재하는 것 같다.

자기 내면의 방랑자를 격려하라

미주신경vagus nerve(체내에서 가장 긴 신경으로, 방랑자vagabond처럼 여기저기 뻗어 있어 이름이 붙었다)은 자율신경계의 부교감신경 중 가장 긴 신경이다. 미주신경은 본디 신경계의 여왕이다. 휴식-소화 혹은 '이완' 신경이라고도 한다. 미주신경을 '자극'하는 활동을 많이 할수록 교감신경계—투쟁-도피 반응, 다시 말해 '뭔가 해야 해!'라는 반응을 일으켜 스트레스를 방출하는 아드레날린/코르티솔 관련 신경계—의 효과를 쫓아내게 된다.

미주신경은 심장으로 가는 전기 자극을 통해 심박수를 조절하면서 맥박을 늦춘다. 숨을 들이쉴 때마다 심장은 산소를 공급받은 혈액을 신속히 몸 전체로 보낸다. 숨을 내쉬면 심박수가 떨어진다. 누구에게나 미주신경이 있지만 개인차가 있다. 일부 사람들은 미주신경 활동이 더 강력하다. 몸이 스트레스를 받아도 더 빨리 이완될 수 있다는 뜻이다. 심박수의 이러한 가변성을 심박변이도HRV, heart rate variability라 한다. 심박변이도는 미주신경 강도의 지표다. 생리적인 회복탄력성과 유연성의 표식인 심박변이도는 스트레스와 환경 변화에 효과적으로 적응하는 능력을 나타낸다. 미주신경의 강도는 어느 정도는 유전적으로 결정된다. 태어날 때부터 운이 더 좋은 사람이 있는 셈이다. 그러나 미주신경 강도가 낮을 경우에는 트라우마 경험 같은 많은 후천적인 요인들 때문일 수도 있다.

미주신경의 기능 중 하나는 면역계를 재설정해 스트레스 요인이 지나간 후에 염증 스위치를 끄는 것이다. 이러한 신경과 면역 간 연계를 염증 반사inflammatory reflex라고 한다. 즉, 우리의 장기와 혈류에 있는 면역 전문 세포들과 뇌의 전기 회로 간의 직접적인 소통 고리인 셈이다. 미주신경 강도가 약하다는 것은 스트레스 조절 효과가 떨어진다는 뜻일 뿐 아니라 염증이 과도해질 수 있다는 뜻이기도 하다. 약한 미주신경 강도는 일련의 만성 염증성 질환에서 발견되는데, 새로운 연구 결과에 따르면 약한 미주신경 강도는 만성 면역 고삐풀림immune deregulation 치료에 필요한 빠진 고리일 수도 있다.[35] 미주신경 자극은 염증을 상당히 줄일 수 있고 다른 치료에 반응하지 않은 뇌전증 및 우울증 일부를 치료하는 데도 사용할 수 있다. 자가면역질환을 비롯한 많은 염증성질환은 미주신경을 자극하면 관리가 가능하다. 집에서 할 수 있는 방법도 있으니 읽기를 중단하지 마시라.

심박변이도는 건강을 관리하는 새로운 방법이다. 비침습적인 데다, 비싼 측정 장비가 있긴 하지만, 스마트폰이나 가슴에 부착하는 심장 모니터 장치(운동하는 곳에서나 달리기할 때 쓰는 종류의 것)가 있다면 굳이 필요하지 않다. 가장 좋은 것은 아침마다 심박변이도를 체크해 변화를 추적하고 스트레스와 관련한 패턴을 찾아낸 다음 개선책을 찾아 실행하는 일이다. 미주신경 강도가 높은 사람들은 염증 조절이 가능하고 이는 염증성질환을 약화시키기 위한 치료 전략으로 잠재력이 있다. 피험자들에게 자신과 타인에 대한 선의의 감정을 끌어올리는 명상 기법을 가르쳤더니 미주신경 강도가 의미심장하게 상승한 연구가 있다. 자신이 즐기는 일을 하는 것, 그리고 편안하게 해주는 사람들 주변에 있는 것은 이런 이유에서 매우 중요하다. 미주신경 강도를 증가시키는 가장 단순한 감각 관련 방식은 호흡에 변화를 주고 심신치료를 이용하는 것이다. 심신치료는 다음에서 논하겠다.

심신치료

심신치료MBT, mind-body therapy—태극권, 기공 수련, 명상, 요가, 마음챙김 등—에 대한 사람들의 관심이 꾸준히 높아지고 있고, 과학도 마침내 이러한 치료의 이점이 실재한다는 증거를 제공하고 있다. 현대 생활의 과부하에 대면하기 위한 심신치료는 건강을 돌보는 귀중한 도구다. 심신치료는 장기적인 치료를 받는 사람들의 생활 방식을 건강하게 바꾸기 위해 기존의 치료에 통합되고 있기도 하다. 나의 아버지는 국민보건서비스 치료의 일환으로 화학치료를 받는 동안 반사요법을 받으셨다. 반사요법—혹은 다른 보완 요법—이 암을 비롯한 질병을 치료하거나 예방한다는 것을 입증하는 증거는 아직 없다. 그러나 이러한 요법이 긴장을 풀고 스트레스에 대처하며 통증을 완화하고 기분을 개선함으로써 건강한 느낌을 준다는 증거는 일부 있다. 이러한 요법은 심박수와 혈압을 낮추는데, 이때 매개는 대개 미주신경의 활성화다. 건강이 몹시 나쁜 사람들에게 돌봄과 관심을 보여 기분을 좋게 만드는 것만으로도 건강이 좋아질수 있다. 촉감은 우리 몸이 간절히 바라는, 가장 절박한 감각이다. 성적이지 않은 접촉의 이점은 과학적으로 입증되었다. 이러한 접촉은 스트레스를 감소시키고 심박수와 혈압을 낮추며 옥시토신oxytocin 분비를 통해 타인과 연결되어 있다는 느낌을 준다.[36] 촉감은 심지어 (특히 여성의) 체내 코르티솔 수치를 낮추어 감기를 예방해주고, 기존의 증상을 완화하며 악화를 막아주는 것으로 밝혀졌다. 동물과의 접촉에서도 유사한 효과가 발견되었다.[37]

마음챙김 명상

생각과 감정을 재단하지 않고 인식하는 순간 받아들이는 마음챙김mindfullness 명상은 마음과 몸을 모두 차분히 가라앉혀 주는 효과가 있다. 명상을 통해 자신이 초래한 삶에 스스로 위협을 받고 있다는 환상이 줄어들고, 염증도 약화되며 면역력은 강화된다.[38] 마음챙김처럼 단단하고 지속적인 스트레스 관리법은 위험이나 부작용 없이 건강 다이얼을 돌리는 효과적인 매개물일 수 있다. 명상 실천은 쉽지 않다. 내게 어울리지 않는다는 느낌이 들 수도 있고, 명상이란 자기만족을 위한 것이라거나 또 다른 웰빙 열풍이라는 통념, 아니면 신비주의자와 수도자들에게나 어울릴 법한 짓이라는 생각과 씨름해야 할 수도 있다. 그뿐 아니라 현대 생활의 요구를 따르다 보면 매일 명상 시간을 지키기 어렵고 자신이 '제대로 하고 있는지' 확신이 들지 않아 좌절감이 찾아들 수도 있다. 아이러니하지만 나 또한 명상이 꽤 스트레스다! 그러나 다음 몇 가지 요령을 소개한다. 참고가 되기를.

- **명상의 정의를 확대하라**. 때로는 명상의 정의를 넓힐 필요가 있다. 생각을 마비시키는 소음 때문에 자신의 느낌과 지금 하는 일에 집중하지 못한다고, 순간에 머물 수가 없다고 생각해보라. 소음을 줄이고, 끝도 없는 할 일 목록을 챙기는 것도 중단하고, 고요한 순간을 받아들여 자신의 내면에 집중하라.
- **편안해지라**. 꼭 몇 시간씩 요가 바지를 입고 다리를 꼰 채 앉아 있을 필요는 없다. 평소에 좋아하고 자주 가는 장소를 고르라. 그곳이 편안한 공간이다. 앉아도 좋고 누워도 좋다. 편안한 자세로 앉거나 눕고, 필요하면 지지대를 이용하고 옷은 편안하게 입으라.
- **동기를 분명히 하라**. 명상이 삶의 스트레스에 대처하게 해줄 수 있다는 것을 기억하고, 명상이라는 렌즈를 통해 스트레스를 부

정적인 요소가 아니라 내 연장통에 있는 하나의 연장으로 보라.

- **과학기술을 이용하여 나아가는 모습을 추적하라**. 헤드스페이스와 캄닷컴Calm.com 같은 인기 있는 앱으로 시작하면 간단하다. 일단 시작한 다음 적절한 때가 되면 깊이를 더할 수 있는 놀라운 방법은 무수히 많다.
- **생각을 받아들이라**. 명상 중에 이런저런 생각이 떠오르는 것은 정상이다. 경험이 많건 적건 노련하건 아니건 중요하지 않다. 떠오르는 생각을 고요히 주시하고 받아들이는 연습을 하라.
- **생각과 감정을 적으라**. 연구에 따르면 생각과 감정을 써두는 것은 일상의 스트레스를 줄여줄 수 있다. 힘든 기억들이라면 써둠으로써 장악력을 감소시킬 수 있다. 긍정적인 기억 역시 써두면 감정이 커진다. 노트를 펼치라!
- **반복하라, 그리고 책임을 피하지 말라**. 기억하라. 중요한 것은 실천에 얽매이는 것이 아니다. 하지만 일단 시작한 다음 가장 중요한 다음 단계는 반복이다. 반복, 반복, 또 반복함으로써 작은 변화를 꾸준히 도모하라.

자기성찰과 마음챙김의 소소한 실천은 통근하는 동안 팟캐스트를 듣지 않는 실천 정도로 가능한 간단한 일이다. 마음챙김은 경험과 기분을 결정하는 것이 태도와 감정이라는 것을 가르쳐준다.

호흡

호흡은 오랫동안 정신 기능과 밀접하게 연관된 것으로 관찰되어왔다. 흥분하면 호흡이 어떻게 바뀌는지 눈치챌 수 있다. 반대로 호흡을 자발적으로 늦추거나 조절하는 것은 명상 실천의 많은 측면과 비슷하다. 특히 호흡은 간단하면서도 교감신경의 투쟁-도피 반응을 차단하는 데 효과가 좋다. 그리고 엄청나게 실용적이다. 명상이 힘든 우리 같은 사람들에게는 일종의 명상이다.

효과적인 미주신경 전략에 관해서라면, 어떤 유형이건 깊고 느리게 횡경막(복식) 호흡을 하는 것—배꼽 바로 위에 있는 폐 아랫부분을 풍선이라고 생각하고 공기로 채운 다음 천천히 숨을 내뱉는다—은 미주신경을 자극한다. 어떤 복식호흡이건 자신에게 잘 맞는다고 느껴지는 스타일로 하면 된다. 들숨보다 날숨을 길게 하면 부교감신경계가 활성화되고 심박변이도가 개선된다. 가령 여섯을 세면서 숨을 들이쉬고 내쉬기를 하면서 내쉴 때 더 천천히 길게 하는 쪽으로 연습하라.

깊게 심호흡하는 연습법은 다양하고 많지만 박스 호흡box breathing은 특히 도움이 될 만하다. 박스 호흡은 네 가지 간단한 단계를 사용하며 (이름대로) 네 개의 똑같은 면이 있는 상자를 상상하면서 연습한다. 박스 호흡법은 다양한 상황에서 실행할 수 있고 꼭 조용한 환경이 아니어도 효과를 볼 수 있다. 기억할 점. 규칙적으로 실천하되 나아지는지 살피기 위해 심박변이도를 추적하라.

- **1단계**: 4까지 세면서 코로 숨을 들이쉰다.

- 2단계: 4까지 세면서 숨을 참는다.
- 3단계: 4까지 세면서 숨을 내쉰다.
- 4단계: 4까지 세면서 숨을 참는다.
- 반복: 1~4단계를 되풀이한다.

각 단계를 얼마나 오래 할 것인가는 자신의 필요에 맞추어 조정하면 된다(가령 단계마다 4초가 소요되건 2초가 소요되건 상관없다). 처음 시작할 때는 전체 과정에 3분 정도 걸리도록 시도해보라. 일정량 이상의 연습이 쌓여야 효과가 나타나기 때문에 꾸준히 하면 면역력에 긍정적인 영향을 끼칠 수 있다.[39]

삼림욕과 녹색갈증: '가드너스' 하이

여러분이 어떤지는 잘 모르지만, 나는 늘 자연 체험—바다의 소리, 숲의 내음, 인상적인 시골 풍경 등—이 스트레스와 근심을 줄여주고 긴장을 풀어줄 뿐 아니라 명확한 생각을 하는 데 큰 도움이 된다고 느낀다.

인간에게 자연과 접촉해야 할 생리적 필요성이 깊다는 관념을 '녹색갈증(바이오필리아)'이라고 한다. 바이오필리아는 그리스어로 '생명과 생명계에 대한 애정'이라는 뜻이다. 현대인은 건물이 가득 들어찬 도시에 수백만 명이 모여 살고 있지만 원래 인간은 태어날 때부터 자연에 애착을 느끼게 되어 있다는 사실이 밝혀지고 있다. 유럽 최초의 병원들은 수도원 공동체 내에 있었고 수도원의 정원 체험은 치유 과정의 필수 요소로 여겨졌다.

자연에 노출되면 스트레스를 낮추고, 교감신경과 부교감신경의 균형을 다시 맞추게 된다. 1980년대 초 일본에서는 **삼림욕**(문자 그대로 '삼림으로 목욕하기'라는 뜻)이 등장했다. 건강을 위해 숲이 우거진 땅으로 나가라고 촉구했다. 매일 몇 시간만 숲속을 걸어도 코르티솔 수치가 떨어지고 면역세포 기능이 개선된다. 자연은 특히 우리의 자연살해세포(바이러스와 싸우는 주요 세포이자 암 감시 체계-33쪽 참조)를 강하게 만드는 것으로 보인다. 초목에서 나오는 피톤치드라는 방향 물질—기본적으로 시골이나 숲에 있을 때 맡을 수 있는 향기다—은 놀라운 건강상의 이점을 전해준다. 아마 비타민D 수치를 높이기 위해 우리를 바깥으로 유인해야 할 진화적 필요도 있었을 것이다. 녹색 공간에서 시간을 더 많이 보내면 만성질환의 위험이 상당히 낮아진다. 심지어 병실에 풍광을 볼 수 있는 창문만 있어도 치유 효과가 높아지고 진통제의 필요가 줄어들며 수술 이후의 회복 속도도 빨라진다.[40,41]

일부 국가에서는 이러한 과학적 발견을 바탕으로 자연을 경험할 수 있도록 돕는 공중보건정책을 마련하고 있다. 치유를 위한 정원과 지역사회 텃밭, 주말농장 등이 도시 공간에 속속 등장하고 있다. 자연환경을 배경으로 운동하는 '녹색 운동'이 실내 운동보다 기분을 끌어올려준다는 보고도 있다. 스코틀랜드의 국민보험서비스는 2019년 산책과 들새 관찰을 위한 녹색 처방 계획을 시작했다. 건강에서 자연환경이 차지하는 역할이 중요하다는 인식이 높아지면서 자연 친화적인 설계가 직장의 업무 계획에도 통합되고 있다.

누구나 바라는 '면역 증강'의 마법은 스크린을 보는 시간을 줄이고 대신 나무를 보면서 지내는 시간을 늘리는 데 있다. 스트레스를 줄이고 면역 균형을 돕기 위해 밖으로 나갈 수 없다면 나무 향이 나는 피톤치드 오일을 뿌리는 건 어떨까? 내가 가장 좋아하는 향은 세이크리드 마운틴Sacred Mountain, 소나무, 사이프러스 나무, 아이다호 발삼전나무, 팔로산토palo santo(유창목의 일종-옮긴이)다.

면역계를 이완하기 위한 파블로프 조건반사 의식

파블로프의 실험 이야기를 들어본 적이 있을 것이다. 이 실험에서 개는 음식과 관련된 신호를 보거나 듣자마자 침을 흘린다. 신호가 나오면 음식이 나온다는 것을 학습했기 때문이다. 파블로프의 '조건반사'가 효력을 내는 이유는 연상 작용의 힘이다. 인간은 개가 아니다. 하지만 이론의 함의만큼은 타당하며 건강, 특히 현대인의 면역계에 꽤 적용할 만하다.[42] 우리의 몸은 과거에 반응했던 것을 보거나 생각할 때마다 다시 반응한다. 면역의 경우 한 번 위험을 감지해 유발된 염증은 조건반사 반응을 하며 염증을 악화시키고 통증을 유발한다. '학습된 면역반응'을 담당하는 생리작용의 수수께끼가 완전히 밝혀진 것은 아니지만 이는 어떤 면에서 위약효과와 연관이 있을 수 있다. 어쨌건 이러한 작용을 자신에게 유리한 쪽으로 활용하면 된다.

면역은 스트레스에 엄청나게 부정적인 영향을 받을 수 있다. 해결책은 긴장을 이완하기 위한 새로운 연상을 만들어 기존의 조건반사식 연상을 깨는 것이다. 스트레스를 퇴치하고 생활의 깨진 균형을 다시 찾는 스트레스 해소용 의식을 만드는 셈이다. 이러한 의식은 단계가 많을수록, 여러 감각이 개입되어 있을수록 도움이 된다. 가령 편안한 음악을 들으면서 산책을 하거나 이완을 돕는 특정 향을 이용하여 매일 목욕이나 샤워하기, 부드러운 파자마를 입고 가장 좋아하는 허브차를 마시면서 위안이 되는 음악을 들으며 안정감을 주는 오일 뿌리기 등의 활동이 다단계, 다감각 의식의 사례다. 이러한 연상을 만들어 아침이나 저녁에 활용하고, 거기다 부교감신경을 활성화하는 호흡과 명상(253~257쪽 참조)을 결합하면 몸이 하루의 시간을 상세하게 그리는 데 도움이 된다. 다음 날 벌어질 일을 머릿속에서 미리 그려보거나 계획을 세우거나 아니면 저녁 시간에 그저 긴장을 풀 수 있다는 뜻이다. 이러한 의식이 일상생활 곳곳에 침투해 있는 스트레스 과부하의 흐름을 중단시키는 데 유용한 도구가 되고 있다. 이 사실이 무엇보다 중요하다. 알레르기를 치료할 때 임상에서 쓰는 방법이기도 하다.[43]

호르메시스 습관

스트레스 관리를 학습하는 일은 중요하지만 스트레스를 활용하여 자신을 강하게 만드는 것 역시 못지않게 중요하다.

호르메시스hormesis라는 긍정적인 종류의 스트레스가 있다. 일상생활에서 회복탄력성과 힘을 키워주는 종류의 스트레스다. 자신의 몸을 좀 더 밀어붙였는데 회복탄력성이 커지는 반응이 나올 때 호르메시스가 작동한다고 보면 된다. 스트레스 요인의 용량은 크면 독성이 있지만 작은 양의 스트레스 요인에 대한 노출은 세포 내부의 스트레스 저항 분자 작용이 활성화되는 결과를 초래한다. 이러한 반응을 초래하는 스트레스는 앞에서 살펴본 바대로 유스트레스라고 한다. 유스트레스는 '교차적응cross-adaptation'을 초래한다. 한 가지 형태의 '좋은' 스트레스가 다른 스트레스를 위해 몸을 적응시키고, 이를 통해 다른 해로운 스트레스에 저항하는 회복탄력성이 커지는 현상을 말한다.[44] 운동은 호르메시스의 전형적인 사례다. 근육섬유를 손상시키면 나중에 근육이 더 강해지는 식이다. 물론 다른 호르메시스도 있다. 몸에 스트레스를 주어 회복탄력성을 증강시키는 가장 효과적인 방법의 하나는 극도의 고온이나 저온에 몸을 노출하는 것이다.

내 몸을 죽이지 않는 것은 면역에 이로울 수 있다. 유념할 점은 새로운 건강 습관을 도입할 때마다 시간과 일관성이 필요하다는 것이다. 새로운 습관을 하루만 중단해보라. 시작 전으로 돌아가기는 정말 쉽다는 사실을 알게 된다.

저온 스트레스

저온은 몸에 좋은 쪽으로 스트레스를 준다. 추운 겨울날 코트 없이 불쑥 밖에 나가본 적이 있다면 몸이 재빨리 반응한다는 사실을 알 것이다. 몸이 덜덜 떨리기 시작하고 손가락과 발가락은 시퍼렇게 변한다. 한랭요법cryotherapy은 치료를 목적으로 아주 낮은 온도에 몸을 노출하는 방법이다. 호르메시스 스트레스에 속한다. 서로 다른 많은 문화권에서 수백 년 동안 사용되어온 요법이지만(빅토리아시대 때는 타박상에서 히스테리까지 온갖 종류의 통증에 냉수욕을 자주 처방했다) 특히 최근 몇 년 동안 인기를 끌고 있다. 그렇다면 저온이 쾌적한 느낌을 주는 이유는 무엇일까?

적정 정도의 저온 노출은 다른 스트레스에 교차적응을 하도록 북돋아줄 수 있는 호르메시스 스트레스로 작용한다. 익숙하지 않은 양의 찬물에 몸을 담근다고 바로 장점이 느껴지지는 않는다. 그러나 반복해서 찬 온도에 몸을 노출시키는 경우 몸이 찬 온도에 적응하게 되어, 교감신경 활동은 감소하는 반면 부교감신경 활동이 증가해 미주신경을 향상시킨다. 스트레스 반응이 없어지지는 않지만 감소한다. 스포츠과학 연구에서는 저온 스트레스에 대한 교차적응의 증거가 나타난다. 실험 결과 적응 프로그램을 거친 사람들은 대조군 참가자들보다 저온 운동 성적이 더 좋았고 회복도 더 잘되었다.[45,46]

저온이 면역에 이롭다는 증거가 많아지고 있다. 물론 아직 충분치는 않다. 한랭요법은 염증반응을 재설정하여 기존의 염증을 줄이는 데 도움을 준다. 연구들은 한랭요법이 항염증 사이토카인의 존재를 늘릴 뿐 아니라, 염증 유발성pro-inflammatory 사이토카인도 줄인다는 것을 밝혀냈다.[47,48] 저온 노출 후 20분만 지나면 스트레스 신경전달물질(아드레날린)이 200~300퍼센트 상승하여, 염증반응의 추진자로 알려진 염증성 사이토카인이 억제되고, 관절염 같은 만성 면역매개질환에 동반되는 통증이 줄어든다.[49,50,51] 다수의 연구들은 한랭요법이 류머티즘성 관절염 환자들의 통증을 완화하고 관절 가동성을 향상시켰다는 것을 입증했다. 이 효과는 최대 3개월간 지속되었다.[52,53,54] 꾸준한 저온 충격은 면역세포의 숫자를 늘릴 수 있다. 특히 세포독성 T세포cytotoxic

T-cell의 숫자가 증가한다. 이 세포는 암세포와 바이러스에 감염된 세포를 살해하는 세포다. 찬물 노출은 림프관을 수축시켜, 림프계가 림프액을 몸 전체로 내보내고 폐기물은 제거하도록 시킨다. 규칙적으로 찬물 샤워를 하는 사람들은 면역력 증강 덕에 병가를 내는 비율이 30퍼센트는 더 적었다.[55]

이러한 요법으로 이득을 볼 수 있는 염증 관련 질환이 상당히 많다. 바다 수영을 만성질환 치료법으로 적용하려는 시도도 이루어지고 있다. 저온은 또한 체내의 항산화제를 향상시켜 산화스트레스 및 과도한 염증과 싸우게 돕는다. 저온은 뇌에도 좋아서 혈중 베타 엔도르핀(기분을 좋게 만드는 신경호르몬) 분비를 북돋는다. 뇌는 신체감각에 100퍼센트 집중하며, '리셋' 버튼을 누른 것 같은 느낌을 받는다. 한랭요법은 수면의 양과 질을 개선하는 데도 도움이 된다. 결국 양질의 수면은 치유와 회복을 돕고 인지기능을 최적화하며 정신상태의 균형을 유지하는 데도 도움이 된다.[56] 중요한 것은 눈에 띄는 부작용도 없고 중독성까지 있는데 심지어 무료라는 점이다!

한랭요법은 찬물 샤워부터 사우나의 냉탕, 최첨단 극저온 용기 이용까지 아무것이나 좋다. 몇 가지 방법을 소개한다.

- **찬물 샤워로 시작하라.** 샤워를 끝낼 때마다 물을 가장 차게 틀어놓고 그 아래 약 20초간 서 있어라. 견딜 수 있을 만큼 오래 있고 시간을 천천히 늘려가라. 길고 스트레스 많은 하루 끝, 낮에서 밤으로 이행할 때 마음 상태를 돌려놓는 데 탁월한 효과를

발휘한다.

- **얼음 목욕으로 업그레이드하라.** 얼음 목욕은 찬물 샤워의 다음 단계다. 사우나의 냉탕을 이용하거나 욕조에 얼음을 넣어 얼마나 오래 견딜 수 있는지 알아보라. 목표치는 2분이 바람직하다.
- **전신 크라이오테라피WBC, Whole Body Cryotherapy를 하라.** 극저온 용기를 통해 극도의 저온에 짧게 노출되는 방법이다. 극저온 용기는 액체질소로 냉각한 공기로 가득 차 있는, 사람이 들어갈 정도 크기의 통이다. 극저온 노출은 영하 130도까지 떨어지는 온도에서 2~3분 버티는 등의 방식으로 다양하게 할 수 있다. 규칙적인 한랭요법은 통증 완화, 염증 감소, 회복 촉진을 포함하여 광범위한 이점이 있다.[57]
- **물가 근처에 살고 있는 경우, 일주일에 한 번씩 물에 뛰어들라!** 자연에 나와 있는 이점도 있는 데다가 습관적으로 바다 수영을 하는 경우 감기에 걸릴 확률이 40퍼센트 줄어든다.

열 충격

열passive heat로 몸에 스트레스를 주는 것—온열요법thermotherapy—은 운동에 의해 생기는 열과 달리 수천 년 동안 세계 많은 지역에서 다양한 형태로 이용되어왔다. 많은 문화권에서는 더운 목욕의 장점을 깊이 신뢰하지만 건조한 고열 상태를 유지하는 사우나야말로 가장 전통적인 형태의 온열요법이다. 핀란드인들이 애용하는 사우나는 재미도 있고 긴장 완화도 제공하는 공간으로, 이제 다른 나라에서도 인기를 끌고 있다.

잦은 사우나는 심장발작이나 뇌졸중의 위험을 줄여줄 수 있고 혈압을 낮추어준다.[58,59] 최근 들어서야 과학은 사우나의 온열요법이 건강에 어떻게 도움이 되는지 이해하기 시작했다. 많은 장점이 저온의 스트레스 분쇄 효과와 겹치지만 온열의 고유 효과도 있다.[60] 냉기와 마찬가지로 열 또한 스트레스 반응 시스템의 기능을 증강시켜 선순환 창출을 도우며, 몸이 스트레스에 대처하여 스스로 균형을 잡도록 해준다. 열충격단백질HSP을 유도하는 방법을 쓰는 것이다. 열충격단백질이란 신체의 모든 세포가 스트레스에 대응하여 만드는 분자로서, 우리 몸의 귀중한 세포계를 보호하고 수리하며, 따라서 장수에 중요하다고 여겨진다. 열충격단백질은 T세포 조절의 강력한 유도자이며[61,62] 그 자체로 항염증성이 있다.[63] 따라서 사우나는 염증성질환의 증상을 개선하며, 류머티즘성 관절염과 다른 만성질환에서 발견되는 만성염증으로 인한 통증을 완화해준다.[64]

규칙적인 사우나는 글루타티온 같은 항산화제의 생성을 부추겨 산화스트레스를 줄이는 데도 좋다.[65] 특히 규칙적으로 사우나를 이용하는 사람들은 혈중 만성염증 수치가 낮다.[66] 사우나 이용은 통증 및 염증과 싸워줄 뿐 아니라 감염에 대한 면역을 강화해주고 건강과 힘을 제공한다. 이를 통해 애초에 병에 걸리지 않도록 저항력 자체를 높여줄 뿐 아니라, 병이 들어도 효과적으로 싸우게 해준다. 기침, 감기, 천식, 폐렴 같은 호흡기감염 위험을 감소시키는 사우나의 효능이 밝혀졌다.[67] 나는 폐렴에 걸렸을 때 거의 매일 사우나를 찾았다. 병의 증상이 완화되는 곳이 거기뿐이었기 때문이다. 또한 사우나가 기분을 좋게 만드는 엔도르핀을 내뿜는 동시에 엔도르핀에 더 민감하게 만들어준다는 사실도 밝혀졌다.[68] 궁극적으로 사우나는 기분을 더 좋게 해주며 좋아진 기분을 유지하게 도와준다. 사우나가 쉽지 않다면 정기적으로 뜨거운 목욕을 시도하라. 사우나와 똑같은 효과를 낼 정도는 아니지만 편안함이 찾아들고 긴장이 풀리는 느낌은 받을 수 있다. 많은 사람들은 사우나에 일정 시간 있다가 찬물이나 추운 곳으로 바로 뛰어들어 효능을 증폭시킨다. 이것이 과학적으로 시너지효과를 내는 행위라는 증거도 일부 있다.

※ 참고: 누구든 건강에 문제가 있다면 온열요법이나 한랭요법을 시도하기 전에 의사와 의논해야 한다.

6장

면역을 위한 운동법

'건물이나 물건(혹은 사람)의 형태는

원래 의도된 기능이나 목적에 바탕을 두어야 한다.'

루이스 헨리 설리번Luis Henry Sullivan

건축가

운동은 우리가 몸을 위해 할 수 있는 최상의 활동 중 하나다. 운동은 양질의 생활 습관을 세우는 초석이자 (고맙게도) 건강에 필수적인 요소로 간주된다. 운동으로 단련된 몸이 보기 좋은 것은 물론이다. 전 세계 인구조사에서 밝혀진 건강상의 이점도 많다. 그러나 운동은 체중 감량, 근육 증가, 혈압과 콜레스테롤 개선 등의 장점뿐 아니라 면역에도 우리가 아직 잘 모르는 심오한 영향을 미친다. 운동은 중요한 방식으로 면역을 지원한다.

운동의 유익은 감염을 줄이고 회복을 개선하는 일부터 원치 않는 염증을 줄이고 면역을 강화하는 기능에 이르기까지 다양하다.[1] 그러나 장점은 거기서 끝나지 않는다. 운동은 아이들이 물려받은 귀중한 후성 변화도 유도한다.[2,3]

그렇다 해도 운동과 면역 간의 관계는 복잡하다. 운동은 양날의 검이다. 그래서 이를 면역-운동 역설이라 한다. '건강에 좋은' 정도의 운동이 '지나친' 정도로 바뀌어 역효과를 낼 때가 있기 때문이다. 이 경우 면역을 개선하려면 운동을 **줄여야** 한다. 현대 생활의 속도전에서 우리는 운동선수 못지않게 면역을 챙겨야 한다. 그래서 나는 러프버러 대학교Loughborough University의 스포츠, 운동 및 건강과학 대학 명예교수인 마이클 글리슨Michael Gleeson과 함께 팀을 꾸려 운동과 면역 간의 좋은 관계, 나쁜 관계, 그리고 추한 관계에 관해 연구했다. 이제 그 내용을 이야기하겠다.

운동: 보기 좋자고 하는 것은 아니다

많은 사람이 운동을 체중 관리를 위한 수단으로 여긴다. 지방을 줄이고 근육을 늘리는 것이 매주 운동하러 가는 일상에서 바라는 결과라는 뜻이다. 사회적 규범에 맞는 체격을 얻기 위해 터벅터벅 걷는다고나 할까. 그러나 내 주장은 다르다. 운동은 2장에서 소개했던 장기 레이스의 중요한 요소다. 건강한 체질량은 강한 면역의 기초이며 앞에서도 이야기했듯 건강하게 장수하는 길이다.

체중 감량과 상관없이, 몸을 움직이면 앉아서만 생활하는 방식 때문에 쌓인 건강에 나쁜 변화 일부를 개선하고 심지어 되돌릴 수 있으며, 특정 만성질환의 증상이 완화된다.[4,5] 운동은 건강에 기적을 행하지만 한 가지 중요한 이점은 면역계를 통해 이루어진다. 어떤 사람들은 콧물 한 번 흘리지 않고 감기와 독감의 계절을 수월하게 넘긴다. 이들의 비결은 무엇일까? 아픈 날수를 줄이는 생활 습관을 살펴보면 몸을 움직이는 것이야말로 가장 중요하다는 것을 알 수 있다. 적정량의 유산소운동—걷기나 자전거 타기나 달리기를 하루에 약 30~45분씩 하는 것—은 감기나 독감, 다른 겨울 질환에 걸릴 위험을 절반 이상 줄여준다.[6] 자연살해세포 같은 일부 세포, 즉 바이러스 감염과 암 감시를 담당하는 세포들(33쪽 참조)은 운동을 한 번만 해도 직후에 열 배 증가한다.[7] 백신접종 전에 단 몇 분만 운동을 해도 보호 효과가 향상된

다.[8,9,10,11]

일반적으로 적정 수준의 유산소운동을 규칙적으로 하는 사람은 더 오래 더 건강하게 살 확률이 높다. 규칙적은 운동은 유전 층위에서 면역에 영향을 끼치기 시작하며, 감염과 싸우고 염증을 통제하기 위해 어떤 유전자의 스위치를 켤지 결정한다. 러닝 머신에서 적정 강도로 걷기만 해도 항염증 효과가 있다. 활동적인 생활이 건강수명을 연장시키는 핵심적인 사례의 하나다. 활동적인 생활은 만성, 저강도 염증을 피할 수 있게 해줄 뿐 아니라 노화 관련 질환이나 만성 비전염성질환도 피할 수 있게 해준다. 간단히 말해 신체 활동은 우리가 가진 최상의 항염증 전략이며, 사소한 부작용이 있다 해도 약물로 흉내 낼 수 없는 효과가 있다. 규칙적이고 활발한 활동은 생존에 꼭 필요했을 테니 운동의 이점은 진화적 관점으로 보아도 합리적이다. 인간은 움직이도록 설계되어 있다. 면역세포는 전형적인 현대식 생활 방식으로는 더 이상 충족시킬 수 없는 움직임이 절실하다. 지난 수천 년 동안 인간의 몸은 크게 변하지 않은 반면 생활 방식은 크게 변했다. 움직임의 빈도도 양도 지나치게 적다. 사실 운동은 현대 생활에서는 선택의 영역이지 필수적인 영역조차 아니다. 운동뿐만 아니라 자세도 마찬가지다. 우리가 서고 앉는 자세는 몸의 구조와 생리작용을 변화시켜 면역에 보이지 않는 영향을 끼친다.

운동을 규칙적으로 해야 하는 다른 이유가 필요하다면 다음 사실을 생각해보자. 운동은 장내미생물의 구조를 긍정적으로 바꾸어놓는다. 실험 결과에 따르면 운동을 규칙적으로 한 지 6주가 지난 피험자의 미생물총에 변화가 생겼다. 면역을 강화해주는 짧은사슬지방산을 생성하는 미생물이 더 많아진 것이다. 그러나 6주 뒤 원래의 비활동적인 생활 습관으로 돌아가자 미생물총 구조도 다시 이전으로 돌아갔다. 핵심은 **일관성**이다.

운동은 고유하고 복잡하며 다양한 방식으로 면역력을 강화시키고 매일매일 균형을 유지함으로써 건강을 지킨다. 평생 움직이는 생활을 유지한다면 이익은 커진다.

운동과 면역

움직임이 적건 놀이로 움직이건 고강도의 운동을 하건 각각의 움직임은 면역에 근원적이고도 즉각적인 영향을 끼친다. 그리고 이 즉각적인 반응은 백혈구의 작용과 개별 면역세포의 건강에도 영향을 준다.

운동하는 첫 단계에서는 심박수가 올라가고 혈액이 격렬하게 돌면서 백혈구가 대규모로 모여 있던 조직에서 빠져나와 혈류로 들어간다. 그러나 운동이 끝나고 몇 시간 이내에 백혈구가 급격히 감소해 혈중 백혈구가 사라진 것처럼 **보인다**. 격렬하게 운동한 뒤 최대 3일 동안은 운동 전에 비해 낮은 수치로 떨어지는 것이다.[12] 이 때문에 수십 년 동안 연구자들은 격렬한 장거리 달리기나 다른 격렬한 운동은 다수의 면역세포를 죽이고 소위 감염의 '창문을 열어준다'고 확신했다. 기회주의자 세균들이 방해 없이 잠입할 수 있는 시간을 준다는 것이다. 마침 마라톤과 울트라마라톤 선수들은 일반인들보다 질병 발생을 더 많이 보고했다. 그러나 최근 들어 수정된 연구 결과에서는 운동선수들이 질병을 스스로 보고하는 일에 서툴다는 것이 밝혀졌고, 더 정교한 측정치를 이용한 결과 격렬한 운동 후의 위험이 평균보다 높지 않다는 사실이 알려졌다. 운동 후 여러 시간 동안 혈중 백혈구, 즉 면역세포가 감소한 것은 이 세포들이 사라졌다거나 파괴되었다는 뜻이 아니다. 첨단기술 추적으로 밝혀낸 바에 따르면 면역세포들은 그저 다른 곳으로 이동한 것뿐이다. 이들은 격렬한 운동 후 장이나 폐처럼 여분의 면역적 도움이 필요하리라 예상되는 부위로 이주한 것이다(폐의 경우 운동하는 동안 호흡이 더 빠르고 깊어져 감염성 있는 물질을 흡입할 가능성이 높아지기 때문이다). 또한 일부 면역세포들은 골수로 흘러들어 가 그 곳에서 특수 줄기세포들을 자극하여 이들이 신선하고 새로운 면역세포를 만들도록 부추긴다. 따라서 운동 후 몇 시간 동안 혈중에 면역세포가 줄어드는 것은 면역억제 작용의 결과가 아니다. 오히려 운동으로 준비된 면역세포는 몸의 다른 부위에서 감염을 찾아 열심히 일하는 조직으로 옮겨 가 근육을 회복시킨다.

동시에 운동은 우리 몸에 신호를 보내 새로운 백혈구를 만들도록 한다. 감염과 싸우는 면역세포뿐 아니라 조절T세포(보병을 정렬시키는 마스터 조절자)도 만들게 하는 것이다. 몸의 다른 부분처럼 면역세포도 늙는다. 이 늙은 '좀비'세포들(2장에서 만난 바 있다)은 운동으로 막을 수 있다.[13] 이것만으로도 운동이 건강과 면역 균형을 위한 기본적 수단이라는 사실을 알 수 있다. 낡은 것은 퇴출시키고 새로운 것은 들여오는 운동 습관은 백혈구를 항상 젊고 생기 있게 유지하면서 전체 면역계를 강화한다.

근육은 면역을 위한 최고의 친구다

근육과 지방은 둘 다 그 자체로 면역조직이다. 면역을 강화하는 운동의 이점을 온전히 이해하려면 근육과 지방이 면역학적으로 작용하는 복잡한 방식을 살펴보아야 한다. 근육과 지방은 다양한 면역세포의 집이 되어줄 뿐 아니라, 자체 면역 분자들을 생성한다. 아디포카인 adipokine(지방)과 마이오카인myokine(근육)이다.

2장에서 보았듯이 복부 같은 신체 특정 부위에 지방조직이 지나치게 많으면 저강도의 염증이 생길 수 있다. 원하지 않는 종류의 염증이다. 건강에 나쁠 정도의 체중이라면 운동을 통한 체중 감량이 식단만으로 감량하는 것보다 저강도 염증을 줄이는 데 효과적이다.[14] 그러나 사람들이 싫어하는 이 체지방도 지나치게 적으면 또 문제가 된다. 체지방은 중요한 면역기억세포의 저장고이기 때문이다.

근육의 면역은 훨씬 더 복잡하다. 염증이 나쁜 것이라는 평판을 얻고 있긴 하지만, 염증은 몸이 기능하기 위해서 필요하며 바람직한 효과도 많다. 운동선수들과 코치들은 운동이 염증을 **유발한**다는 점, 그리고 운동이 유발한 염증이 도움이 된다는 점을 오래전부터 알았다. 훈련은 근육섬유에 손상을 입혀 근육조직에 상당량의 염증을 일으킨다. 이 염증 신호는 근육의 회복과 성장을 시작하게 만든다. 어떤 형식이건 신체의 움직임을 통해 근육을 힘들게 만들면 유리기free radical라고 불리는 활성산소류ROS가 형성된다. 이러한 염증성 신호들은 인터류킨-6IL-6와 협력하여 운동 유발성 근육 손상EIMD을 일으킨다. 문제가 되는 저강도 만성염증과 달리 이 근육 염증성 반응은 운동하는 동안과 운동한 직후에 발생하며, 신체가 어려움에 적응할 수 있는 귀중한 방편이다. 이러한 적응은 다량의 특정 면역계 소통 분자, 즉 인터류킨-6라는 것이 근육세포에서 방출될 때 이루어진다.

인터류킨-6는 염증 유발 신호이자 항염증 신호 둘 다로 작용한다. 혼란스럽게 들리겠지만 신호의 성질은 인터류킨-6가 얼마나 많이 그리고 지방과 근육 중 어디서 오느냐에 달려 있다. 움직이지 않는 사람들의 높은 인터류킨-6는 나쁜 소식이다. 만성염증의 지표이기 때문이다. 그러나 운동할 때 나오는 인터류킨-6는 염증 유발성이지만 강력한 스위치로서 면역조절을 자극한다. 이는 원치 않는 염증을 모두 제거하는 데 도움이 될 뿐 아니라 염증이 나타나는 문턱을 적정 수준으로 확실히 유지해준다. 지나치게 쉽게 염증이 일어나지 않도록 우연히 발생하는 부수적 피해를 최소화한다.[15] 따라서 집중적으로 격렬히 길게 운동할수록 인터류킨-6가 더 많아진다. 여기에는 다른 이점도 있다. 운동은 위성세포—근육 전구물질—를 활성화해 활동 근육을 강화하고 회복시킨다. 인터류킨-6는 지방과 근육 사이의 '대화'에서 중요한 역할을 수행한다. 운동이 비만, 그리고 비만과 관련된 제2형 당뇨병 같은 합병증을 포함한 대사성질환을 치료하는 최상의 천연 치료제인 이유를 알 수 있는 대목이다.

근육을 움직여라: 최고의 노화 방지 치료제

30세가 넘은 독자들에게 슬픈 소식이 하나 있다. 여러분은 이미 근육을 잃기 시작했을 확률이 높다. 근육은 손실되면 되돌리기 어렵다. 더 악화될 뿐이다. 중년이 되면 근육의 질량과 강도를 매년 1~2퍼센트씩 잃기 시작하며, 그로 인해 정상 활동을 수행하기 점점 더 어려워진다. 80세 이상 노인의 최대 절반은 팔과 다리가 젊었을 때에 비해 더 가늘다. 1988년, 터프츠 대학교Tufts University의 어윈 로젠버그Irwin Rosenbert 교수는 '사코페니아sarcopenia(근육감소증)'라는 신조어를 만들어냈다. 그리스어의 부족을 나타내는 'penia'와 살을 나타내는 'sarx'를 조합해 만든 '사코페니아'는 노화로 인해 근육이 감소하는 현상을 기술하기 위한 용어다.

근육감소증은 활동 부족에서 오지만, 줄어든 근육이 활동 부족을 더 악화시켜 그 자체로 근육 손실을 촉진한다. 이런 현상은 어느 나이대에서나 일어날 수 있다. 낙상 위험 증가, 독립성 손실, 심지어 때 이른 사망으로 이어지는 악순환이 촉발될 수 있다. 2장에서 살핀 대로 면역력은 나이가 들면서 자연히 감소한다. 흉선 퇴화(면역을 담당하는 T세포를 생산하는 흉선의 수축)는 20대 때 면역력을 약화하는 빠른 길로 들어서게 만들며 동시에 느리게 타오르는 만성염증 경향은 시간이 가면서 증가한다. 또한 감염과 염증성질환의 위험도 늘어난다.

몸을 움직여라. 운동은 근육 손실과 면역력 약화, 이 둘과 한꺼번에 맞서 싸울 수 있는 가장 효과적인 방안이다. 면역이 근육 강화를 도울 때 근육을 움직이면 면역 또한 활성화된다. 최근의 한 프로젝트는

55세에서 79세까지의 자전거 타는 남녀 125명을 조사했다. 성인기 대부분의 시간 동안 높은 강도로 자전거를 타온 사람들이었다. 운동하지 않은 노인들과 주로 앉아서 지내는 20대 젊은이들의 면역계를 활동적으로 자전거를 탄 노인들의 면역계와 비교해보았더니 운동을 했던 노인들의 면역력이 나머지를 멀찌감치 밀어냈다.[16] 왜 그랬을까?

근육을 활동적으로 유지하면 인터류킨-7IL-7이라는 호르몬이 혈액 속으로 방출된다. 이는 흉선 수축을 막는 데 도움을 주어 신선한 T세포를 지속적으로 생성할 수 있다. 물론 이것은 늘 규칙적으로 움직이던 노인 참가자들을 대상으로 한 연구이고, 대부분의 사람들은 나이가 들수록 움직임이 줄어든다. 한 연구에 따르면 65세 이상의 사람들에게 가장 큰 '장애물', 다시 말해 운동을 방해하는 요인은 운동이 삶의 질을 개선하고 수명을 늘릴 수 있다는 것을 믿지 못하는 의심, '난 너무 늦었어' 같은 핑계라고 한다.[17] 그러나 이 연구에 따르면 나이 들어 운동을 시작하는 성인들도 수명이 연장되며 질병 위험도 감소한다. 더 나이 든 몸도 훈련시키면 신속하게 큰 차이를 만들어낼 수 있다.

운동을 하면 나이가 들어서도 면역력이 향상될 뿐 아니라 낙상과 부상을 막는 데 도움이 되는 균형감각, 힘, 걸음걸이, 그리고 근육의 힘 또한 강화된다. 혈압과 골밀도도 크게 좋아진다. 근육감소증을 초래하는 것은 노화만이 아니다. 건강한 기준치보다 높은 체중과 활동하지 않는 생활 습관은 이중의 위험을 초래해 나이에 상관없이 근육 퇴화를 일으킬 수 있다. 이를 근감소성 비만sarcopenic obesity이라 한다. 근감소성 비만은 전체 대사에도 연쇄반응을 일으킬 수 있다.

가장 좋은 운동 스타일

신체 활동의 정의는 사람마다 다르다. 분명 인간은 운동이 아니라 그냥 움직임이 필요하다. 누군가 일주일에 30분 미만으로 움직인다면 그는 '신체 비활동' 상태에 있는 것이다. 신체 비활동은 앉아 있는 것과는 다르다. 하루 중 오랜 시간을 앉아 있다면 비록 '신체 활동' 기준은 충족한다 하더라도 건강에는 나쁘다. 따라서 온종일 책상 앞에 앉아 있다 저녁나절에 운동 수업에 참여함으로써 앉아만 있던 생활을 보상하는 것은 별로 바람직한 방법이 아니다. 유산소운동에서 무산소운동, 근력강화운동과 지구력 운동까지 강도와 소요시간이 다른 다양한 종류의 운동이 있다. 면역에 가장 좋은 운동은 무엇일까?

넓게 말해서 우리 몸이 최상으로 작용하려면 두 가지 유형의 움직임이 필요하다. 유산소운동과 무산소운동이다. 유산소운동은 '산소가 필요하다'는 뜻이다. 대체로 걷기나 수영처럼 가벼운 활동에서 너무 무겁지 않은 강도의 활동으로 오랫동안 할 수 있는 운동이면 유산소운동이다. 무산소운동은 실제로 부적절한 명칭이다. 몇 초 이상 지속된다면 어떤 형태의 운동도 100퍼센트 무산소운동은 아니기 때문이다. 그러나 대체로 무산소운동의 정의는 최대한의 힘을 써서 순간적으로 빠른 에너지를 폭발시키는 데서 비롯되는 '젖산 유발' 운동이다. 근력강화운동이나 저항력 훈련, 혹은 단거리 전력 질주 같은 것이 무산소운동에 해당한다. 유산소운동과 무산소운동 둘 다 면역계의 세포와 분자에 상당히 긍정적 영향을 발휘한다. 무산소운동은 면역세포 기능에 미치는 영향은 적지만 백혈구 수를 늘린다.

그렇다면 각 유형의 운동을 어느 정도 해야 할까? 영국 정부가 18세에서 65세에 이르는 국민에게 권고하는 운동량은 최소한 일주일에 적정 수준의 유산소운동 150분을 두 차례의 근력강화운동과 병행하라는 것이다. 그러나 일주일에 한 시간 그냥 걷는 것만으로도 장기적으로는 건강 개선 효과가 있는 것으로 밝혀졌다.[18] 따라서 현재 별로 움직이지 않고 있다면 가장 좋은 시작은 걷기다. 더 규칙적으로 움직이는 사람들은 특정 유형의 움직임에만 매달리는 경향이 있다. 그러나 음식을 한 가지만 먹지 않듯 굳이 한 가지 운동만 할 이유는 없다. 운동 면역학의 현 데이터는 유산소운동과 무산소운동을 정기적으로 병행하면 면역력 개선 효과가 증대된다는 점을 암시한다. 고강도 간헐적 운동HITT, High-intensity interval training(다양한 운동을 짧고 격렬히 한 후 휴식하는 방식을 되풀이하는 운동 방법-옮긴이)은 최근 이루어지는 유산소 운동 중 가장 인기를 끌고 있는 방법이다. 주로 소요시간이 짧고 시간 대비 효과가 좋은 운동이기 때문이다. 고강도 간헐적 운동은 운동 후 여러 시간 동안 대사율을 증가시키는 인상적인 효과를 보일 수 있다. 같은 시간 대비 기존의 다른 운동보다 더 많은 열량을 연소시키는 것이다. 아직 이 운동이 면역에 끼치는 이로운 영향력은 제대로 연구된 바 없다. 하지만 고강도 간헐적 운동은 시간 대비 효율성뿐 아니라 강도가 낮은 다른 유산소운동에 비해 고유한 장점이 있다. 면역세포들이 이들의 에너지 생산 배터리인 미토콘드리아mitochondria를 돌보도록 북돋는다는 점이다. 면역세포가 미토콘드리아를 잘 가동시켜 노화 과정을 물리도록 활성화시키는 효율적인 방법이다.[19] 고강도 간헐적 운동을 실행하는 젊은 지원자들은 미토콘드리아 기능이 49퍼센트 증가했다. 훨씬 더 인상적인 점은 나이가 든 지원자군은 69퍼센트 증가를 보였다는 것이다. 역기를 드는 것(혹은 어떤 종류든 저항력 훈련)은 운동 요법에서 매우 중요하다. 특히 노화가 진행될수록 더욱 그러하다. 이러한 운동은 건강한 뼈와 관절에 중요한 기능적 이점이 있을 뿐 아니라 나이가 들면서 급격히 줄어드는 근육량을 늘리는 데도 꼭 필요하다. 사실 나이가 적건 많건, 건강하건 아니면 류머티즘성 관절염 같은 만성 염증성 질환을 앓고 있건 근육은 면역의 평생 가는 제일 좋은 친구다(297쪽 참조).[20]

운동을 시작하기에 너무 늦은 게 아닐까?

운동은 이제 마법 같은 기적의 약이 되어가고, 신체 활동은 아직 간과되고는 있지만 그래도 건강을 증진시킬 가능성이 큰 위험 감소 요인이자, 지속적인 염증과 늘어나는 염증성질환의 흐름을 막을 보호책이다. 따라서 과거보다 덜 움직이는 국민들이 더 걱정스럽다. 왜 공중보건 메시지와 가이드라인이 있는데도 '지식과 실천' 사이의 괴리가 커지고 있을까?

지난 20세기 예기치 못한 일이 발생했다. 인류가 몸을 움직이지 않게 된 것이다. 활동하지 않는 생활은 새로운 흡연이 되었다. 많은 사람들이 오래전에 담배를 끊었지만 책상 의자를 내다 버리는 사치를 누리는 사람이 얼마나 될까? 한 연구에 의하면 대부분의 성인은 하루 15시간을 앉아 있다. 하루 24시간 중 수면 시간이 8시간이라면 몸을 움직이는 시간은 한 시간에 불과한 셈이다. 현대의 생활환경은 이제 더 이상 강력하고 유연하며 균형 잡힌 신체를 자연스레 만들어주지 못한다. 어긋난 현대 세계에서는 움직이는 방식에 특별히 주의를 기울여야 한다.

중년에 접어든 많은 사람이 흔히 느끼는 공포는 이미 때를 놓쳐 열매를 거두기에는 너무 늦은 게 아닌가 하는 점이다. 맞다. 운동을 시작하기 가장 좋은 시절은 20년 전이었다. 그러나 시작하기 좋은 두 번째 시기는 바로 지금이다. 일생을 운동해온 50대 집단과 50대가 되어서야 운동을 시작한 집단을 비교한 결과 두 집단 모두 똑같은 수준까지 효과를 볼 수 있다는 점이 드러났다.[21] 그러니까 누구든 운동 효과를 볼 수 있다. 시작하기에 너무 늦은 때란 없다.

움직이지 않는 생활 습관과 건강 악화의 관계는 계속 진행 중인 연구 주제로서 미디어도 상당한 관심을 기울이고 있다. 앉아 있는 것이 건강에 나쁜 이유는 주로 앉아 있을 때 운동하지 않기 때문일까? 아니면 앉아 있는 것 그 자체로 부정적 영향을 몸에 끼치는 것일까? 그렇다면 그러한 결과는 어쨌거나 운동의 긍정적 효과를 바꾸어놓거나 심지어 제압할 수도 있는 것일까? 최근의 소규모 연구들을 보면 걱정스럽다. 하루의 대부분을 앉아서 보낸다면 그 자체로 건강에 나쁠 뿐 아니라 운동의 효과를 떨어뜨리는 방식으로 몸을 바꾸어놓음으로써 운동이 일반적으로 지니는 장점들을 누리지 못하게 만든다는 것을 시사하기 때문이다. 다시 말해 너무 오래 앉아 있으면 기대했던 운동 효과 중 일부를 잃을 수 있다. 그러나 그런 이유로 운동을 시작하지 말아야 하는 것은 아니다. 운동은 장기적 건강과 안녕의 측면에서 논란의 여지가 없으니까.

운동을 위한 지침

앞에서 말했듯 영국 정부는 현재 일주일에 적정 수준의 유산소운동 최소 150분과 두 차례 정도의 근력강화운동을 권하고 있다(참고로, 현대 탄자니아의 수렵채집 부족인 하드자Hadza 부족은 하루에 활발한 신체 활동을 대략 135분씩 한다). 하지만 영국인 가운데 정부의 권고 기준을 지키는 사람은 3분의 1 정도뿐이다.[22] 그러나 활동 기준을 충족시키는 사람들도 여전히 앉아서 생활하기는 마찬가지다. 모니터를 앞에 두고 의자에 푹 파묻혀 있거나 차에 앉아 보내는 시간이 대부분이다.

신체 활동을 방해하는 최고의 장애물은 시간과 에너지와 동기다. 현대인들은 전보다 일하는 시간이 길어지고 노동강도가 세지면서 시간과 에너지와 동기가 부족해졌다. 그러나 직시해야 할 사실은 움직이지 않으면 미래가 어둡다는 점이다. 앞에서 말한 대로 중요한 것은 사무실 일과를 마치고 격렬한 운동을 하러 가기보다는 '그저 움직이는 것'이다. 하루. 종일. 내내. 특정 목적을 위해 운동하는 것이 아니라 그저 필요하기 때문에 움직이는 것. 어떻게 해야 그렇게 할 수 있을까?

신체 활동을 할 기회는 주변에 얼마든지 있다. 일상적인 활동(엘리

베이터 대신 계단을 이용하는 것처럼)부터 통근(버스를 타는 대신 역까지 걸어가기), (공원처럼) 외부 공간을 이용하거나 짧은 마라톤(파크런park run)에 참가하는 것도 좋다. 관건은 상상력이다. 아예 극단적으로 최근의 웰빙 열풍에 끼어들어도 좋다. 집을 '야생 상태'로 되돌려 '가구를 없애는' 것이다. (그렇다, 그것도 좋다. 이론적으로 의자가 없으면 쭈그리고 앉았다 일어서는 일을 여러 차례 할 수밖에 없을 테니까. 우리 조상들이 하던 대로 말이다. 그러니 노년까지 유연한 허리를 유지할 수는 있겠다.) 그러나 가구를 없애는 것이 벅차다면 움직임이 우선순위가 되도록 하루를 꾸려 일 년 내내 면역력을 강화하면 된다.

나는 자격증이 있는 운동 강사로서, 움직이는 것을 좋아하고 대체로 온갖 형태의 운동을 즐긴다. 하지만 쌍둥이를 기르며 일하는 엄마로서 운동을 하러 가거나 수업을 할 시간이 거의 없다. 바쁜 스케줄에 맞서 계속 움직이며 고군분투하는 것은 좌절스럽다. 결국 나는 관점을 바꾸어 더 똑똑하게 움직이는 방법을 찾아냈다. 식단을 다양하게 꾸리듯 운동 패턴도 다양화하도록 노력하는 중이다. 움직여서 건강하다는 느낌을 갖는 데 엄청난 다양성이 필요한 건 아니다. 그저 일관성과 양질의 운동이면 된다. 여기 몇 가지 아이디어가 있다. (단 내 계획이나 최신 트렌드를 꼭 따라야 한다는 생각은 마시기를. 유념하시라. 핵심은 많이 움직이는 생활로 이행하는 것이다.)

- **기술을 이용하라.** 테크놀로지는 우리 삶에 큰 안락함과 편리함을 주었지만 대가도 크다. 하지만 과학기술은 우리를 움직이는 쪽

으로 살짝 밀어줄 수도 있다. 넛지 효과다. 서서 쓰는 책상, 러닝머신 책상, 애플 워치, 핏빗Fitbit, 각종 운동 앱app 등. 내가 얼마나 앉아 있었는지 일깨워줄 앱은 일상생활에 움직임을 늘리도록 동기를 부여해줄 수 있다.

- **생각을 바꾸라.** 헬스장에서 한 시간씩 격렬하게 운동해야 할 필요는 없다. 머리를 굴려 더 움직일 방안을 찾아보라. 소셜미디어를 하며 막간 휴식을 취하는 시간이 있다면 그 시간을 좀 더 움직일 신호로 이용하라. 집안일을 하는 게 겁나는가? 그것을 의미 있는 움직임으로 생각하라. 무엇보다 생산적이며, 모두 공짜다!
- **중요한 건 일관성이다.** 계획을 세우고, 짜임새 있게 움직일 여유를 만들라. 하루 내내 말이다. 매주 같은 시간에 헬스장에 갈 수 없을지 모르지만, 움직임을 우선시하는 일관성은 지킬 것을 목표로 삼으라.
- **헬스장에 가지 않아도 좋다.** 체중을 이용해 저항력 훈련을 하고 집에서 할 수 있는 빠르고 쉬운 운동을 인터넷으로 찾아 시작하라.
- **음악을 들으라.** 연구에 따르면 움직이는 동안 음악을 듣는 것은 실행력을 향상시키고 동기를 유발하며 딴생각을 줄여준다.
- **더 걷고 더 서 있으라.** 연구에 따르면, 하루 대부분의 시간을 앉아 있는 것은—설사 운동을 하는 편이라 해도—건강과 면역 악화의 위험을 늘린다. 서서 일하는 책상을 사용해보라. 직장까지 자전거를 타고 가는 것도 좋다.

- **출퇴근 시간이 시작이다.** 멀리 주차하고 한 정거장 정도는 걷거나 계단을 이용하라.
- **걸으면서 대화하라.** 친구나 동료를 만날 때 걸으면서 근황을 이야기하면 어떨까? 다음 회의는 단지 주변을 돌면서 하면 어떨까? 대화를 하면서 경치를 즐기는 것은 영감을 높여줄 수 있다.
- **자연으로 나가라.** 밖으로 나가 움직이라. 산책이건, 수업이건, 아이들이랑 공원에서 놀건 상관없다. 밖에 나가 자연의 공기를 들이마시는 것은 여러분의 미생물총에 영양을 공급해주는 일이며 이는 우리의 면역을 강화해주는 자원을 공급한다.
- **형식보다 기능이 중요하다.** 운동하기 위해 사는 것은 아니다. 하지만 운동을 질 높은 삶을 유지하거나 개선하는 것, 그리고 장수하도록 돕는 방편으로 보도록 노력하라. 기능적 움직임은 우리 몸을 매일의 과제에 맞도록 대비시켜준다. 최상의 기능적 결과를 최대로 내기 위해 올바른 자세로 움직이라.

자신의 림프를 아껴라

움직임이 면역 강화에 주는 가장 중요한 이점 중 하나는 림프계에 있다. 림프계는 오랫동안 주목도 이해도 별로 받지 못했다. 림프계는 면역의 순환계인데, 몸 전체로 뻗어 있는 관과 조직의 거대한 망이다. 연골과 손톱과 머리카락을 제외하고 우리 몸 전체는 유미chyle라는 림프액에 잠겨 있다. 이 맑은 액체(몸에는 약 15리터가 있다. 참고로 혈액은 대략 5리터다)는 우리 몸의 거의 모든 구석구석과 구멍에 침투해 있으며, 면역세포와 호르몬과 단백질 중 많은 것을 운반하고 심지어 뇌액과 척수액과도 섞인다.

림프관은 오래전부터 이란성쌍둥이인 혈액 순환계에 비해 제대로 된 대접을 받지 못했다. 림프계와 혈관계는 기능적 · 구조적 · 해부학적 유사성이 많지만 림프계의 고유한 특징도 있다. 혈관계가 심장이 혈액을 적극적으로 순환시켜 우리 조직에 산소를 공급하는 폐쇄된 체계라면, 림프계는 유연하게 열린 체계다. 이 네트워크를 관통하는 움직임은 매일의 리드미컬한 근력운동에 의해 관장되며 유미의 순환을 추진한다. 신체 활동은 근육을 수축시켜 림프액이 몸 전체로 돌아다니도록 강제한다. 면역계가 제대로 작동하려면 림프계—면역의 거대 통로—에 끊임없는 흐름이 있어야 한다. 건강과 웰빙의 기초는 림프계에서 시작되는 셈이다.

림프계는 생명을 지키는 안전 요원

림프계가 없다면 건강도 없다. 이 거대한 네트워크의 목적은 오랫동안 의료계에 의해 오해를 받아왔고 그 역할도 대부분 잘못 해석되어왔다. 사실 온라인에서 림프계에 관한 정보를 찾아보면 대부분이 '임파선염'과 '암'을 가리키는 정보뿐이고 질병을 치유하고 예방하는 림프계의 기능에 대한 정보는 극소수다. 그러므로 면역 건강에서 림프계가 수행하는 핵심 기능의 일부부터 면밀하게 살펴보자.

면역감시

우리 몸 전체를 관통하는 거대한 수송망인 림프계는 면역계의 순환고속도로일 뿐 아니라 면역의 가장 중요한 역할 중 하나를 충실히 수행한다. 바로 감시다.

백혈구는 림프계를 통해 몸의 구석구석을 순찰하면서 감염, 암의 징후 혹은 적절치 않은 모든 것을 찾는다. 림프계는 면역 소통을 위한 통로인 동시에 몸 전체에 정보를 전달하고, 림프샘이라는 활동 중추에 면역세포들을 집합시킨다. 피부 표면 가까운 곳에 있는 일부 림프샘은 실제로 만져지기도 한다. 턱 아래쪽, 목 양쪽, 겨드랑이, 다리가 몸통과 만나는 지점이다. 편도염에 걸려본 적이 있다면 이례적으로 커진 림프샘을 느꼈을 것이다. 몸을 감시하는 것은 면역세포의 일상에서 아주 중요한 과제다. 림프계가 붐벼서 흐름이 둔화되면 중요한 면역감시에 부정적인 영향을 끼치고, 방어 기능 또한 위태로워질 수 있다.

식이 지방과 지용성비타민 수송

우리의 장은 림프관으로 가득하며 림프관은 음식을 통해 섭취한 지방과 지용성비타민의 진입점이다. 림프관은 지방과 지용성비타민을 소화관에서 몸의 모든 구석구석까지 운반한다. 림프계가 흐르지 않으면 에너지가 떨어지는 게 느껴지고, 비타민A, D, K 같은 지용성비타민의 수송이 제대로 이루어지지 않는다.

해독 작용

림프계는 가정의 배수구와 같다. 매일 몸에서 나오는 폐기물을 거르는 데 아주 중요하다. 이 폐기물은 혈액으로 들어가기에는 너무 큰, 살충제와 오염물질에서 나오는 독성 부산물이다. 림프계는 폐기물을 잡아서 복잡한 일련의 과정을 거쳐 이들을 분해하고 간을 통해 몸 밖으로 내보내는 작용을 조율한다. 세포 내부와 주변의 폐기물은 때 이른 노화의 가능성을 키우고 건강 악화의 단초를 마련한다. 세포와 장기는 이들이 헤엄치는 주변 환경에 따라 건강하거나 병든다. 따라서 림프계는 하루 24시간 열심히 일하며, 몸의 내부를 깨끗하고 활기 있게 유지하려고 늘 노력을 기울인다.

몸 전체의 체액 균형 유지

수분 유지가 중요하다는 것은 누구나 안다. 혈액이 영양분과 산소를 몸 전체로 운반할 때 체액은 조직 속으로 퍼져 들어간다. 림프계의 주요 기능 하나는 이 체액을 모아서 다시 혈관계로 돌려보내 몸 전체의 체액 균형을 유지하는 것이다. 림프부종은 이 체액이 팔다리 같은 몸의 특정 부위에 쌓일 때 생긴다. 시간이 지나면서 림프부종이 계속되면 그 부위의 기능에 영향을 끼치는 합병증이 생긴다. 염증, 섬유증(일종의 흉터) 그리고 지방조직의 축적이다.

※ 참고: 림프부종은 특정 유전 소인 때문이거나(일차성 림프부종) 수술이나 특정 감염, 그리고 신체 활동 부족 등 다양한 생활 방식 요인

때문에 생길 수 있다.

림프계의 고장

림프계는 근본적인 장점이 많지만 이용당할 가능성도 있다. 암세포는 종양 가까이 있는 작은 림프관으로 진입해 근처의 림프샘으로 들어간다. 여기서 암세포는 파괴될 수 있지만 일부는 살아남아 자라서 림프샘 하나 이상에 종양을 만든다. 림프 전이는 종양이 퍼지기 위해 쓰는 교활한 술책이다.

앞에서 본 바대로, 림프계는 면역계의 고속도로이며 면역계는 너무도 광대하고 역동적이기 때문에 변화에 특히 취약하다. 림프계는 매일의 흐름과 기능이 방해를 받을 때 문제가 생길 수 있다. 염증의 해로운 화학 폭풍은 림프계 네트워크의 팽창을 유발해 기능을 떨어뜨린다. 그러면 림프계가 염증 부위에 지방조직을 쌓게 된다. 가령 '지방축적fat wrapping'이 그러하다. 장에 염증이 있을 때 짜증스러운 복부 지방이 쌓이는 이치다. 이렇게 림프계의 누수가 확장되면 배수구 노릇을 제대로 하지 못해 건강을 악화시키고 감염의 위험을 높인다. 지방조직의 축적과 염증성 면역세포의 침투는 장기적 염증을 진행시켜 여러 만성질환을 촉발한다.

림프계는 스트레스에 취약하다. 그 방식도 독특하다. 스트레스호르몬인 코르티솔 급증에 만성적으로 노출된 림프조직은 죽는다. 염분 불균형과 소화불량, 장내미생물의 원활치 못한 작용은 모두 영양분 소화와 흡수를 긴밀하게 지원하는 림프계에 영향을 끼친다.

림프계를 아끼는 생활 습관

림프계가 고장 나는 최악의 원인은 움직이지 않는 습관이다. 림프계의 배수 작용이 효과적이라면 어떤 질환이나 상태도 개선할 수 있다. 이러한 림프계에 양분을 제공하는 것은 바로 움직임이다.

- **움직이라**. 나로 말하자면, 림프계에 대해 더 많이 알게 되면서 모든 사람들이 림프계를 사랑하는 움직임을 가능한 한 많이 하도록 독려하는 흥미도 커졌다. 하지만 얼마나 많은 움직임이면 충분할까? 우선 알아야 할 점은, 너무 오랫동안 앉아 있는 것은 사망 위험을 증가시킨다는 사실이다. 운동을 한다 해도 마찬가지다. 따라서 매일 가능한 한 많은 시간을 움직이면서 보내야 한다. 최소 20~30분의 유산소운동이면 산화질소 수치를 올리는 데 충분하며 이는 림프계 흐름을 증가시키는 데도 좋다. 특히 코로 숨을 쉴 경우에 그러하다. 작은 움직임들도 보탬이 된다. 만보계를 착용해본 사람이라면 건강에 좋은 발걸음의 숫자(연구는 어디서건 하루 7500보 이상이라고 한다)는 하루 종일 몸을 움직이기만 해도 달성할 수 있다는 것을 잘 안다. 그리고 뜻밖의 희소식, 느리건 빠르건, 젊건 늙었건, 과체중이건 아니건 모든 인간은 걷기 위해 태어났다. 걷기 하나면 충분하다!
- **수영하라**. 물은 림프관에 이로운 압력을 더 보태준다. 따라서 할 수 있다면 수영을 하라(찬물에서 하는 수영이 더 좋다).
- **폼롤러 마사지를 하라**. 단단한 튜브같이 생긴 폼롤러로 마사지를

하면 된다. 폼롤러 또는 다른 형태의 셀프마사지(마사지볼이나 테니스공을 몸의 뭉친 부위 위로 굴리는 것 등)는 근육으로 가는 혈액의 흐름을 증가시키고 림프액을 움직여서 몸이 노폐물을 제거하도록 돕는다. 또한 경직과 부상을 유발할 수 있는 조직 유착을 깨는 데도 도움이 된다.

- **깊이 심호흡하라**. 심장이 순환계의 펌프이듯이 횡격막은 림프계의 펌프질을 도울 수 있다. 깊은 횡격막 호흡은 림프계 기능의 가장 중요한 촉진제다. 부드러운 스트레칭과 함께하는 깊은 심호흡은 하루 끝의 스트레스를 관리하고 긴장을 푸는 효과적인 방법이다.
- **점핑 운동을 하라**. 림프액은 관성력에 매우 잘 반응한다. 소형 트램펄린이 유용한 이유다. 부드럽게 위아래로 튀듯 움직이면 림프액의 흐름이 원활해진다. 점핑 운동이 초래한 중력 작용은 일방통행식 림프관 밸브가 열고 닫히게 만들어 림프액과 면역세포가 몸 전체를 돌아다닐 수 있게 한다.
- **마른 피부를 마사지하라(일명 바디 브러싱effleurage)**. 마른 피부를 브러시로 마사지하면 피부의 구멍에서 각질세포가 자연스레 제거되고, 칙칙하고 건조하며 울혈된 피부를 만드는 기름기와 때와 잔여물도 깨끗이 없어진다. 솔로 부드럽게 압력을 가해 피부를 문질러주면 림프의 흐름을 자극하는 데 도움이 되어 부드럽게 몸의 독소를 빼낼 수 있다. 바디 브러싱을 옹호하는 사람들은 피부로 가는 혈류가 개선되어 셀룰라이트를 줄여주는 효과도 있

다고 주장한다. 바디 브러싱을 하려면 빳빳한 털이 달린 특수 브러시가 필요하다. 발에서 시작해 위쪽으로 길고 부드럽게 어루만지듯 자극을 주되 팔다리를 솔질할 때는 항상 몸의 중심을 향한다. 다리와 팔을 먼저 솔질한 다음 배와 등허리에도 부드럽게 실시할 것.

- **림프 마사지를 하라**. 림프 마사지 방법은 다양하지만 대체로 전문 마사지사가 림프액이 물리적으로 흘러나갈 수 있도록 마사지한다. 이것은 정말 눈에 보이는 과학적 결과를 산출한다. 보통 림프 배출법이라고 하는데 원래 림프부종lymphoedema(288쪽 참조)을 치료하기 위해 개발된 방법이다. 최근의 한 연구는 림프 배출 마사지와 운동을 결합하면 수술 후에 막힌 림프계 관련 질환을 치료하는 효과가 있다는 것을 보여주었다. 림프 흐름을 증가시켜 림프계가 효과적으로 기능하게 한다는 것을 과학적으로 입증한 유일한 형태의 마사지인 셈이다.[23] 마사지는 또한 염증을 줄이고 부상의 회복을 촉진시킨다. 그뿐 아니라 긴장을 풀어주고 경직과 통증을 감소시키며 주관적인 스트레스 해소 작용까지 한다.[24]
- **온열요법과 한랭요법을 번갈아 이용하라**. 림프관들은 찬 온도에 노출되면 수축하고 열에 노출되면 팽창한다. 겨울에 바다로 뛰어들어 갈 수 없거나 사우나에 갈 수 없다면, 집에서 더운물 샤워와 찬물 샤워를 번갈아 해보자. 집에서 림프계에 영양을 공급할 수 있는 편리한 방법이다.

- **몸 안의 수분을 유지하라.** 림프계는 수분이 모자라면 두꺼워져 기동성이 떨어진다. 그러므로 목이 마를 때마다 물을 마시고 목이 마르지 않아도 마셔라.
- **잘 먹자.** 채소—녹색 잎채소와 비트—에는 질산염이 함유되어 있다. 질산염은 체내에서 산화질소로 변해 림프의 흐름을 조절한다. 과일을 포함한 식물성식품, 초콜릿(다크초콜릿이 좋다)에 든 카카오와 레드와인 또한 폴리페놀과 다른 화합물을 제공해 주어 산화질소 생성을 촉진한다. 견과류, 콩, 씨앗류, 칠면조, 해산물과 유제품 같은 고단백 식품은 아르기닌, 즉 산화질소를 만들 때 세포가 사용하는 아미노산을 공급한다.

관절가동범위 증강법

관절가동범위ROM, Range of Motion는 관절을 온전하게 움직이는 능력이다. 가동성은 대개 유연성과 연관이 되지만 유연성이 근육이 수동적 상태일 때 늘어날 수 있는 능력인 데 비해 가동성은 몸이 전체 운동 범위에서 자유롭게 움직이는 능력이다. 근육과 힘줄, 관절과 다른 요소들이 원활하게 통증 없이 능동적으로 함께 움직여야 한다. 가동성이 중요하다는 것을 모르는 사람은 없다. 발가락을 손으로 만지기 어렵거나 바닥에서 앉아 있다 일어서는 일이 힘들거나 물건에 손을 뻗으려고 할 때 어깨가 마음대로 움직이지 않는다면, 그대로 둘 경우 증상이 더 악화될 수 있다. 하지만 많은 사람이 가동성을 당연시한다. 그러다 노화,

나쁜 습관, 혹은 부상으로 인해 가동성이 떨어져 일상에 차질을 빚고, 때로 수술까지 받게 되어서야 그 중요성을 깨닫게 된다. 운동선수들조차 그러한데, 올바르면서도 온전한 범위의 기능적 움직임을 우선시하는 사람은 극히 드물 것이다.

그러나 가동성이 떨어지는 문제가 제한적인 움직임을 훨씬 넘어서는지 여부는 분명치 않다. 림프계에 문제가 생기면 가동성의 범위를 제한할 수 있고 가동성의 범위가 제한되면 림프계에 문제가 생길 수 있다. 이 경우 근육의 불균형과 경직이 생겨 부상과 통증의 위험이 높아지고 일상생활에서 움직임이 힘들어진다. 특히 나이가 들면 어려움이 가중된다.

가동성은 자세와 관절 건강과 부상 위험 등의 직접적인 결정인자다. 가동성은 신체 활동뿐 아니라 특히 나이가 들어가면서 생활에 참여할 가능성이 얼마나 되는가에 영향을 끼친다. 간단히 말해 가동성은 키우지 않으면 잃게 된다.

인간에게 가장 적합한 형태의 가동성을 어떻게 만들지 살피는 연구는 거의 없다. 야생동물 연구에 따르면 전반적으로 몸 상태가 좋은 동물이 면역력도 가장 좋다.[25] 게다가 야생동물은 스포츠센터에서 근력운동을 하지도 않고 여러 시간 동안 컴퓨터 앞에 구부정하게 앉아 있지도 않는다. 자신의 체중만 이용하는 맨몸운동calisthenics은 힘과 건강을 증대시킬 수 있는 탁월한 방법이다. 거기다 신체의 가동 범위와 유연성도 향상시켜준다. 맨몸운동은 관절 친화적이기도 하다. 안전하고 편리한 것은 덤이다. 가동성을 위해서는 하루 5~10분 정도만 할애

하면 된다. 자신의 가동성 범위에 주의를 집중하고 부드러운 스트레칭으로 관절의 가동성을 키워주면 된다. 서서 햄스트링(허벅지 뒤쪽의 근육과 힘줄-옮긴이) 스트레칭을 해주고, 척추 비틀기나 글루트(둔부 강화) 스트레칭과 더불어 런지lunge를 실행하라. 온종일 얼마나 오래 쭈그리고 있는지 살펴보고 소자세와 고양이자세를 몇 번 취하라. 아니면 아침에 일어난 다음 발에 닿을 때까지 척추를 구부려라. 관절을 최대 가동 범위로 움직이는 운동CAR, controlled articular rotations을 매일 실행하라. 10분 정도 아침마다 습관처럼 하면 된다. CAR는 관절 건강을 유지하도록 설계된 것이다. 이 운동을 하는 동안 가해지는 압력이 체액과 폐기물을 짜서 내보내고 미세한 순환은 신선한 림프액을 들여오며 세포 폐기물을 내버린다. 이 모든 것이 림프계에 도움이 된다.

러너스 '면역' 하이

운동 후에 경험한다는 '러너스 하이'에 관해 들어본 적이 있을 것이다. 원래 러너스 하이는 기분을 좋게 만들어주는 엔도르핀에 의해 유발된다고 알려져 있다. 엔도르핀은 체내에서 자가 생성되는 아편성 물질로 통증을 줄여준다. 그러나 운동은 때로 불편함도 유발한다. 이는 다이노르핀dynorphins이라는 물질 때문이다. 다이노르핀 역시 아편성 물질로 우리를 엔도르핀에 다시 민감하게 만든다. 면역계에 이로운 것은 이 아편 효과들만이 아니라 운동으로 유발된 엔도칸나비노이드endocannabinoid다. 자가 생성되는 이 화학물질은 마리화나에서 발견되는 물질과 유사한데, 소위 뇌의 '보상 중추'에 신호를 보내[26] 안정적인

행복감을 유발한다. 오랫동안 마라톤 선수들이 경험했던 새로운 의식 상태다.[27]

운동을 할 때 보상을 유발하고 통증을 경감시키며 기분이 좋아지는 화학물질이 체내에서 나온다는 사실은 활동성을 유지할 수 있는 강력한 동기가 되며, 이는 우리가 환경을 주도하기 위해 필요한 높은 활동성을 촉진시키는 데 도움이 된다. (일이나 운동이 힘들어질 때 희열감이 찾아들고 통증이 감소한다면 더할 나위 없이 좋은 것이다.[28]) 이 기분 좋은 화학물질을 경험하는 것이 비만 위기를 해결할 방법이 될까? 별로 그렇지는 않다. 활동적이지 않은 사람들은 이런 종류의 보상 감각을 느낄 정도의 강도로 운동할 만큼 체력이 좋지 않기 때문에, 규칙적 운동으로 향하는 첫 단계를 시작하는 것부터 어려움을 겪는다.

기분이 좋아지는 화학물질은 면역계의 올바른 기능과 엮여 있다. 이 화학물질들은 면역계의 원활한 작용을 유지하여 일종의 피드백 회로처럼 작용한다. 운동이 유발하는 아편성 물질은 운동하는 동안 면역세포가 움직이는 근육 쪽으로 가는 데 도움을 주어 어떤 손상이건 수리하도록 돕는다. 엔도르핀과 엔도칸나비노이드가 없다면 면역계는 잘못 행동하기 시작한다. 신체 활동이 관절염 같은 만성 염증성 질환을 앓을 때도 중요한 이유다.[29] 연구들이 보여주는 바에 따르면, 기분 좋은 화학물질이 분비되려면 한 시간 정도의 지구력 훈련이 필요하다. 전반적으로 단기적인 역기 훈련이나 고강도 간헐적 운동 같은 강도 높은 운동에서 가장 많이 발생한다.[30,31]

운동은 이로운 스트레스?

운동을 한다는 것은 몸에게는 어떤 형태로든 스트레스다. 5장에서 살펴본 바대로 스트레스를 받는 방법은 많지만 생물학적 반응은 동일하다. 교감신경계를 통한 투쟁-도피 반응으로, 에피네프린과 코르티솔을 비롯한 신경전달물질과 호르몬의 상승에 의해 조율된다. 이는 또한 어떤 형태의 스트레스가 체내에서 발생하고 있다는 신호로 기능한다. 심리적 스트레스를 받을 때와 마찬가지로 우리가 어려움에 적응하도록 유도하는 것이다. 이때 심박수가 올라가면서 움직임을 지원하기 위해 에너지를 동원한다. 이렇게 운동은 스트레스 반응에 '윤활유를 제공함으로써' 스트레스 반응이 미세하게 조율되도록 그래서 투쟁-도피 반응을 채비하도록 해준다.

5장에서는 스트레스호르몬인 코르티솔이 염증이라는 불을 끄는 물로 작용한다는 점을 살펴보았다. 게다가 근육을 움직이면 중요한 면역 소통 '마이오카인'인 인터류킨-6가 분비되어 근육 강화를 돕고 뒤이어 항염증성이 있는 인터류킨-10IL-10도 분비된다. 이렇게 규칙적 운동은 원치 않는 염증을 줄여줄 뿐 아니라 좋은 스트레스인 '유스트레스'로서 몸에게 삶의 새로운 도전과 다른 스트레스에 더 나은 대처 전략을 채택하도록 정중하게 요청함으로써 '교차-적응'을 돕는다. 이 귀중한 적응 과정은 우리 유전자에 진화상으로 각인되어 있다. 마이오카인은 또한 뇌에 살고 있는 면역세포(미세아교세포)를 자극하여 새 뇌세포를 만드는 성장인자들을 생성하도록 작용함으로써 신경 퇴행성

질환을 막아준다. 또한 움직임은 정신 건강에 중요한 세로토닌 생성도 촉진시킨다.

운동은 새로운 난제를 대비할 수 있도록 돕고, 궁극적으로 인류가 하나의 종으로서 미지의 것에 대응해 회복탄력성을 기르도록 해준다. 운동 강도를 계속해서 늘려도 몸은 그에 적응하면서 대응하여 현상을 유지하기 위한 노력을 늘린다.

유의 사항

운동이 스트레스 반응 스위치를 날카롭게 만드는 것은 틀림없는 사실이다. 그러나 여기에는 세밀한 조정이 필요하다. 힘의 균형이 어디서 깨지느냐에 따라 큰 차이가 날 수 있기 때문이다. 고된 훈련 스케줄의 운동이나 마라톤처럼 지나치게 긴 시간이 소모되는 힘든 운동은 운동이 가진 자연스러운 항염증반응을 크게 악화시킨다. 인간과 동물을 대상으로 한 연구들이 입증한 결과에 따르면 과도한 운동은 스트레스 반응이 평상시의 수준을 넘어 지나치게 오래 증폭되어[32] 오히려 면역을 억압하고 중요한 방어 작용을 무력화한다. 지나친 운동은 신체가 외부 침입자와 싸울 때 꼭 필요한 면역세포와 항체의 순환을 급격히 감소시킨다. 결과적으로 저울의 방향이 감염에 유리한 쪽으로 돌아가는 것이다. 운동을 심하게 하는 사람이 오히려 운동하지 않는 사람보다 병에 걸릴 확률이 높을 수도 있다는 뜻이다. 1990년대 초 운동과 감염 위험 사이의 관계를 나타내기 위해 처음 고안된 모형인 J자형 운동 곡선이 이러한 확률을 보여준다. 적정하고 규칙적인 움직임은 움직이지 않는 습관에 비해 감염 위험을 줄인다. 그러나 기이하게도 운동을 집중적으로 하거나 장기적으로 하게 되면 병에 걸릴 위험과 병이 악화될 위험이 둘 다 늘어난다.

코르티솔이 장기적으로 분비되면 특히 자연살해세포—바이러스와 싸우고 종양세포가 발판을 얻지 못하게 막는 세포—가 억제된다. 운동을 강한 강도로 하는 선수들은 대개 더 심각한 감염질환에 걸리는데, 일주일간 훈련 강도를 두 배 높이는 경우 실제로 면역력이 최대 50퍼센트 정도 떨어질 수 있다.[33,34] 적정 강도의 잦은 운동은 여러 암의 위험을 감소시킨다고 알려져 있으나, 지구력 훈련—여러 해 동안 유지되는 훈련—은 일부 암의 위험을 증가시킬 수 있다.

어떤 유형의 훈련이든 우리 몸의 계통에 스트레스를 줄 수 있다. 무자비한 운동으로 몸이 대처할 수 있는 것 이상의 근육 손상이 일어나면 어떻게 될까? 운동 적응은 에너지와 자원을 필요로 하지만 에너지와 자원은 끝없이 공급되지 않는다. 음식 섭취가 몸의 요구를 충족시키지 못할 때 몸은 주의 깊게 선별 작업에 돌입한다. 우선 처치할 곳을 선정하고 자원을 다른 곳에서 빌려온다. 그 다른 곳에 면역계가 포함된다. 따라서 피곤하고 건강이 나빠지는 것이다.

지나치게 강한 운동을 했거나 오래 했다면, 혹은 스케줄이 바쁜데 고강도 간헐적 운동(장기적인 운동보다 근육 손상을 더 심화시킬 수 있다)을 위험할 정도로 한다면 질병에 걸릴 확률이 증가할 수 있다. 특히 하루도 거르지 않고 회복할 시간 없이 운동한다면 악영향이 축적되어 면역기능이 점차 약해진다. 그렇게 되면 원하는 것보다 더 오랫동안 운동하는 일상을 멀리해야 할 수밖에 없고 그동안 해왔던 모든 노력이 물거품이 될 수도 있다. 그러나 지나침이 문제가 되는 것은 그동안 쌓아온 성과 때문만은 아니다. 충분한 휴식과 회복 과정 없이 운동할 경우 건강 역시 심하게 약해진다. 독감에 걸린 동안 운동을 지속했던 선수들에게 만성피로증후군chronic fatigue syndrome이 왔다는 연구가 있다. 바이러스가 무증상으로 몸 전체에 퍼져 있다가 끊임없이 면역계를 공격해 오랫동안 피로를 유발한다는 것이다.[35] 지나친 운동이 면역에 끼치는 부정적 영향에 대해 언급한 대부분의 연구는 유산소운동과 관련이 있다. 그러나 거의 모든 신체 활동은 어떤 형태로건 유산소 활동을 포함하고 있으므로 이러한 결과는 단지 유산소운동에 해당하는 것만은 아니다.

운동 후 회복되기 전에 다시 과도한 운동을 일상적으로 하면 '오버리칭overreaching'이라는 상태가 유발된다. 근육과 신진대사와 스트레스 축이 피로해진다는 뜻이다. 코치들이 운동선수의 기록 향상을 위해 전략적으로 사용하는 오버리칭은 그렇게 나쁜 것만은 아니며 충분히 회복만 되면 기록을 올릴 수도 있다. 그러나 훈련과 회복의 충분한 균형 없이 오랫동안 강도 높은 훈련을 반복하게 되면 '비기능적 오버리칭non-functional overreaching'이 유발된다. 이는 과도한 훈련 증후군으로서 수 주일 혹은 수개월 동안 지속되면서 면역에 상당한 여파를 끼친다.[36]

분명한 것은 기능적 오버리칭은 유산소운동이건 다른 형식의 운동이건 쉽게 비기능적인 오버리칭으로 넘어갈 수 있고, 그렇게 되면 운동이 실제로 어떤 이득도 주지 못한다는 사실이다. 면역에 가장 큰 피해를 입히는 결과는 회복 시간을 주지 않고 바로 훈련에 돌입할 때 나타난다. 운동장에 건강한 모습을 드러낼 만큼 건강을 충분히 유지하는 것은 장기 건강 방정식에서 중요하다. 운동의 해로운 여파는 면역력과 운동 성과에만 국한되지 않고 장 손상까지 초래할 수 있다. 일명 '운동 유발 위장관증후군exercise-induced gastrointestinal syndrome'이다. 장 '누수'와 손상된 소화 기능은 건강과 안녕을 해치며, 운동의 강도가 세지고 지속 기간이 길어질수록 악화된다.[37] 운동이 유발하는 통증이나 피로나 부상은 현대 생활의 짐에다 심리적 스트레스까지 얹을 수 있다. 기억해야 할 것은 스포츠에서의 상대적 에너지 결핍RED-S, relative energy deficiency in sport이라는 질환이다. 평생 영향을 끼칠 가능성이 있는 심각한 질병으로, (지나치게 적은 열량을 섭취함으로써) 쓸 수 있는 에너지가 모자란 상태로 훈련을 하면 발생한다. 증상은 피로, 머리카락 빠짐, 손발의 차가움, 건조한 피부, 눈에 띄는 체중 감소다. 이는 부상 치료 시간 증가(오래가는 멍), 골절 위험, 우울증 증가와 감염에 대한 취약성 증가로 이어진다.

그래서, 운동은 건강에 이로운가 해로운가?

답은 간단하다. 과도하게 운동하지 말고 운동 강도를 지나치게 빨리 올리지 말라. 장기적인 고강도 운동에 불충분한 회복은 금물이다. 기존의 방향과 반대로 운동하라. 즉, 짧은 시간 덜 빈번하게 운동하고 사이사이 몸이 충분히 회복되었는지 확인하라. 그러나 운동으로 인한 면역 피로는 피로하지 않은 상태와 명확히 구분되지 않는다. 이 피로는 알아차리기도 전에 스멀스멀 기어들어 온다. 그렇다면 일상의 운동이 건강에 도움이 되지 않고 해가 된다는 것을 보여주는 신호가 있을까?

일반적으로 운동의 강도가 셀수록 면역계가 정상으로 돌아가는 데 더 오랜 시간이 걸린다. 몸에 끼치는 압박은 운동을 얼마나 세게, 오래, 그리고 자주 하느냐에 달려 있다. 몸이 감당할 수 있는 양을 초과하는 운동은 면역억제, 그리고 관련된 건강상의 모든 위험의 주범이다. 일반적으로 한 시간 반에 걸친 긴 운동, 하루나 여러 날 연속으로 강렬한 운동을 반복하는 것, 혹은 한 주나 두 주 동안 강도 높은 훈련을 하는 것 등이다.[38] 문턱에는 개인차가 있지만 몸을 살펴보면 자신이 얼마나 멀리 갔는지 알 수 있다. 몸이 하는 말에 귀를 기울이기만 하면 된다. 그저 '감으로 알고' 휴식하는 사람들도 있고, 다양한 지표를 이용할 수도 있다(리프팅 일지, 주행거리, 코치의 제안 등). 아니면 '감이 오건' 말건 상관없이 쉬는 날을 자주 가지면 된다. 오버리칭의 두드러진 징후 몇 가지를 소개한다.

- 운동을 했는데 몸이나 마음이 피곤하고, 정상적인 운동 스케줄을 반복적으로 마치지 못한다.
- 원래 운동을 즐기지만 운동하러 가기가 두렵기 시작하고, 러닝머신에 오르기 전에 아침마다 커피를 마셔야 한다.
- 운동량을 늘리는데도 살이 찐다. 운동을 지나치게 많이 하면 근육이 낭비되어 지방축적이 촉진된다. 전보다 '열량 소모'는 많아

졌지만 지나친 운동은 자원을 제한하고, 몸은 소중한 근육 조직으로 향한다. 게다가 지나치게 많은 코르티솔은 인슐린저항을 증가시킨다.

- 매일 강도 높은 운동을 하지만 해야 할 일이 많고 바쁘다. 운동 스케줄을 유지하려 애쓰다 보니 회복할 시간이 없다(특히 가사일이나 직장일이 많은 경우).
- 심하게 피곤하고 부진한 느낌, 자신이 쓸모없다는 느낌이 든다. 지속적으로 작은 통증 때문에 괴롭고 통증이 잘 사라지지 않으며 운동을 하고 나면 매번 형편없는 기분이 든다. 운동은 대개 기분을 좋게 만드는데, 운동 때문에 오히려 기분이 나빠진다면 그 양이나 강도가 지나치다는 뜻이다.
- 평소보다 더 자주 아프다. 식사도 잘하고 잠도 더할 나위 없이 잘 자는데 여전히 아프다면 면역계가 오버리칭의 스트레스 증가로 앓고 있다는 뜻이다.

운동선수들의 훈련 강도는 세다. 최정예 선수가 되기 위해 그들은 운동을 거의 매일, 하루 두 번씩 할 때도 많다. 그렇다면 이들이 끊임없이 지연성 근육통DOMS, delayed-onset muscle soreness(훈련 하루나 이틀 뒤에 찾아오는 약한 근육통) 상태에 처해 있다는 뜻일까? 이들은 훈련 목표를 달성하기 위해 비기능적 오버리칭과 싸워 이를 격퇴하고 있는 것일까? 최적의 성과를 위해서는 적절한 양의 운동을 조금씩 늘려나가는 것이 좋다. 그러려면 계획적인 휴식과 회복이 필요한데 이는 적응이 일어나도록 하는 휴식과 회복이다. 핵심은 일관성이다. 1월이면 (새해를 맞이하여) 스포츠센터에는 새롭게 운동을 시작하려는 사람들로 붐비지만 규칙적으로 지속하는 사람은 거의 없다. 하지만 제대로 된 운동을 위해서는 운동이 유발하는 근육 염증에 적응하고 거기서 회복할 가장 효과적인 방법을 찾아 이에 맞게 조율하려 늘 애써야 한다. 조율하려면 대략 4주에서 6주간 일관되게 운동해야 한다. 몸이 면역계를 지탱하는 동시에 운동과 회복에 연료를 공급하기 위해 필요한 에너지를 얼마나 잘 생성하는지 결정하는 기간이다. 따라서 시간을 갖고 강도를 점차 늘려가면서 운동과 씨름을 해봐야만 몸이 적응을 하고 면역계도 강화되도록 도모할 수 있다.

면역기능을 이렇게 철저히 검토해보면 J자형 운동 곡선의 장점을 명확히 볼 수 있다. 결론은 이렇다. 특정 운동이 이롭다거나, 운동을 많이 한다고 반드시 더 이로운 것은 아니며 지나친 운동은 아주 해롭다는 것이다. 핑계 없이 그저 하겠다는 식의 일상적이고 기계적인 훈련 모델에 익숙한, 성실하고 헌신적인 운동 개근자들에게는 받아들이기 힘든 이야기일 수 있다. 그러나 증거는 명확하다. 기계적인 운동은 자신에게 좋지 않다. 면역에도 좋지 않을뿐더러 시간이 지날수록 성과도 나빠진다.

훈련보다 회복이 더 힘들다

운동을 위한 불변의 팁이 있다면 훈련보다 회복을 우선시하는 것이다.

그러나 때로는 훈련을 열심히 해야 하고 그러고 싶기도 하다. 자, 어떻게 해야 할까?

면역을 고갈시켜 공격에 취약하게 만드는 이유가 단순히 훈련 총량은 아니다. 오히려 얼마나 급작스럽게 훈련 강도가 높아지는가, 그리고 회복 기간을 얼마나 적게 허용하는가다.[39] 전문가들에 따르면, 훈련량의 급격한 증가는 훈련 부담 자체보다 감염에 걸릴 가능성을 더 쉽게 예측할 수 있게 해준다.[40] 휴식은 회복의 가장 중요한 요인이다. 수면의 질과 양도 필수적인 중재자다. 많은 전문 운동선수는 하루에 10~12시간 수면을 취한다. 조직을 수리하고 정신적 명민함을 회복하며 반응 시간을 개선하고 에너지 활동을 최적화하는 데 충분한 시간을 주기 위해서다. 운동선수가 아니라 하더라도 고된 업무와 무거운 생활의 부담까지 감내하면서 운동선수처럼 운동하고 있다면 수면 시간을 늘리는 것이 좋다.

물리치료사나 마사지치료사들이 해주는 연부조직 마사지 또는 압박 기술[41] 같은 요법은 회복력을 키우고 면역을 복구하는 데 중요한 역할을 한다. 한랭요법이나 온열요법(292쪽 참조)도 근육통을 예방해주고 회복을 촉진시킨다.[42,43] 규칙적인 사우나도 운동 강도를 높이는 능력을 개선해 회복 불가능한 지점까지 가지 않도록 해준다.

식사도 과도한 운동으로 인한 면역약화를 억제하는 데 효능이 좋다는 증거가 일부 있다.[44] 영양과 더불어 중요한 점은 특히 단백질과 필수 미량영양소micronutrient(상세한 내용은 7장 참조)의 결핍을 피하는 것이다. 지방에 관해서는 아직 결론이 나지 않았다. 그러나 탄수화물은 적게 섭취해서는 안 된다. 저탄수화물식(마지막 식사 후 6시간 이상을 공복 상태로 두거나, 하루 두 번으로 식사 횟수를 줄이거나, 탄수화물을 크게 낮춘 식사)을 병행하는 운동은 훈련 '스트레스'를 높이기 위한 전략으로 알려져 있다. 이러한 식이요법은 처음에는 운동 성과를 올리지만 시간이 가면서 성과를 무너뜨릴 것이고 건강까지 그렇게 만들 것이다. 운동하는 동안 그리고 운동 후에 가능한 한 탄수화물 섭취량을 꼭 유지해야 한다. 이는 운동으로 유발된 피로와 회복 기간을 단축할 수 있다고 입증된 유일한 방법이다. 그러므로 저탄수화물식은 최상의 운동 성과를 내고 싶다면 권고할 만한 방법이 아니다. 우리들 대부분은 90분이나 그 이상 지속되는 오랜 운동, 혹은 강도 높은 운동을 하는 동안에는 탄수화물을 섭취하도록 특별히 주의를 기울여야 한다. 강도 높은 운동 직후 첫 몇 시간 후에 섭취하는 30~60그램의 탄수화물은 면역기능 회복을 돕는다.

회복에 도움이 되는 영양소 중 탄수화물 다음으로 중요한 것은 비타민D다. 과도하게 근육을 쓰고 나면 비타민D 수치가 하락하고 이는 근육 기능을 약화시키며 회복 기간을 연장시키는 심각한 문제로 이어진다. 그뿐 아니라 비타민D가 부족할 경우 감기에 걸릴 확률이 3~4배 높아진다.

심한 운동을 할 경우 유념해야 할 점은 또 있다. 앞에서 언급한 점들도 전체 그림의 일부일 뿐이라는 사실이다. 심리적 스트레스를 최소화하는 것을 포함한 다른 요인들도 그에 못지않게 중요하다. 운동 스트레스도 심리적 스트레스와 마찬가지로 불안과 수면 방해를 초래할 수 있다. 코르티솔과 염증은 불리하게 작용할 수 있다. 과도한 운동은 교감신경의 투쟁-도피 반응과 부교감신경의 휴식-소화 반응 모두에 부담이 될 수 있다.

면역을 위해 기억해야 할 운동 핵심 지침

- 면역계는 개별 운동에 의해 직접 영향을 받는다.
- 이득은 축적된다: 장기적으로 적정한 양의 운동을 하는 이들의 면역력이 최강이다.
- 고강도 운동이나 장기 지속(한 시간 반이나 그 이상) 운동을 충분한 휴식 없이 하는 경우 지속적인 면역억제가 나타나고 건강을 해칠 수 있다.
- 휴식과 회복, 전반적인 생활 방식은 오버리칭을 예방하는 데 도움이 된다. 탄수화물, 수면, 회복 조치(마사지, 유연성 · 가동성 · 회복 운동)는 모두 중요하다.

처방: 자신의 수준에 맞추어 요령 있게 운동하라

나는 독자 여러분을 모른다. 여러분의 건강 수준도 알지 못한다. 간밤에 어떻게 잤는지, 시간이 얼마나 있는지, 당신 삶의 스트레스가 얼마나 심한지 모른다. 하지만 여러분은 자신을 안다. 그리고 이제 여러분은 과하지 않게 건강에 필요한 운동을 하는 방법에 대한 지식으로 무장하고 있다. 규칙적으로 적정량의 유산소운동과 무산소운동을 병행하는 것이 최강의 면역력을 기르는 비결이며, 질병 위험을 줄여주고 균형 잡힌 건강을 최적화하는 비결이다.

궁극적으로 움직이는 것이 가장 중요하다. 따라서 가장 좋은 운동은 상대적이다. 자신이 매일 (혹은 매주 가능한 한 최대한의 시간에) 운동을 하도록 만들면 그것이 최상이다. 목표는 평생 운동을 하되 재미를 위해 즐겁게 운동하는 것이다.

- **1단계: 그냥 움직여라.** 힘도 없고, 시간도 없고, 그저 앞길이 멀다는 느낌만 드는가? 그냥 시작하라. 또 작게 시작하라. 재미를 잃지 말고 다양한 형태의 움직임을 그냥 노는 것처럼 시도해보라.
- **2단계: 자신에게 도전하라.** 운동의 유형, 강도, 지속성과 빈도, 그리고 운동이 면역력을 길러주고 적응을 북돋아주고 삶의 스트레스를 효과적으로 줄여주는 조건은 사람마다 다를 확률이 높다. 따라서 어떤 이들에게는 달리기가 '스트레스 경감' 효과를 주겠지만 다른 이들은 에어로빅, 수영, 춤이나 요가에서 유익을 볼 수도 있다. 그러나 해오던 운동이 (염증 적응 때문에) 자신이 좋아했던 방식으로 더 이상 도전할 마음이 들지 않는다면 운동 단계를 높여서 한 단계 도약하라. 운동 스케줄을 (저강도와 고강도) 유산소운동, 근력운동 그리고 가동성 운동 사이에서 매주 다양하게 바꾸는 것이 좋은 출발점이다.

- 3단계: 지나치게 하지 말고 전문가의 지도를 받으라. 당신이 절제력과 의지력이 충분한 운 좋은 사람이라면, 이미 스피닝이나 요가, 크로스핏(다양한 운동을 섞어 하는 것)을 하거나 일주일에 여러 차례 달리기를 할 것이다. 여기에 약간의 변화를 더하는 것이 이득이 될 수 있다. 완벽한 자세로 할 수 있을 때까지 푸시업이나 풀업 운동을 해보라. 기억할 것은 과도하게 하지 않아야 면역계에 이롭다는 사실이다.

마이크로 운동: 스트레스를 줄이면서 운동의 이득 저축하기

내가 좋아하는 운동 전략이 있다. 요즘 한창 주가가 오르고 있는 마이크로 운동법이다. 하루에 한 차례 본격적으로 운동하는 것이 아니라, 짧게 10분 동안 무산소운동과 유산소운동을 섞어 하는 것이다. 이런 운동은 뚜렷하면서도 놀라운 이점을 갖고 있다. 하루에 여러 차례 마이크로 운동을 하면 믿을 수 없을 만큼 놀라운 축적 효과가 생기고 스트레스와 휴식 간의 균형도 깨지지 않는다. 움직이지 않는 종류의 일을 하고 있는 사람이라면 마이크로 운동이 오랫동안 앉아 있기 때문에 누적되는 건강상의 위험에서 벗어날 수 있는 지름길로 이끈다.

아파도 운동해야 할까?

면역반응은 비용이 많이 든다. 에너지를 요구할 뿐 아니라 우선적으로 처리해야 할 자원을 분류해야 감염과 싸우는 염증 무기를 쓸 때 충분한 연료를 공급할 수 있다. 심각한 증상이 없거나 최악은 넘겼지만 대체로 고갈되었다는 느낌이 있을 때는 심장을 펌프질시키고 열량을 소모하는 운동에는 이점이 거의 없다. 오히려 신선한 공기를 쐬며 걷는 약한 운동이 회복을 돕고 면역반응을 지원하며 약한 감염의 지속과 심각성을 줄여주는 데 도움이 된다. 그동안 림프계가 작동하여 부수적 피해를 제거해줄 수도 있다.

몸에 귀를 기울이고 운동 결정에 신중해야 한다. 무엇보다 자신의 컨디션에 정직해야 한다. 일반적인 규칙으로는, 약간의 코감기가 있거나 목의 통증이 있을 때 약한 운동은 괜찮다. 사실상 기분을 좋게 하거나, 최악의 경우라도 증상의 지속이나 심각성에는 거의 영향을 끼치지 않는다.[45] 그러나 몸 상태가 좋지 않다면, 특히 열이 있거나 근육통이 있다면 회복될 때까지는 매일 하던 운동을 중단해야 한다. 당뇨나 천식 같은 다른 병이 있다면 이 역시 고려해야 한다. 나중에 후회하느니 안전한 것이 언제나 더 나으니까.

만성질환에는 운동이 '최상의 약'인가?

확실히 그렇다. 적당한 강도의 유산소운동을 할 수 있는 사람이라면 만성질환이 있을 경우 이 운동을 규칙적으로 해야 한다(일주일에 3일 이상, 최소한 30분 정도). 운동은 또한 지방 연소를 돕고, 혈중 지질을 개선하며, 지방조직 염증과 제2형 당뇨병의 원인인 인슐린저항을 유발하는 내장지방을 예방한다. 짧은(10~15분) 저항력 훈련을 일주일에 3회 정도 하면 근육감소증을 늦추는 데도 도움이 된다. 운동은 확실히 많은 만성질환에 걸릴 위험을 줄여준다. 그러나 이미 만성질환이 있다면 어떻게 할까? 만성질환을 달고 사는 것은 실제로 몸에 타격을 준다. 염증은 한없이 많고 에너지 수준은 바닥이다. 그러나 운동은 대사성질환이나 심혈관질환에 걸린 사람들에게 효과적인 치료법일 수 있다. 둘 다 질병의 추세를 역전시키고 다른 심각한 합병증의 위험을 줄이는 데 도움이 된다.

염증은 신체 활동의 주요 표적 중 하나이고 동시에 많은 만성질환에 부족한 면역조절세포를 북돋는다. 좋은 약물이 등장하고 있지만 더 좋은 결과는 신체 건강과 관련되어 있다. 불과 지난 몇십 년 동안의 수많은 연구가 많은 염증성질환을 관리할 도구로서 신체 활동이 중요한 역할을 한다는 점을 밝혀냈다. 적정 수준의 운동을 단 한 차례만 해도 항염증 치료 효능을 볼 수 있다. 적정 수준의 규칙적인 운동은 병에 걸린 이들의 증상을 역전시키거나 완화시키기도 한다. 심장병을 예로 들어보자. 영국 국민보건서비스는 매년 170억 3800만 파운드를 심장병 관리에 쓰고 있다(영국 내 건강 관련 총지출의 18퍼센트에 달하는 금액이다). 데이터에 따르면 운동은 '제일선의' 가장 중요한 치료 개입책이다. 이와 같은 결과들은 다른 만성질환에도 고무적인 함의를 갖고 있다. 세상에서 가장 좋은 어떤 약도 이렇게 광범위한 이득은 없기 때문이다.

따라서 가장 중요한 것은 자신의 수준에서 가능한 한 계속 움직이는 것이다. 그러나 움직일 때는 올바르게 해야 한다.

- **올바른 지원이 중요하다**. 무엇보다 먼저, 운동을 하기 전에 의료 전문가들과 의논하라. 그리고 무엇을 해야 할지 확신이 없다면 전문가들과 함께하라. 또한 자신의 범위와 능력에 맞추어 움직여라.
- **과도한 운동은 금물이다**. 지나친 운동은 염증 과부하를 일으킬 수 있고 운동 유발성 장 누수를 일으킬 수 있으며[46] 잠재적으로 증상들을 악화시킬 수 있다.
- **에너지를 효율적으로 분배하라**. 자신이 하는 활동을 계속해서 메모하라. 과도하게 움직였다면 그에 따라 조절해야 도움이 된다. 자가면역질환이 있다면 하루에 쓸 수 있는 에너지에 제한이 있을 수 있다.

암

전반적인 신체 건강은 확실히 암을 치료하는 동안과 치료 후에 좋은 결과를 낳는 핵심 요인이다. 연구에 따르면 운동은 암에 걸린 많은 사람이 할 수 있는 활동이면서 안전한 데다 큰 도움이 된다. 그러나 상황은 복잡하다. 개인차가 크고 암의 유형과 치료법이 다양하다는 점을 생각하면 암 환자를 모두 포괄할 수 있는 운동 지침을 마련하기 어렵다. 일반적으로 하루 최소한 30분, 일주일에 5일 정도 적정 속도의 활동, 가령 걷기 같은 활동은 치료를 받는 동안에도 좋다. 그러나 운동은 자신에게 맞추어서, 전반적 건강 상태와 진단과 안전에 영향을 끼칠 수 있는 다른 요인들을 고려해 가면서 해야 한다. 암이 있다면 어떤 유형의 운동을 하기 전 의사와 상의하라. 신체 활동이 스포츠센터에 가거나 운동 수업을 듣는 것일 필요는 없다는 점을 기억하라. 상점까지 걸어가기, 계단 오르기, 정원 돌보기나 춤추기도 훌륭한 운동이다.

자가면역

자가면역질환 때문에 몸이 허약해지지는 않는다. 운동은 자가면역질환을 갖고 있어도 할 수 있을 뿐더러, 증거에 따르면 오히려 회복을 촉진시킨다. 운동량을 통제한다면 생각보다 더 심한 운동도 괜찮다. 저용량 날트렉손naltrexone 같은 일부 자가면역질환 요법은 운동과 비슷한 방식으로 작용한다. 기분을 좋게 하는 엔도르핀을 유발하여 통증을 경감시킨다. 운동 방법은 자가면역질환에 따라 다르다.[47]

운동은 류머티즘성 관절염뿐 아니라 루푸스나 강직성척추염 같은 다른 염증성 자가면역질환이 있는 환자들에게도 몇 가지 측면에서 이롭다. 첫째, 운동은 염증을 조절하는 신호전달 단백질에 영향을 끼쳐 장기적으로 항염증 작용을 할 수 있다. 둘째, 신체 활동은 다른 염증 증상이 발현되지 못하게 막아줌으로써 염증의 '악순환'을 예방한다.

류머티즘성 관절염 같이 고통스러운 염증성질환 때문에 움직임이 힘들 수 있지만 연구들에 따르면, 꾸준한 운동은 도움이 된다.[48] 관절이 손상되었다면 가동성 전문가와 함께 운동하는 것이 좋다. 다발경화증 환자들은 정말로 운동으로 이점을 볼 수 있는 듯하다. 운동은 심지어 뇌유래신경영양인자BDNF, brain-derived neurotrophic factor를 끌어낸다. 다발경화증에서는 감소된 인자다. 제1형 당뇨병의 경우 운동은 필요한 인슐린 양을 줄이는 역할을 한다. 운동이 근육의 혈당 흡수를 상향 조정해주어 인슐린이 필요 없어지기 때문이다.[49] 질환 관리가 잘 이루어지고 있을 때 운동은 안전하다. 제1형 당뇨병 환자들의 경우 운동 전과 운동 동안과 운동 후에 혈당 수치를 모니터링해서 수치가 너무 올라가거나 내려가지 않도록 하는 것이 관건이다.

알레르기와 천식

운동으로 알레르기를 퇴치할 수는 없다. 그러나 규칙적인 운동은 증상 관리에 도움이 된다. 면역조절 효과가 있을 뿐 아니라 혈류를 증가시켜 몸에서 알레르기 유발물질이 빨리 제거되도록 돕기 때문이다.

운동은 천식에도 좋다. 사실 세계적인 운동선수들 중에는 천식을 앓고 있는 사람이 많다. 마라톤 선수 폴라 래드클리프, 경륜 선수 브래들리 위긴스와 축구 선수 데이비드 베컴이 그러하다. 핵심은 천식을 관리하는 한, 그리고 증상이 조절되는 한 어떤 운동이건 즐길 수 있다는 것이다. 매일 팔팔하게 걸어 다니건, 운동 수업을 듣건, 심지어 마라톤 참가 신청을 하건 상관없다. 그리고 폐에게 규칙적인 운동을 시키면 천식 증상 위험도 줄어든다. 그러나 운동만으로는 천식 환자들의 증상이 유발될 수 있고, 일부 천식 환자는 운동할 때만 증상이 발현되기도 한다. 이를 '운동 유발 천식'이라 한다.

대사성질환

운동은 제2형 당뇨병과 심장질환 등의 대사성질환이나 관련된 문제와 싸울 수 있는 가장 흔한 개입책이다. 그러나 증상 억제를 위해 마라톤을 할 필요는 없다. 어떤 유형의 운동도 위험을 줄여줄 수 있다. 일관성만큼 강도도 중요하다. 고강도 간헐적 운동으로 대사성질환의 다섯 개 질병 표지가 모두 개선되었고, 활동량이 아주 적을 경우는 대사증후군 억제에 충분치 않았던 반면, 적정 운동—가령 빠른 걷기—은 심지어 식단 변화가 없을 때도 대사증후군을 억제했다. 그리고 대사성질환이 있는데도 움직이지 않는 생활 방식을 고수하는 사람들은 대체로 예후가 악화되는 듯 보인다.[50]

7장

면역력을 높이는 영양 가이드

‘당신이 무엇을 먹는지 말해보라.
그럼 당신이 어떤 사람인지 말해주겠다.’

장 앙텔므 브리야사바랭 Jean Anthelme Brillat-Savarin

18세기 프랑스의 법률가
정치가이자 미식가

드디어 마지막 장이다. 영양을 마지막 장에서 다루는 이유가 있다. 강한 면역력을 기르는 데 도움을 주는 유전, 미생물총, 수면, 스트레스, 운동 그리고 계속해서 변화하는 환경의 위상을 높이고 싶었다. 또한 여러분이 건강과 안녕의 특효약이 **영양뿐이라고** 믿는 시각에서 벗어나도록 하고 싶었다.

이전 장들을 통해 살핀 바대로 면역계는 상이한 세포와 분자들의 거대한 성좌다. 각각의 요소는 고유한 기능을 지니고 있을 뿐 아니라 영양 면에서도 독특한 필요가 있다. 이 복잡성 때문에 영양과 면역과 질병 사이의 연관성에서 식이의 역할은 오랫동안 제대로 파악되지 못했다. 그러나 이제는 훨씬 더 분명한 그림이 있다. 그리고 이 그림은 여러분이 생각하는 것과 딱히 같지는 않다. 면역과 식이의 관계는 흡연과 암의 관계처럼 단선적이지 않다. 이렇게 복잡다단한 체계에서 영양은 그림의 일부에 불과하다. 식단, 영양소와 면역반응 사이의 연관성은 복잡한 입력 네트워크에 엮여 있으며 우리의 미생물총은 우리가 먹는 것과 우리의 몸이 해당 영양분에 얼마나 잘 접근하여 활용하는가에 따라 달라진다.

면역 식단?

시작하기 전에 분명히 해둘 점이 있다. 면역 식단이란 없다. 그러나 영양과 면역계 사이에는 깊고도 복잡한 관계가 있다.

면역 강화식품이나 영양분의 목록을 챙기려 이 책을 집어 든 분이 있을 것이다. 필시 보충제와 슈퍼 푸드와 비타민을 통해 면역력이 더 강해질 수 있다고 생각했을 수도 있다. 이 장에서는 먹는 것이 어떻게 면역을 뒷받침하는지 숙고해볼 것이다. 다만 중요한 점 한 가지는 짚어두고 싶다. 면역력을 **높여준다**는 음식들에 대한 수많은 주장을 주목할 필요는 있지만 대부분 충분한 증거가 뒷받침되지 않았다는 사실이다.

비타민 결핍이 면역에 나쁘다는 사실을 알 것이다. 그러나 면역계가 영양결핍과 영양과다 둘 다에 시달린다는 사실은 몰랐을 것이다. 지나치게 많은 음식은 지나치게 적은 것 못지않게 나쁠 수 있다는 뜻이다. 궁극적으로 우리는 균형 잡힌 면역계를 원하며 그러려면 균형 잡힌 식사를 해야 한다. 그러나 균형 잡힌 식단이 무엇인지에 관해서는 너무 혼란스럽다. 다량영양소, 미량영양소, 비타민, 미네랄, 항산화제…. 그 목록은 끝이 없다. 그러나 이들은 정확히 무엇일까? 그리고 면역을 위한 식단과 무슨 관계가 있을까?

음식이라는 감옥

'음식이 약이 되게 하고 약이 음식이 되게 하라'라는 히포크라테스의 철학은 큰 인기를 끌며 수많은 소셜미디어 포스트에 올라오곤 한다. 그의 말에는 낙관론의 기미가 있다. 아프면 식단을 바꾸어 좋아질 수 있다는 것이다. 그러나 우리는 진짜 문제를 보지 못하고 있다. 음식은 약이 아니라는 사실 말이다. 음식으로 병의 원인을 치료한다는 생각은 유혹적이다. 약은 무섭고 끔찍한 부작용이 있을 수 있고 늘 원인을 치료하는 것도 아니며 증상만 관리하는 데 그칠 수도 있기 때문이다. 그러나 약은 효력이 있다. 그리고 좋은 영양분은 요람에서 무덤까지 우리 건강을 뒷받침해줄 수 있다. 하지만 음식을 약으로 바꾸어 '건강하게 살기 위해 음식을 먹는다'는 태도를 견지하게 되면 음식에서 약효를 뺀 다른 모든 의미를 버리는 위험을 무릅쓰게 된다. 역사, 기념 그리고 추억 같은 것 말이다. 나는 이러한 태도를 음식의 감옥이라고 말하고 싶다. 음식을 감옥으로 만드는 태도는 위험하고 해롭지만 현대 문화에서는 큰 환영을 받고 있는 듯하다. 자신이 부과한 식단의 규칙, 과도한 음식 제한이나 극단적인 의견에 갇힌 모습이 심심치 않게 보인다. 이러한 분위기에서는 음식과 관련된 관점들이 어떤 정체성이 되어버린다. 기쁨과 사회적 관계성을 박탈당한 식사 스트레스—인생이 거기에 달려 있기라도 하듯 '건강하게 먹기eat clean'에 매달리는 것—는 결코 면역에 도움이 되지 않는다.

음식에는 영양분 이상의 의미가 있다. 음식은 사회적욕구를 충족시키며 거의 늘 함께 나누는 것이다. 사람들은 함께 밥을 먹으며 식사 시간은 가족이나 친구들이 함께 모이는 하나의 이벤트다. 음식은 부모부터 아이에게, 가족과 친구에게, 방문객에게 혹은 이방인에게 이르기까지 이타심을 표현하고, 축하하고, 나누고, 베푸는 도구다. 오늘날에는 과거보다 영양에 대한 지식이 많지만 그 정보를 갖고 할 수 있는 최상의 일은 저녁 식사 자리로 되돌아가 다시 음식을 즐기는 것이다.

음식과 식사가 지닌 풍성한 의미 속에서, 우리의 상식과 현대 의학 모두는 음식이 면역을 향상시키기 위한 가장 큰 선택지이며, 더 넓게 말해 행복을 향상시키기 위한 기회라고 말한다. 이제 음식과 관련된 몇몇 사실을 짚어보자.

미량영양소

과학은 대개 복잡한 용어를 사용하여 이로운 음식 성분들을 기술한다. 미량영양소micronutrients는 비타민, 미네랄 같은 분자로서 소량이지만 건강에 꼭 필요한 영양분이다. 과학은 현재 약 13가지 필수 비타민과 20여 가지 미네랄을 권장하고 있다. 우리 몸의 원활한 작용을 유지하도록 하기 위해 섭취해야 하는 것들이다. 비타민과 미네랄은 건강을 위한 식사의 필수 요소이며 하나라도 부족할 경우 결핍 관련 질환을 유발할 수 있다. 면역은 최적의 일상 기능을 위해 이 모든 미량영양소가 다 필요하다. 이 영양소들 중 하나라도 부족할 경우 면역계가 약화될 수 있다. 이 책에서는 미량영양소 전체를 다루지는 않고, 면역 강화에 유용한 지표가 되는 영양소만 다루겠다.

괴혈병(비타민C), 각기병(비타민B1), 구루병(비타민D)과 펠라그라(비타민B3) 같은 비타민 결핍 질환은 오늘날에는 거의 사라졌다. 이들은 대개 문화적 차이, 경제적 빈곤이나 단순한 무지에서 비롯되지만 여러 해 동안의 연구 덕에 대다수의 사람들은 이러한 질병을 극복하거나 피할 수 있게 되었다. 그러나 이 질환들을 통해 우리는 미량영양소가 면역계에 끼치는 영향력을 알게 되었다. 감염으로부터 자신을 보호하고 면역계의 작용을 원활히 지속하기 위해서는 이 영양분이 모두 필요하다.

비타민C

비타민과 면역에 관해서라면 일반적인 경우에 틀림없이 비타민C 섭취를 상상하리라. 희소식은 대부분의 사람들에게 비타민C는 균형 잡힌 일반식으로 채울 수 있는 영양소라는 것이다. 신선한 과일과 야채만 섭취해도 쉽게 영양권장량을 채울 수 있다.

1960년대와 1970년대에 노벨상을 수상한 물리 화학자 라이너스 폴링Linus Pauling은 비타민C가 감기의 만병통치약이라는 관념을 퍼뜨렸고, 메가도스 요법, 즉 권장하는 양의 수천 배를 먹는 요법을 권고했다.[1] 그때 이후로 다수의 무작위 배정 연구들은 비타민C가 감기에 끼치는 영향을 연구해왔고 결과는 꽤 실망스러웠다.[2] 비타민C가 면역의 핵심 역할을 하는 것은 사실이다. 그러나 결핍이 감염 취약성을 높일 수는 있지만 보충한다고 해서 감기에 걸릴 위험이 줄어들지는 않는다. 물론 감기에 걸렸을 때 하루에 비타민C 보충제를 1~2그램 정도 섭취하는 것은 여러 이점이 있다. 증상과 심각성을 완화하며, 성인은 평균 8퍼센트, 어린이는 14퍼센트 회복 시간을 단축할 수 있다. 비타민C는 감기로 심한 신체적 스트레스를 받는 사람들에게 훨씬 더 강력한 효과가 있는 듯하다. 마라톤 선수들과 스키 선수들에게 비타민C를 보충하자 감기 지속 기간이 거의 절반으로 줄었다.

비타민A와 비타민D

비타민C는 물론 면역에 중요하지만 비타민A와 D야말로 면역에 큰 역할을 한다(비타민D에 관해서는 206~210쪽 참조). 비타민A는 시력을 유지하고 성장과 발달을 촉진시키는 데 중요한 미량영양소다. 비타민A는 면역계 조절을 돕고 피부와 구강 조직, 위, 장, 그리고 호흡기를 건강하게 유지해 감염으로부터 보호한다. 이렇게 비타민A는 면역계가 특히 장에서 내성을 유지하고 염증을 막는 데 핵심 역할을 하지만, 종종 오해를 받는다. 오해받는 이유는 영양이 다 그러하듯 맥락이 중요해서다. 비타민A를 염증성질환의 치료법으로, 특히 염증성 장질환의 치료법으로 시도한 연구가 있는데 불행하게도 효력이 입증되지 않았다. 비타민A를 고용량으로 투여하자 오히려 열이 오르고 염증이 악화되었다.

비타민A의 하루 섭취량은 약간 복잡하다. 영양소가 어디서 오느냐와 나이에 따라 달라지기 때문이다. 식물 기반의 원료에서 오는 비타민A는 카로티노이드carotinoid라 하고 동물성은 레티놀retinol이라고 한다. 카로티노이드는 몸에서 레티놀로 바뀌는 과정이 필요하므로 레티놀은 식물성 원료보다 생체이용률이 좋다. 다행스럽게도 비타민A 결핍은 선진국에서는 없고, 음식을 통해 과잉 섭취하기도 어렵다. 면역을 증강시키는 이 영양소는 고구마, 당근, 케일, 시금치, 고추, 살구, 달걀, 혹은 '비타민A 강화' 표시가 붙은 우유나 시리얼 같은 음식으로 섭취하면 된다. 단, 흡수력이 높은 레티놀 형태라면 용량에 주의할 것.

아연

아연은 거의 모든 세포에서 발견되는 필수 미네랄이며 체내에서 다양한 역할을 수행한다. 세포의 정상 발달과 기능에 꼭 필요한 영양분이며 선천면역과 후천면역 둘 다를 매개한다(28~33쪽 참조).

아연은 체내에 축적되지 않으므로 면역계의 온전함을 유지하려면 매일 규칙적으로 섭취해야 한다. 아연을 흡수하는 능력은 나이가 들면서 감소하는 듯하다. 따라서 노인들이 특히 위험하며, 아연 결핍은 감염에 대한 방어력을 손상시킨다고 알려졌다.[3] 아연은 감기 바이러스가 자라거나 코의 점막에 붙는 능력을 감소시키고, 특수 면역세포가 감염과 싸우도록 힘을 강화한다. 감염예방을 위해 겨울철 몇 달 동안 아연을 보충하면 어느 정도 도움이 된다. 증상이 시작되자마자(아연의 추가적인 필요가 요구될 때) 아연을 보충하기 시작하면 감염의 심각성과 지속 기간을 줄이는 데 도움이 된다는 증거도 있다.[4] 아연 알약은 특히 단기적 효과가 있는 듯하다. 그러나 최상의 제형과 용량에 관해서는 여전히 논쟁이 있다. 장기 사용—6주 이상—은 구리 결핍으로 이어지고 소화관을 자극할 수 있다.

셀레늄

셀레늄 역시 면역반응을 비롯하여 몸 전체의 많은 생리작용에 관여하는 항산화성 필수 미량영양소다. 충분한 양의 셀레늄 섭취가 감염 대응력에 큰 영향을 끼치는 것은 당연하다.

셀레늄은 콩에서 발견되며 땅에서 기른 농산물에 자연히 함유되어 있다. 토양의 셀레늄 함량이 낮은 지역에 살지 않는 이상 결핍되기 힘든 영양소다. 면역에서 셀레늄이 차지하는 위상을 살핀 연구들은 지나친 결핍만 없다면 셀레늄 과다가 늘 좋은 것은 아니며 심지어 체내에서 통제 하기 어려운 염증을 일으킬 수 있다는 점을 시사한다.

영양제가 필요할까?

사람들은 영양제를 복용하면 더 건강해진다는 광고를 믿는다. 그러나 이런 말이 사실이라는 증거는 거의 없거나 전무하다. 비타민과 미네랄 제제는 식사의 특정 간극을 메꾸는 편리한 방법이며 이들은 결핍성 질환으로부터 우리를 보호한다. 그러나 결핍만 아니라면 이들 보충제가 이미 작동하는 것 이상으로 면역계를 증강시킨다는 증거는 미미하다. 보충제는 감염 위험을 완화시켜주는 데 별 효능이 없다.

영양에 관해서라면 나는 몇몇 예외를 제외하고 음식이 먼저라는 접근법을 옹호한다. 왜? 내게는 오랫동안 형성된 직감이 있기 때문이다. 영양제보다는 음식으로부터 더 효과적으로 영양분을 흡수할 수 있다는 직감이다. 진화적 관점으로 보아도 이치에 맞다. 인간은 장내 미생물이 음식을 소화해 영양분을 뽑아내도록 진화해왔기 때문이다.

게다가 음식에는 면역에 꼭 필요할 뿐 아니라 보충제만으로는 구할 수 없는 고유의 영양 성분이 있다. 섬유질이 대표적인 사례다. 최근의 한 연구는 내 직감을 입증한다. 건강보조식품은 사망률에 관한 한 어떤 이점도 제공하지 못한다는 것을 보여준 연구다. 미량영양소는 실제 음식을 통해 섭취했을 때만 효과가 있었다. 이 연구에 따르면 가장 걱정스러운 점은, 일부 영양소의 과다 섭취가 역효과를 유발하며 질병으로 인한 사망 위험을 오히려 높인다는 사실이다.

건강한 성인에게 영양제가 이점이 없다는 증거가 있는데도 왜 40퍼센트가 넘는 사람들이 보충제를 먹는 것일까? 두드러진 영양결핍이 흔했던 과거에는 이 영양제들이 주는 이로운 효과들이 분명 있었기 때문이다. 이렇게 영양제들은 마법의 영약이라는 후광을 얻게 되었고 이러한 통념은 아직 사라지지 않았다. 요즘 일부 사람들에게 이러한 약물이나 영양제는 불완전한 식사에 대한 일종의 보험(혹은 단지 핑계)이다. 사람들이 보충제를 먹는 또 한 가지 이유는 특정 음식을 먹지 못하거나 먹지 않기 때문이다. 그리고 믿음이 생리작용에 영향을 끼친다는 사실도 중요하다. 약물을 먹는다는 행위만으로도 위약효과가 나타나는 것이다. 여기에다 미디어와 비타민, 허브, 다른 보충제에 대한 공격적인 마케팅과 '면역기능 유지'라는 애매모호한 주장—이들이 실제로 병을 치료한다고 딱 집어서 말하지만 않으면 모두 합법이다—을 보태보라. 영양제들은 처방 '약'보다 규제가 훨씬 적고 대개 온라인에서 쉽게 구하거나 처방전이 없어도 살 수 있다. 하지만 쉽게 구한다고는 안전하다는 뜻은 아니다. 규제가 지나치게 없기 때문에 오히려 더 꼼꼼히 검토해야 한다.

영양제는 언제 필요할까?

보충제는 결핍을 예방하거나 필수 비타민과 미네랄의 부족을 예방하기 위해 먹어야 한다. 대체로 식사가 부족하다면 먹는 음식과 먹는 방식을 개선해야 한다. 알약을 아무리 먹는다 해도 나쁜 식사 섭취를 상쇄하지는 못한다. 물론 영양제가 필요한 상황이 있을 수는 있다.

아연과 비타민C 섭취는 훈련 강도가 센 운동선수들에게 유용할 수 있다. 2018년 영국의 국민 식사 및 영양 조사National Diet and Nutrition Survey[5]에 따르면 마그네슘은 모두에게 조금씩 결핍된 영양소다. 식품만으로는 충분한 양을 섭취하기 거의 불가능한 영양소도 있다. 특히 비타민D가 그러하다. 특히 영국에서, 그리고 비슷한 위도의 국가에서는 겨울을 보내는 동안 몸에서 비타민D를 합성할 만큼 일조량이 충분치 못하다. 골다공증이 있거나 위험이 있는 경우 의사가 칼슘과 비타민D 보충제를 처방할 수 있다. 그러나 비타민D는 비타민 K2가 있을 때만 제대로 작용한다. 비타민 K2의 약 절반은 미생물총에 의해 생성된다. 따라서 여러분은 이미 복잡한 그림이 출현하고 있는 것을 보고 있는 셈이다. 이 그림에서는 다면적인 접근법을 써야 비타민D가 제대로 기능하도록 미생물총을 돌볼 수 있다.

50세가 넘은 사람은 누구나 비타민B12 보충제가 필요하다(나이가 들면서 음식에서 흡수하기 어려워지기 때문이다). 채식주의 생활 방식을 따르는 이들도 마찬가지다. 나이가 들면 먹는 양이 적어지고 대개는 식사의 다양성도 떨어지므로 이미 영양분 흡수가 제대로 되지 않을 수 있다. 미량영양소 권장량 또한 살아가는 동안 변하는 것으로 나타났다.[6] 따라서 식사를 보충하는 영양제는 나이 든 사람들이 더 건강한 면역계를 유지하는 데 도움을 줄 수 있다.

미량영양소 우선권 이론

우리 몸은 매일매일 '우선권 분류triage'를 실행한다. 세포는 즉각적인 생리적욕구를 위해 생존과 관련 없는 영양소는 희생시킨다. 가령 조직 수리에 필요한 영양소를 빼다가 더 급박한 필요를 충족시키는 식이다. 따라서 영양소가 결핍된 식단은 비타민과 미네랄 일일권장량을 채우지 못해 결핍을 유발할 수 있다. 당장 노골적으로 결핍되지는 않더라도 영양분은 장수를 확실히 보장하는 데서 방향을 바꾸어 급박하고 중요한 필요를 확실히 채우는 쪽으로 간다는 것이다. 이는 장기적으로 건강 악화의 토대가 되며, 생활 습관과 관련된 질환이 발생하는 핵심 원인으로 부상하고 있다.

훨씬 더 많은 연구가 필요하긴 하지만 단기적 건강이 요구하는 것은 장기적 건강의 요구와는 달라 보인다. 이 문제는 특정 비타민과 미네랄이 더 필요한 노인층, 만성질환을 앓는 환자들에게 더 중요하며, 특히 전반적인 식사의 질이 좋지 않을 경우에 더욱 심각할 수 있다. 이런 경우 복합비타민 보충제가 일종의 보험 역할을 할 수 있다. 물론 균형 잡힌 식사를 하는 것이 우선이고 보충제는 추가적인 조치일 뿐이다. 게다가 좋은 영양소도 많이 섭취한다고 더 좋은 것은 아니다. 필요량을 넘겨 지나치게 섭취하지 않도록 하라.

식물성 영양소: 식물의 힘

미량영양소는 건강에 필수적이나 식물성 영양소phytonutrient도 이롭기는 마찬가지다. 식물성 영양소는 식물에서 발견되는 생체활성 화합물이다. 이들은 천연 살충제로 작용함으로써 식물을 포식자로부터 보호한다. 그러므로 당연히 식물성 영양소를 규칙적으로 섭취하면 병을 예방할 수 있다.

현재 식물성 영양소는 영양가가 없다고 여겨진다. 따라서 구체적 일일권장량이 없거나 참고할 만한 양이 건강에 꼭 필요하다고 간주되지 않는데, 이 영양소가 비타민과 미네랄만큼 생존에 필수적이지는 않다는 이유에서다. 그러나 다양한 식물성 영양소를 섭취하면 추가적인 '면역-영양' 혜택을 얻을 수 있다. 이들은 감염을 막아줄 뿐 아니라 장기적인 만성질환을 피하게 해준다. 특히 이들의 고유한 항산화, 항염증, 항균성이 이러한 작용을 한다. 그뿐 아니라 식물성 영양소는 우리의 고유한 내부 항산화제들의 자물쇠를 여는 열쇠다. 이들은 우리의 연약한 세포 구조를 보호하고, 산화스트레스의 과부하를 덜어주며 '좀비' 면역세포(124쪽 참조)를 제거해준다. 식물성식품에서 섬유소를 규칙적으로 섭취하는 경우 감염 위험이 줄어들고 심혈관질환과 일부 암 등의 특정 질환 발병 가능성을 줄일 수 있다.

식물성 영양소군의 종류는 엄청나게 많다. 그중 일부를 소개한다.

- **플라보노이드**Flavonoid : 안토시아닌과 퀘르세틴 같은 영양소로서, 대두, 양파, 사과, 차와 커피에서 발견된다. 안토시아닌은 항염증성이 있고 통증 완화 효과가 크다고 밝혀졌다.
- **카로티노이드**Cartenoid : 토마토, 당근, 고구마, 수박, 녹색 잎채소 같이 붉거나 짙은 녹색, 오렌지색 열매에서 발견된다. 아마 가장 유명한 것은 (토마토의) 리코펜이며 이는 오래전부터 항암성이 있다고 알려져왔다. 모든 토마토에는 리코펜이 들어 있지만 껍질에 포함된 리코펜의 농도가 가장 높으며, 리코펜은 생으로 먹는 것보다 조리할 때 가장 흡수가 잘 된다. 리코펜은 지용성이므로 약간의 올리브오일을 넣고 조리하면 흡수량은 3배로 증가한다. 이탈리아 남부에서 나온 산 마르자노San Marzano 토마토가 가장 수치가 높다.
- **카노솔**Carnosol: 로즈마리와 세이지 같은 지중해성 허브에서 추출된 생물 활성 화합물로 항암 및 항염증성이 탁월하다고 알려져 있다.
- **레스베라트롤**Resveratrol : 천연 살균제로 식물이 생성하는 영양소다. 포도, 레드와인과 베리류에서 발견된다.
- **에피갈로카테킨-3-갈레이트**EGCG, Epigallocatechin-3-gallate : 천연 항염증성과 항산화 성질이 있는 면역 강화 폴리페놀polyphenol로서 홍차보다 녹차에 16배 높게 함유되어 있다.
- **설포라판**Sulforaphane, **디인돌릴메탄**DIM, Diindolylmethane : 브로콜리 같은 십자화과 채소에서 발견되는 좋은 화합물로서, 면역 증강

효과가 있다고 알려져 있다. 주목할 점은 브로콜리 새싹에는 브로콜리보다 100배나 더 많은 설포라판이 함유되어 있다는 사실이다. 설포라판은 다른 어떤 음식 내 화합물보다 NrF2(인체 내의 모든 항산화 체계—해독시스템—를 총괄하여 통제하는 조절단백질-옮긴이)라는 세포의 특별한 유전적 경로를 더 강력하게 활성화한다. 이 세포는 마스터 조절자로서 200개가 넘는 다른 유전자를 통제하며 염증의 스위치를 끄고 우리 내부의 항산화제 작용을 강화한다. 어떤 의미에서 이것은 우리 몸의 회복탄력성을 높여주는 선천적 스트레스 반응을 위한 '켜짐' 스위치의 작용에 관한 이야기다.

음식에 들어 있는 식물성 영양소는 기록된 것만 해도 2만 5000가지가 넘는다. 과일과 야채뿐 아니라 콩류와 차, 커피, 적포도주, 카카오, 허브, 향신료와 올리브오일 등이 여기 속한다. 그리고 이들의 면역 증강 효과는 한두 가지만 선택해서는 알 수 없다. 다양한 유형의 식물성 영양소는 몸속에서 서로 다르게 대사되며 건강에 다양하게 영향을 미친다.

주류 의학에서는 식물의 힘을 이용하여 면역력을 기르는 것을 대개 '비관습적인' 것으로 여기며, 대조군 임상연구의 양도 적다. 식물성 영양소가 건강에 미치는 효과에 대한 방대한 연구가 있다 해도 그중 많은 연구가 시험관만 살폈다는 점을 유의해야 한다. 실질적으로 이 영양소 중 대부분은 극미량만 발견되므로, 연구에서 사용된 양에 맞먹으려면 엄청난 양을 섭취해야 한다. 그렇다고 이들을 중시하지 않아도 된다는 말은 아니다. 개별 식물성 영양소에서 이점을 찾는 것 이상을 봐야 한다는 뜻이다. 우리가 찾는 것은 이 영양소들이 모였을 때 발휘되는 힘이다. 대체로 색깔이 화려한 과일과 야채에는 식물성 영양소가 더 많이 함유되어 있다고 보면 된다.

식물의 식물성 영양소 함유량은 재배 조건에 따라 달라진다. 가령 추울 때처럼 환경에 '스트레스'가 있을 때 식물은 더 많은 양분을 만든다.[7] 또 식물성 영양소의 함유량은 살충제의 '도움'이 전혀 없이 유기농으로 재배했을 때 더 높아지는 경향이 있다.[8] 그래서 제철 음식을 섭취하는 것이 건강에 매우 중요하다. 전통문화가 지켜왔고 이제는 과학이 따라잡고 있는 자연 그대로의 음식을 다루는 분야가 있다. 크로노뉴트리션chrononutrition이라는 연구 분야다. 크로노뉴트리션은 생체리듬과 영양과 신진대사 사이의 상호작용에 초점을 맞춘다.

식물성 영양소 보충제에 관한 유의 사항

보충제 기업들은 식물성 영양소의 성분을 알약 형태로 잡아넣고자 많은 시도를 해왔지만, 사실은 문제가 많다. 규제도 없고 식사에서 섭취하는 식물성 영양소와 동일한 이점을 줄 확률도 없다. 심지어 이러한 정제형 보충제가 건강에 해로울 수도 있다. 독성 여부는 양에서 결정된다. 식물성 영양소 보충제는 대개 항산화제로 광고되는데 식사를 통해 자연스레 섭취하는 것보다 지나치게 많은 용량을 함유하고 있는 경우가 대부분이다. 가령 당근에 들어 있는 베타카로틴이 암 위험을 낮추는 것과 정반대로 베타카로틴 알약은 암 위험을 높인다. 항산화제를 식품이 아니라 보충제 형태로 고용량 섭취할 경우 이는 운동의 이점까지 줄어들게 만든다.[9,10]

다량영양소

다량영양소macronutrients는 탄수화물과 단백질, 지방을 포함하고 있는 분자다. 세 영양소는 모두 면역에서 고유한 역할과 기능을 하며, 몸에 많은 양이 필요하다. 단백질은 우리 몸을 구성하는 구성단위를 만드는데 필요하고 지방과 탄수화물은 에너지를 공급한다.

면역에도 단백질이 필요하다

사람들은 단백질 이야기를 하면 보통 근육을 만드는 것만 신경 쓴다. 그러나 면역 작용이 원활히 이루어지는 데도 단백질이 필요하다. 특히 우리가 바쁠 때 더욱 그러하다. 체내에서 아미노산(단백질 구성단위)의 역할은 극히 중요하다. 근육을 유지하고 혈액세포를 만들며 머리카락을 자라게 하고 헤모글로빈 같은 효소를 형성하여 혈액에 산소를 운반하는 일을 가능하게 해준다. 단백질은 면역에도 매우 중요해서, 신체조직을 만들고 수리하며, 감염과 싸워준다. 항체, 사이토카인, 그리고 기타 면역세포 반응 같은 면역계의 실세들은 모두 아미노산에서 만들어지기 때문에 충분한 단백질 섭취가 꼭 필요하다. 단백질 결핍은 실제로 면역을 약화시키는데, 특히 염증반응과 마스터 조절자인 T세포에게 그러하다. 동물실험에 따르면 면역계는 단백질 섭취가 25퍼센트 만 감소해도 상당히 손상될 수 있다.

단백질은 긴 아미노산 사슬로 이루어져 있고 아미노산 사슬은 20가지 유형이 있다. 이들의 서열이 단백질 구조와 기능을 결정한다. 아미노산 중 9가지는 필수아미노산으로, 식사를 통해 공급해주어야 한다. 나머지 비필수아미노산은 몸이 스스로 쉽게 만들 수 있다. 그중 일부는 조건부 필수아미노산이긴 하다. 몸이 스트레스를 받거나 아플 때처럼 특정 상황에서는 일부 비필수아미노산이 필수아미노산이 된다는 뜻이다. 완전단백질은 9가지 필수아미노산 각각을 충분한 비율로 함유하고 있는 식품원이다. 동물성 단백질원이 완전단백질인 데 반해 식물성 단백질원은 불완전단백질이다. 그러나 다양한 식물성 단백질원을 합치면 완전단백질을 만들 수 있다. 이는 전 세계 많은 문화권에서 직관적으로 해온 일이다. 가령 멕시코에서는 콩과 쌀, 아프리카에서는 빵과 콩 스튜, 이탈리아에서는 파스타와 콩, 인도에서는 렌틸콩과 쌀을 함께 먹는 식이다.

일부 아미노산은 면역기능에 더욱 중요하다. 특히 아르기닌arginine이 그러하다. 영양소상으로는 비필수아미노산으로 분류되지만 아르기닌은 면역반응의 핵심 중재자인 산화질소를 합성하기 위한 생리적 기초다. 많은 실험과 임상 데이터는 아르기닌이 인간과 다른 동물의 선천·후천면역계의 필수영양소라는 관념을 뒷받침해준다.[11] 견과류와 씨앗류, 육류, 콩류, 해초류에서 발견되는 아르기닌은 T세포 발달과 성장, 흉선 보전을 촉진한다. 글루타민glutamine(146쪽 참조) 역시 중요하다. 감염의 공격을 받아 면역세포 대군이 갑자기 동원되어야 할 때 면역계의 영양분이 급작스럽게 증가해야 한다. 이때 면역계는 글루타민을 사용한다. 따라서 아프거나 만성 염증성 질환이 있는 경우 내부에 저장된 글루타민이 고갈되기 때문에 이를 보충해야 한다. 그래서 중증 환자에게 글루타민과 아르기닌을 정맥주사로 공급하여 면역을 지원하고, 수술 전의 환자에게 보호 치료로 처방하기도 한다.[12] 보충제가 필요하다는 뜻은 아니다. 그러나 건강 상태에 따라 필요량이 달라질 수 있다는 것은 알고 있어야 한다. 단백질의 일일권장량은 체중 1킬로그램당 0.8그램이다. 대략적 지침은 보통 사람의 경우 하루 약 50그램 정도다. 50그램이 어느 정도나 될까 감을 잡아보자면, 퀴노아 한 컵은 8그램, 렌틸콩 한 컵은 18그램이나 된다. 달걀 하나는 6그램, 115그램짜리 닭고기 한 토막은 28그램이다. 시금치, 풋콩, 콩, 완두콩, 브로콜리, 두부 모두 쉽게 추가적인 단백질원을 제공한다. 전문 운동선수나 근육을 만들려는 사람들은 단백질을 더 많이 섭취해야 한다. 극도로 신체 활동이 많거나 스트레스가 많은 일을 하고 있거나 목이 따끔거리거나 그저 지쳤을 때도 단백질 섭취량을 늘리면 역시 차이를 만들 수 있다. 단백질은 또한 체중 감량 중일 때 칼로리를 줄이면서도 배고픔을 가라앉힐 수 있는 포만감 있는 영양소다. 나이가 들면 단백질 섭취량 역시 늘려야 한다. 여분의 단백질은 나이가 들면서 근육량을 유지한다(이는 면역 강화에 매우 중요하다). 65세가 넘었다면 체중 1킬로그램당 최소한 1.2그램의 단백질을 섭취해야 하고 역기를 드는 운동까지 한다면 매일 체중 1킬로그램당 1.5그램을 섭취해야 한다.

단백질 셰이크는 시간 여유가 없을 때 단백질을 섭취할 수 있는 편리한 방안이다. 그러나 대부분 일일권장량을 충족시키려면 식사에 기대어야 한다. 연구가 시사하는 바에 따르면, 건강 상태가 양호하고 매일 충분한 열량을 섭취하고 있다면 단백질 역시 충분히 섭취하고 있는 셈이다. 단백질 셰이크 대신 음식에서 단백질을 섭취하면 다른 필수영양소와 섬유질 또한 공급받을 수 있다. 게다가 누가 식사를 마시고 싶겠는가? 가능한 한 다양한 음식에서 단백질을 섭취하는 것이 좋다. 면역계를 약하게 만드는 것은 특정 아미노산의 결핍뿐만이 아니라 모든 단백질 구성단위 사이의 불균형이다. 모든 필수 단백질원을 꼭 먹으려면 다양한 음식을 섭취하려 노력하라. 식물성 단백질원에만 기대는 경우 동물성 단백질원에 비해 훨씬 더 많은 양을 먹어야 하기 때문에 힘들 수 있다. 즉, 섭취해야 할 열량이 늘어날 수 있다. 그럴 경우 대두, 두부, 콩 단백질로 만든 고기 대용품, 밀 글루텐 같은 음식을 활용하여 음식량을 줄이라. 특히 대두와 퀴노아는 아미노산 구성 덕에 더 양질의 단백질원으로 간주된다.

지방: 좋은 지방과 나쁜 지방 사이

지방은 논란 많은 과거사가 있지만 건강에 필수적인 영양소다. 지방은 세 가지 중요한 방식으로 몸에 기여한다. 훌륭한 에너지 공급원이자 세포의 구성단위이며, 면역을 조절하는 신호전달 분자의 전구물질이다. 음식으로 섭취하는 지방은 중요한 지용성비타민A, D, E, K도 함유하고 있다.

지방을 한 가지라고 생각하겠지만 모든 지방이 똑같이 만들어지지는 않으며, 가장 중요한 것은 음식 속 서로 다른 지방의 구조다. 음식에서 발견되는 지방은 일반적으로 포화지방이나 불포화지방이다. 대부분의 음식은 대개 두 가지를 모두 함유하고 있기 때문에 한 가지가 더 높거나 낮다는 식의 설명을 들어보았을 것이다.

포화지방은 대체로 실온에서 고체 형태다. 흔한 포화지방원은 붉은 육류, 우유와 그 밖의 유제품, 치즈와 코코넛오일이다. 일반적으로 포화지방이 많은 음식은 건강에 나쁘다. 포화지방은 면역세포 기능을 '방해'하여 위험 신호로 작용하고, 몸에 분자상의 스트레스를 주어 결국 산화스트레스를 유발한다. 이는 '인플라마좀inflammasome(염증성 사이토카인 발달을 유도해 면역반응을 촉진하는 복합체-옮긴이)'이라는 면역 신호전달 중추에 메시지를 보내 부적절하고 해로운 염증반응을 일으킨다. 따라서 건강하고 균형 잡힌 식단의 방점은 포화지방보다는 불포화지방에 찍혀야 한다. 단 유제품은 예외다. 유제품에 함유된 포화지방은 다른 포화지방 음식처럼 해롭지 않다는 증거가 늘어나고 있기 때문이다. 디저트와 버터에서 발견되는 유제품은 해롭다. 치즈와 요구르트와 우유 등의 유제품이 좋다.

불포화지방도 유형이 다르다. 트랜스지방trans fat, 단일불포화지방monounsaturated fat, 그리고 다가불포화지방polyunsaturated fat이다.

트랜스지방

자연 발생적인 트랜스지방은 (치즈와 크림 같은) 유제품에서 소량으로 발견되며, 쇠고기와 어린 양고기, 이를 재료로 쓴 식품에도 함유되어 있다. 트랜스지방은 일반 식물성기름을 가열해 고온에서 식재료를 튀길 때도 발생한다. 가공식품과 즉석식품의 트랜스지방 함량이 높은 것은 그 때문이다. 비스킷, 파이, 케이크, 튀김 등 식물성 경화유를 이용해서 만든 음식이나, 경화유로 조리하는 음식에는 대체로 트랜스지방이 함유되어 있다. 식물성 경화유를 성분으로 쓴 지방 스프레드와 마가린도 대개는 트랜스지방을 함유하고 있다. 1980년대까지 마가린에 함유된 트랜스지방이 10~20퍼센트 정도에 이르렀지만 최근에 나오는 마가린의 트랜스지방 함량은 훨씬 낮거나 제로다. 원료가 무엇이건 트랜스지방은 거의 항상 몸에 해로우며 면역반응을 악화시킨다. 그러나 미량으로 섭취할 경우 아주 해롭지는 않다.

단일불포화지방

단일불포화지방은 아보카도, 견과류, 그리고 올리브오일 같은 조리용 기름에 함유되어 있고 육류와 농산물에도 들어 있다. 많은 연구는 올리브오일 같은 단일불포화지방이 건강에 좋고, 면역에 이로운 영향을 끼치며 불필요한 염증을 줄일 수 있다는 점을 뒷받침한다. 그러나 중요한 것은 단일불포화지방을 어떤 식품에서 섭취하느냐다. 동물성식품에서 단일불포화지방을 섭취하는 경우 건강에 나쁜 포화지방까지 함께 섭취할 확률이 높아지는 데 반해 식물성식품에서 섭취하는 경우 섬유질, 식물성 영양소와 미량영양소까지 함께 섭취할 수 있어 더 이롭다. 단일불포화지방이 건강에 좋다는 발견은 1960년대에 이루어진 것이다.

다가불포화지방

다가불포화지방산에는 오메가3와 오메가6가 포함되어 있다. 이 지방산은 면역 면에서 다른 지방들과 달리 매우 독특하다. 세포막의 중요한 구성 요소로서 이들의 유동성에 영향을 끼칠 뿐 아니라, 생체활성이 있어 염증을 촉진하거나 염증과 싸울 수 있는 면역 신호전달 분자를 만드는 일종의 발사대 역할을 한다. 오메가3는 면역계가 특수한 항염증성 중재 물질과 염증 해소 중재 물질을 만드는 데 쓰이며 염증을 길들일 뿐 아니라 핵심 염증 유전자를 억제한다. 오메가3는 올리브오일, 아마씨유 등의 식물성기름과 연어, 정어리, 고등어 등 지방이 풍부한 생선에 함유되어 있다. 오메가6지방산은 염증의 원료다. 가장 흔한 오메가6지방산은 리놀레산LA, linoleic acid인데 리놀레산은 신진대사를 거쳐 아라키돈산AA, arachidonic acid이 된다. 아라키돈산은 염증 유발성 신호전달 분자다. 오메가6는 조리용 기름, 닭, 오리, 거위, 일부 견과류와 씨앗류에 함유되어 있다.

오메가3를 규명하는 과학은 간단치 않다. 또 다른 오메가3인 알파-리놀렌산ALA과 DHA와 EPA는 중요한 차이가 일부 있을 수 있기 때문이다.

- **알파-리놀렌산**: '모체형' 오메가3로서 식물성식품, 특히 아마씨와 치아시드chia seed와 호두에서 발견된다. 인간이 합성할 수 없기 때문에 오메가3 필수지방산이라 불린다. 알파-리놀렌산은 일련의 효소반응을 통해 체내에서 DHA(도코사헥사엔산docosahexaenoic acid)와 EPA(에이코사펜타엔산eicosapentaenoic acid)로 전환될 수 있지만, 이러한 전환은 상대적으로 비효율적이다. 민족마다 유전자 변이가 다른데 이 차이는 전환의 효율성 정도에 엄청난 영향을 끼친다.
- **EPA와 DHA**: 이 두 오메가3는 (아주 잘은 아니어도) 체내 합성이 가능하다. 이들은 조건부 필수지방산으로 분류되므로, 보충제는 오메가3의 양을 늘리는 실질적인 방법이다. EPA와 DHA의 가장 흔한 공급원은 생선이다.

오메가3와 오메가6의 비율은 어느 정도가 좋을까?

영양학적으로 오메가3와 오메가6는 필수지방이다. 체내에서 합성하지 못하므로 음식을 통해 얻어야 한다는 뜻이다. 식사에서 충분히 얻지 못할 경우 결핍될 위험에 빠지게 된다. 오메가3와 오메가6의 효소경로는 동일하다. 둘이 경합을 벌이는 관계라는 뜻이다. 오메가3와 오메가6가 몸속에서 상반되는 기능을 한다고 볼 수도 있다. 오메가3는 항염증 매개체의 재료, 오메가6는 염증의 재료로 쓰이기 때문이다. 얼핏 보기에는 오메가3가 이롭고 오메가6는 해로워 보일 수 있지만, 지나치게 단순화된 관점이다.

궁극적으로는 오메가3와 오메가6 둘 다 건강에 중요하기 때문에 가능하면 포화지방과 트랜스지방 대신 두 영양소를 섭취해야 한다. 염증성이 가장 큰 것은 포화지방이지만, 대부분의 조리용 기름에서 발견되는 오메가6 지방을 과다하게 섭취해도 염증이 유발된다(물론 이러한 결과는 시험관내실험과 동물실험에서만 입증된 것이므로 복잡한 인간 생리작용을 정확히 반영하지는 못한다). 현대인이 먹는 음식에 오메가3 함량이 낮아지고 오메가6 함량이 높아지고 있는 것은 사실이지만 최적의 비율은—그런 게 있다면—아직 정확히 규정되지 못한 실정이다.

오메가3와 오메가6: 생선, 뇌, 아니면 보충제?

기름기 많은 생선(특히 어란)은 오메가3를 구할 수 있는 가장 흔한 식재료다. 그러나 오늘날 기적의 천연 약으로 홍보되고 있는 것은 오메가3가 풍부한 기름과 보충제다. 이들을 섭취해도 될까? 과학의 많은 측면이 그러하듯 대답은 상황에 따라 다르다는 것이다. 오메가3의 적정량에 대한 절대적 규칙은 없으며, 규정된 상한선도 없다(건강한 사람이 오메가3지방산을 고용량으로 섭취할 경우 면역계가 감염을 제거할 가능성이 줄어들 수 있다는 점을 기억하라). 결국 필요량의 개인차가 존재하므로 의사나 영양 전문가와 의논해야 한다. 다만 참고사항 몇 가지를 제시해둔다.

- **기름기 있는 생선을 규칙적으로 먹는가?** 겉으로 보이는 결핍 징후나 건강상의 질환이 없다 해도 오메가3가 풍부한 음식은 건강

전반에 중요하다. 오메가3인 EPA와 DHA는 생선에 풍부하며 육상 포유류의 골/뇌에서도 발견된다(오메가3는 포유류의 근육조직에서는 쉽게 구할 수 없다). 따라서 일부는 내륙지방에 살았던 인류의 조상이 지방이 풍부한 육상동물의 뇌를 먹었다고 말하기도 한다. 생선에서 발견되는 형태(특히 어란)는 트라이글리세라이드triglyceride라는 것으로, 생체 활용가능성이 더 크고 뇌로의 유입이 더 용이하다. 기름진 생선을 자주 먹지 않는다면 오메가3를 보충제 형태로 섭취해야 한다.

- **오메가6를 지나치게 많이 섭취하는가?** 오메가6가 풍부한 음식을 섭취한다고 바로 염증이 생기지는 않는다. 그러나 오메가3 없이 오메가6만 과다 섭취하면 문제가 될 수 있다. 만성 염증성 질환이 있다면 특히 그러하다. 오메가6를 어떤 음식에서 섭취하느냐도 중요하다. 현대의 가공식품은 포화지방 함량이 높고 섬유소와 식물성 영양소는 적다. 당연히 건강에 좋지 않다. 인구 전체로 볼 때 100년 동안 오메가6 소비량이 늘었다. 20세기 들어 기술이 발전하여 식물성기름 산업이 본격적으로 출발한 탓이다.
- **오메가3 결핍은 없는가?** 오메가3 결핍의 임상 징후는 건조하게 각질이 생기는 발진, 영아와 아동의 성장 둔화, 감염 취약성 증가와 상처 치유력 약화, 탈모, 그리고 임신 문제다.
- **만성 염증성 질환이 있는가?** 오메가3 보충제에 관한 가장 흥미로운 연구는 만성 염증성 질환을 치료하다 발견한 것이다. 오메가3는 염증성 장질환 증상 완화에 도움이 되며, 류머티즘성 관

> 절염 환자의 관절 상태를 개선할 뿐 아니라 건선의 증상을 호전시킨다. 새로운 연구에 따르면, 오메가3는 뇌로 들어가 알츠하이머병을 일으키는 염증 수치를 낮추는 데 도움이 된다. 음식에 함유된 오메가3는 아동기 천식 증상을 줄여주는 반면 오메가6는 증상을 악화시킨다.[13]

유념해야 할 사실은 우리가 이 음식 성분을 이용할 때 미생물총이 아주 중요한 역할을 한다는 점이다. 최근에 밝혀진 바에 따르면, 오메가3 피시 오일 보충제의 이로운 효과 하나가 발현되느냐 여부는 항염증성 포스트바이오틱스를 생성하는 장내세균에 달려 있다. 그러나 모두의 미생물총이 이 포스트바이오틱스를 생성할 수 있는 것은 아니기 때문에 왜 오메가3 보충제의 효력이 일정하지 않은지 알 수 있다(임상실험 일부가 상반되는 결과를 내놓는 이유도 이것 때문이다).

늘 그렇듯 음식을 우선시하는 접근법이 가장 좋다. 일주일에 기름기 많은 생선을 두 번 정도 먹는 것을 권장한다. 생선을 좋아하지 않는다면 해조류 보충제도 좋다. 그러나 생선을 먹는 이점은 오메가3 자체의 이점을 넘어선다. 역학 및 임상실험에 따르면 오메가3는 심장질환의 위험을 줄이고 우울증 위험도 억제하는 것으로 보인다.

탄수화물의 '탄' 자도 꺼내지 말라?

지난 5년 동안 탄수화물의 평판은 미친 듯 널을 뛰었다. 다이어트 열풍 속에서는 공포의 음식이라고 대대적으로 적대시했던 반면 만성질환의 위험을 낮추는 이로운 영양분으로 간주되기도 한다. 과연 어느 쪽일까? 탄수화물은 좋은가, 나쁜가? 간단한 대답은 둘 다라는 것이다.

탄수화물은 사슬 형태의 작은 단당류로서 체내에서 분해되어, 체내 모든 세포의 에너지 기반인 포도당glucose으로 흡수된다. 탄수화물은 단순다당류simple monosaccharide(포도당 같은 단당류)나 이당류disaccharide(자당이나 설탕 같은 이당류)다. 복합 탄수화물은 단당류가 여러 개 합쳐진 다당류다. 모든 탄수화물은 결국 단당류인 포도당으로 분해된다.

탄수화물이 함유된 음식을 먹을 경우 소화계는 소화 가능한 탄수화물을 당으로 분해하고 분해된 당은 혈액 속으로 들어간다. 혈당 수치가 높아지면 인슐린이라는 호르몬이 방출되어 세포가 에너지로 쓰거나 저장하기 위해 혈당을 흡수하는 작용을 촉진시킨다. 이때 혈당 수치가 떨어지기 시작한다. 복합 탄수화물(잎채소, 고구마, 콩류, 통곡물)은 분해와 흡수에 시간이 더 오래 걸리고 섬유소와 비타민, 미네랄 등의 이로운 영양소도 함유하고 있다. 반면 단순 탄수화물은 영양소가 부족한 반면 열량은 높고 흡수도 빠르다(단 음식, 흰 빵, 주스 등을 생각해보라.)

고탄, 저탄, 아니면 무탄?

탄수화물은 논란이 많은 영양소지만 면역력을 탄탄하게 유지하는 데 커다란 역할을 한다. 6장에서 운동 실적을 최적화하는 데 탄수화물이 중요한 역할을 한다고 이야기했다. 감염과 싸우는 것은 비용이 많이

드는 일이고 면역세포는 포도당을 많이 필요로 한다. 포도당 수치가 너무 오랫동안 지나치게 낮으면 면역계가 감염에 대응할 확률이 낮아지고, 호중구neutrophil(골수에서 만들어지는 과립백혈구의 일종-옮긴이)와 자연살해세포, B세포, T세포 같은 핵심 면역세포의 수와 기능도 떨어질 수 있다.[14]

그러나 과도한 탄수화물 섭취는 산화스트레스와 염증을 일으킨다. 혈당 조절이야말로 만성질환을 퇴치하여 건강하게 오래 살기 위한 초석이다. 혈당 수치가 지나치게 오랫동안 계속 올라가면 면역세포는 일을 하기 어려워지고 우리 몸은 감염과 암에 노출된다. 높은 포도당 수치는 해로운 최종당화산물AGEs, advanced glycation end products(당독소. 과잉의 당분과 단백질이 화학반응을 일으키며 만들어내는 물질로 당뇨병과 노화의 주범으로 주목받는다-옮긴이)을 형성시키는 파괴 분자들을 풀어놓기 때문이다. 최종당화산물은 면역계 작용을 방해한다. 음식을 섭취한 뒤에 혈당이 상승하는 것은 정상이다. 이는 식후 혈당 상승blood-glucose excursion이라는 현상으로 혈중 포도당 수치가 정상 수치 이상으로 급상승하는 것을 말한다. 건강한 사람들의 경우 혈당이 상승하면 인슐린이 나오고, 인슐린은 혈당을 낮추어 정상치로 되돌려놓는다. 이는 염증의 고삐를 죄는 데도 도움이 된다. 당뇨병 환자(몸이 혈당을 제거하려 애쓰지만 잘되지 않아 혈당치가 높은 환자)를 대상으로 한 연구에 따르면, 인슐린 기능에 이상이 생기면 감염 가능성이 높아질 뿐 아니라 다른 염증성 합병증 위험도 높아진다. 그러나 합병증의 위험을 평가할 때는 혈당 수치가 얼마나 올라가는지뿐 아니라 혈당 수치의 변화가 얼마나 빈번한지도 고려해야 할 문제다.

다행히 지나치게 불안해하지 않고도 탄수화물의 이득을 취할 수 있다. 가장 쉬운 방법은 배고플 때 일정한 간격을 두고 규칙적으로 먹되 섬유질, 식물성 영양소, 비타민, 미네랄이 풍부하고 흡수가 느려 혈당 급등을 막는 양질의 탄수화물(통곡물, 콩, 채소와 과일)을 먹는 것이다. 이로운 섬유질이 제거된 케이크와 구운 음식처럼 정제되고 가공된 탄수화물만 덜 먹는다면 탄수화물의 위험을 최소화할 수 있다. 탄수화물 대 섬유소의 비율은 통곡물 음식을 알아보는 유용한 기준이다. 10그램의 총 탄수화물당 최소한 1그램의 섬유소가 함유되어 있으면 된다. 식품성분표의 영양 정보를 보면 쉽게 추산할 수 있다. 총 탄수화물 양을 섬유소로 나누면 된다(단위는 그램).

질이 나쁜 정제 탄수화물은 과식하기 쉽다. 그러나 건강한 체중을 유지하는 일은 고삐 풀린 염증을 피하는 데 중요하다는 것을 잊지 말아야 한다.

한 연구에 따르면, 설탕으로 단맛을 낸 탄산음료를 하루에 한 캔만 먹어도 설탕 40그램을 섭취하는 꼴이고 이 경우 염증지표가 증가했다.[15] 체중도 더 증가하는 경향을 보였다. 사실 탄수화물과 건강 사이의 관계는 우리가 (온갖 종류의) **식이섬유를 먹지 않는 것**과 관계 있을 가능성이 있다.[16] 물론 이때도 맥락이 중요하다. 어떤 영양소도 진정으로 해로운 것은 없으니까. 하지만 지금 우리는 '해로운' 포화지방을 기껏 포기한 다음 다시 '해로운' 정제 탄수화물을 먹고 있다. 이것은 건강에 해롭다. 해로운 지방을 줄이고 이로운 불포화지방으로 바꿔야 한다.

글루텐 프리: 해결책인가 유행인가?

글루텐은 수백 개 단백질—특히 글루테닌glutenin과 글리아딘gliadin—의 혼합물이다. 글루텐은 밀, 호밀, 그리고 보리 같은 곡물에서 발견된다. 물과 섞으면 접착제 같은 점성이 생기고 그 덕에 반죽에 탄력이 붙고 빵이 부풀어 오른다. '글루텐 프리GF' 표시는 식당과 식료품점에서 흔하게 볼 수 있으며, 최근에는 건강한 성인의 20퍼센트가 의도적으로 글루텐 섭취를 제한한다는 여론조사 결과도 있었다. 그러나 '글루텐 불내성'은 실제인가 아니면 또 하나의 일시적 유행인가?

영국인의 약 1퍼센트는 셀리악병coeliac disease을 앓고 있다. 유전적으로 민감한 사람들에게 발생하는 자가면역질환이다. 면역 적합유전자를 기억하는가? 사람마다 고유한 이 면역 적합유전자의 특정 유형(DQ2 혹은 DQ8 헤테로다이머heterodimer)은 면역계가 글루텐 펩타이드peptide(아미노산 단위체들이 인공적으로 혹은 자연 발생적으로 연결된 중합체-옮긴이)와 좋지 않은 방식으로 상호작용을 하게 만든다. T세포가 염증성 사이토카인을 배출해 면역 부대의 작용이 활성화될 때 장점막이 손상되기 시작하는 것이다. 셀리악병에 걸린 사람의 경우 글루텐을 먹으면 소장의 내벽이 손상되어 설사, 복부팽만, 피로, 빈혈, 영양소 흡수 문제를 일으킨다. 몸의 다른 부분도 영향을 받을 수 있다.

셀리악병의 최적 진단법으로는 혈액검사와 장 조직검사를 통해 염증이나 장점막 손상을 확인하는 방법이 있다. 셀리악병은 평생 지속될 수 있기 때문에 유일한 치료법은 글루텐 프리 식단이다. 글루텐을 먹는 경우 면역계가 다시 면역반응을 일으켜 장 내벽이 또 손상을 입게 되기 때문이다. 글루텐을 아주 소량만 먹어도 장벽 손상이 일어나며 암 위험도 높아질 수 있다.

글루텐 프리를 하지 말아야 할 이유가 있다면?

(나처럼) 셀리악병을 공식적으로 진단받은 수백만 명은 평생 동안 글루텐 프리 식단을 꼭 유지해야 한다. 그러나 셀리악병에 걸린 사람들을 제외하고도 많은 사람이 글루텐이 자기 건강 문제의 원인이라고 주장한다. 거의 20년 전, '비셀리악 글루텐 불내성'의 존재가 처음 대두되었다. 그러나 그 이후 후속 연구는 정반대의 결론에 도달했다. 셀리악병을 제외하고는 글루텐에 대한 특정 반응의 증거가 전혀 없다는 것이다. 글루텐은 범인이 아니었다. 소화 문제의 원인은 심리적인 것, 즉 '노세보nocebo 효과(먹으면 유해할 것이라고 믿는 부정적 생각, 그렇게 믿는 사람에게 유해한 효과를 일으키는 일종의 역위약)'였다.

전형적인 셀리악병이나 밀 알레르기가 아니어도 글루텐의 영향이 있다는 암시는 그럼에도 여전히 중요한 추정 거리로 남아 있다. 최근에는 극소수의 사람들—글루텐 프리 제품을 사는 수백만 명보다 훨씬 적다—에게 글루텐의 영향이 미친다고 하는 증거가 쌓이고 있다. 불행히도 현재 비셀리악 글루텐 불내성을 진단할 수 있는 유효한 검사나 생체지표는 전혀 없다. 과학계에서 합의된 점도 없는 상황이다.

그렇다면 거꾸로 생각해보자. 글루텐 프리 식단에 위험은 없을까? 많은 경우 '글루텐 불내성'은 실제로 글루텐을 포함하는 식품의 다른 성분들에 대한 반응이다. 가령 빵에 들어 있는 프룩탄fructan(식물체에서 생성되는 과당 단량체로 구성된 다당류-옮긴이)은 장내에서 발효될 때 복부팽만을 일으킨다. 혹은 식품 첨가제나 보존제에 대한 반응일 수도 있다. 그러나 공교롭게도 프룩탄의 주원료 일부는 글루텐 프리 식단을 채택할 때 제거되기 때문에 사람들은 그저 글루텐 프리가 '효력이 있다'는 결론을 내리게 되는 것이다.[17,18,19]

글루텐 불내증이 의심스럽다면 밀을 소화시키려 애쓰는 장내미생물 구조 때문일 수 있다. 이런 경우 장 건강을 위해 노력하는 것이 글루텐을 완전히 끊는 것보다 더 나은 방법이다. 글루텐을 완전히 배제하는 경우 오히려 건강이 악화될 가능성이 있기 때문이다. 문제는 글루텐 프리 식단을 어떤 방식으로 구성하느냐다. 다시 말해 글루텐 프리 식단을 택한다면 대체 음식으로 무엇을 먹을 것인가? 아예 처음부터 글루텐 프리 식단을 선택하여 자연적으로 글루텐이 없는 곡물과 채소와 과일을 먹을 것인가? 아니면 글루텐이 함유된 식품을 버리고 질이 형편없는, 정제와 가공을 거친 글루텐 프리 케이크와 쿠키와 빵을 먹을 것인가?

글루텐 프리 식단은 심지어 건강에 문제를 일으킬 수도 있다. 영양 결핍의 관점에서 글루텐 프리 식단을 채택하는 것의 의미는 아직 거의 고려되지 못했지만 글루텐 프리 시리얼 제품에는 필수 미량영양소가 더 적게 함유되어 있고 섬유질도 더 적다. 사실 최근 연구들은 글루텐 프리 식단을 실천하는 건강한 성인들의 미생물총에 상당한 변화가 있었고 이들의 면역세포가 감염 대응을 더 못한다는 결과를 내놓았다.

앞에서 '음식 감옥'에 스스로를 가두는 것이 오히려 스트레스가 된다는 말을 했다. 진정한 의미의 비셀리악 글루텐 불내성이 아주 드물다는 사실을 고려하면 누구에게나 글루텐 프리 식단을 권고하는 것은 스트레스를 피하기보다 오히려 일으킬 가능성이 있다. 따라서 다음번에 '글루텐 프리' 표시를 보게 되면 두 번 생각하라. 물론 셀리악병이 아니라면 말이다.

면역계에 영양 공급하기: 신진대사의 영향

신진대사는 음식에 함유된 다량영양소를 에너지로 바꾸는, 평생 지속되는 화학반응이다. 그러나 음식 섭취는 불연속적인 데 반해(일반적으로 하루에 주요 식사를 세 번 정도 한다) 에너지 소모는 연속적으로 이루어지고, 이러한 변화는 우리가 밥을 먹는 때와는 아무런 상관도 없다. 결국 몸은 남는 다량영양소를 나중에 쓰기 위해 저장해두는 복잡한 체계를 발달시켰다. 그리고 면역은 활동에 연료를 공급하기 위해 신진대사에 의존하기 때문에 면역 역시 이 다량영양소 각각의 사용 가능성을 탐지하는 정교한 방식을 진화시켰다.

면역대사immunometabolism—즉 신진대사가 면역세포의 작용 및 기능과 어떻게 통합되는가—는 급속히 성장 중인 연구 분야다. 건강한 사람의 면역계는 보통 '비활동' 상태에 있다. 지속적으로 경계는 하지만 적극적인 전투 모드는 아니라는 뜻이다. 공격 시기가 되면 면역세포는 대사 활동을 늘리기 시작해 사이토카인과 항체 같은 필수 방어

단백질을 생성하기 위해 더 많은 영양분을 흡수한다.

과학자들은 신진대사 문제와 염증이 연계되어 있다는 사실을 오랫동안 알고 있었다. 류머티즘성 관절염과 다른 자가면역질환의 일부 염증성질환에도 대사 요소가 있다. 이런저런 다량영양소가 너무 많거나 적으면 면역에 근원적인 충격을 준다는 뜻이다. 상이한 다량영양소로 구성된 식단이 면역에 끼치는 영향을 연구한 결과는 거의 없다. 그러나 최근 몇 가지 단서가 나타나고 있다. 면역세포가 신진대사를 할 때 지방과 탄수화물에서 번갈아가며 연료로 쓸 수 있다는 사실은 알려져 있다. 감기와 싸우거나 열이 날 때 감염과 싸울 전투부대를 만들고 회복하려면 에너지가 필요하고, 따라서 탄수화물의 분해 산물인 포도당이 많이 필요해진다. 사실 염증은 포도당 사용을 적극적으로 촉진시킨다. 반면 지방은 느린 대사가 더 좋아하는 연료로서, 적극적으로 전투에 배치되지 않을 때 면역세포의 공회전을 유지한다. 염증반응을 올릴지 말지 그리고 어느 정도로 올릴지 선택할 때 어떤 연료를 쓸 수 있는지 감지해내는 능력이 면역계의 의사결정에 속한다는 것은 매우 합리적이다.

문제는 이러한 면역대사가 꽤 신생 연구 분야라는 사실이다. 불필요한 염증반응의 스위치를 끄기 위해 식단을 어떻게 바꾸어야 하는지를 알아내려 노력 중이지만 전문가들도 정확하게는 모른다. 다량영양소를 바꾸면 질병의 진행 방향을 바꿀 수 있을까? 아니면 어떤 특정 다량영양소도 공급하지 말아야 할까?

감기는 먹이고 열은 굶기라

수백 년 전에는 감기의 원인이 체온 하락이므로 많이 먹어서 체온을 올리면 감기를 몰아낼 수 있다고 믿었다. '열을 굶겨라, 즉 굶어서 열을 내리라'라는 조언은 음식 섭취가 위와 장의 활동을 활성화하여 체온을 높이므로 이미 열이 나고 있다면 음식이 몸에 부정적 영향을 끼친다는 생각에서 나온 것이다.

그렇다면 이러한 통념에 과학적 근거가 있을까? 뭐, 그렇기도 하고 아니기도 하다. 열의 원인에 따라, 무엇을 먹느냐에 따라 다르기 때문이다. 사람들은 대부분 열이 높으면 식욕이 별로 없다. 아주 아플 때(질병 행태에 대한 내용을 5장에서 보았다), 가령 열이 높아 자리에서 일어날 수도 없을 때는 식욕이 자연스레 억제되어야 병과 싸우는 데 에너지를 쓸 수 있기 때문이다. 앞에서 면역이 해로운 감염과 싸울 때 면역에 연료를 공급하기 위해 에너지가 필요하다고 설명했다. 그렇다면 아픈데 왜 식욕이 떨어지는 것일까? 보호 메커니즘 때문이다. 열이 날 때 식욕을 떨어뜨리는 것은 염증반응이 감염과 싸우려다 신체조직을 지나치게 많이 손상하기 전에 염증반응을 제한하기 위해 설계된 기제다. 그러나 앞에서 말했듯 영리하게도 이 또한 감염의 유형에 따라 다르다. 감기 유발 바이러스와 미열 같은 약한 감염에는 탄수화물을 먹는 것이 도움이 된다(따라서 '감기는 먹이라'). 그러나 혈액의 세균 감염처럼 고열에 시달릴 때 탄수화물을 지나치게 먹는 것은 염증반응에 지나치게 많은 연료를 공급하는 꼴이 되어 증상을 악화시킨다(따라서 '열은 굶기라').

결국 어떤 종류의 감염에 대처하고 있는지 파악할 수만 있다면 더 빨리 낫는 간단한 방법도 찾을 수 있다. 이제 감기에 걸리면 입안이 미어터지게 먹으라거나 열이 날 때 굶으라는 말이 아니다. 이런 내용을 일반화하려면 훨씬 더 많은 지식이 필요하다. 하지만 이러한 결과들을 보면 먹는다는 단순한 행위가 면역에 얼마나 심오한 영향을 끼칠 수 있는지는 확연히 알 수 있다.

포식이냐 단식이냐?

속설은 차치하고라도 단식은 현대의 시대정신이자 다이어트 산업이 애지중지하는 최신 유행이 되어가고 있다. 그러나 과학적 관점에서 보면 건강을 위해 열량을 제한하는 것이 새로운 현상은 아니다.

먹는 것은 몸을 위한 대사활성화 시간이다. 그러나 먹는 것은 또한 면역계가 활동하는 시간을 갖는다는 뜻이기도 하다. 먹을 때는 영양분이 섭취될 뿐만 아니라 면역계가 일시적인 염증반응을 생성한다. 각 끼니를 먹는 행위만으로도 어느 정도 염증이 발생한다는 뜻이다. 음식 대사 동안 생성되는 산화제와 유리기는 염증성 유전자의 경로를 활성화할 수 있다. 특히 에너지밀도가 높은 음식을 먹거나 먹는 걸 달고만 있어도 대사의 교통체증이 발생하는 것이다. 그뿐 아니라 식사 후 약 4시간 동안의 장 누수(144쪽 참조)는 장내미생물과 그 성분이 혈류로 누출되도록 함으로써 면역계에 의한 염증을 조용히 유발할 수 있다. 이를 활성화하는 인자는 대개 인플라마좀이다(338쪽 참조). 이러한

'식후염증postprandial inflammastion'은 일시적이고 정상적인 반응이다. 섬유소가 풍부하고 식물성 영양소 밀도가 높은 식단은 누수되는 장벽을 다시 막고, 식사 사이의 공복기는 장벽을 강화한다. 그러나 칼로리가 높은 음식, 잦은 식사, 과도한 과당, 지방이 많은 음식—특히 포화지방—에 의해 장 누수는 악화될 수 있다. 몸에 부수적 피해가 계속 재발하는 것과 같으며 시간이 지날수록 건강에 극히 해롭다.

단식의 형태는 많다

단식이 주류 과학계를 강타하기 전에도 식이 제한CR, calories restriction은 존재했다. 식이 제한은 매일 언제 먹는지 상관없이 하루 필요 열량을 60~70퍼센트 줄이는 것이다. 1930년대 과학자들은 식이 제한을 실시한 쥐들이 다른 쥐보다 수명이 두 배 늘었다는 것을 밝혀냈다. 그 후 수십 년 동안 유사한 결과들이 생쥐에서 어류, 개에 이르기까지 계속해서 나타났다. 내가 면역학자로 연구를 시작한 이후 많은 학회에 참여할 때마다 식이 제한이 활기를 되찾아 주고, 암과 심장병, 당뇨병 같은 나이 관련 질환 전체에 도움이 된다는 발표를 들은 기억이 난다. 최소한 실험실 쥐의 생애에서는 식이 제한(영양실조나 미량영양소 결핍 없이 약 40퍼센트 줄이는 것)이 수명을 연장할 뿐 아니라, 나이와 관련된 거의 모든 면역기능 저하를 둔화시켜 다양한 질병의 위험을 감소시키는 듯 보인다. 일부 연구들은 식이 제한이 인간에게도 건강상의 이점이 있을 것이라고 말하지만, 식이 제한의 장기적 영향을 파악하려면 연구가 더 필요하다. 현재로서는 식이 제한과 장수의 관계를 파악한 인간 관련 데이터는 전무하다.

식이 제한의 뒤를 이어받은 것은 단식인 듯하다. 1940년대 연구자들은 식이 제한 대신 실험동물을 대상으로 단식을 실험하기 시작했다. 놀랍게도 이들은 단식을 한 쥐들의 수명이 상당히 늘어났을 뿐 아니라 암에 걸릴 확률도 적어진다는 것을 발견했다. 최소한 실험상으로는 단식이 식이 제한보다 나아 보인다. 진짜라고 믿기에는 지나치게 꿈 같은 결과가 아닐까?

단식이나 식이 제한이 면역과 건강과 장수에 실제로 좋은지 확실히 알려면 더 많은 실험과 연구가 필요하다. 수명과 관련된 이 초창기의 연구 결과들은 열량을 제한해서 나타난 것일까, 아니면 특정 시간대 안에 음식을 먹었기 때문에 나타난 것일까? 알고 있는 바를 토대로 추정하자면, 어떤 형태의 식이 제한이건 장기간 실천할 때 비로소 장수에 끼치는 영향의 방향을 바꾸어놓을 수 있다는 것이다. 또 한 가지 의문이 생긴다. 이러한 결과들은 먹는 시간대뿐 아니라 먹는 내용물에도 영향을 받는 것일까? 과학이 이런 세부 사항과 씨름하는 동안 최근의 단식 열풍에서는 온갖 종류의 열량 제한 식이 패턴이 먹는 시간대와 먹는 양과 관련하여 다양하게 변형되어 등장하고 있다. 그중 몇 가지를 살펴보자.

- **물만 먹는 단식형 식이**Water-only fasting diet: 48시간 이상 아무것도 먹지 않거나, 하루나 일주일 혹은 한 달의 특정 시간대 동안 식이를 극도로 제한하는 것이다. 단식의 추가적 효과는 열량 감소

다. 규칙적인 식사 횟수가 줄어들기 때문이다.

- **간헐적 단식**: 무엇을 먹느냐보다 언제 먹느냐에 초점을 맞춘다. 격일단식(혹은 '1일1식'이라고도 한다. 이름처럼 매일 한 끼만 먹고 나머지 24시간은 단식하는 것이다) 방법을 사용한다.
- **시간 제한 식이**TRE, time-restricted eating: 인기를 끄는 또 하나의 단식 방법으로, 모든 식사와 간식을 매일 특정 시간대 이내에 섭취하는 것이다. 12시간에서 16/8법까지 다양하다. 16/8법이란 16시간은 단식을 하고 8시간 내에 모든 음식을 다 먹는 것이다. 24시간 주기를 기준으로 시간 제한 식단을 짜는 방법은 우리 몸의 신진대사가 24시간 주기를 따른다는 생각에서 비롯된 것이다. 4장을 기억한다면 먹는 행위는 생체시계를 제시간에 맞추어 유지하는 데 도움이 되는 자이트게버다. 점점 더 많은 연구가 시사하는 바에 따르면 우리 몸은 먹는 패턴과 몸에 내재된 활동일주기를 맞출 때 최적으로 기능한다. 장에는 매일 효소의 증감과 양분의 흡수 및 폐기물의 제거를 조절하는 시계가 있다. 장내미생물을 구성하는 수조 개의 세균군 또한 24시간 리듬에 맞추어 활동한다. 이러한 식이를 통해 면역계의 핵심 기능이 무엇을 얼마나 먹는가뿐 아니라 언제 먹는가에도 직접 의지한다는 것을 알 수 있으니 얼마나 근사한가.

음식을 먹지 않으면 정말 더 건강해질까?

인류가 진화하는 동안 먹을 음식을 찾아내는 일은 예측 불가능할 때가 많았다. 그 결과 인류는 음식이 없는 시간을 버티기 위해 꽤 많은 방안을 마련해놓았다. 포식하는 일은 훨씬 드물었기 때문에 지나치게 많은 음식을 섭취했을 경우에 대한 방어책은 진화할 기회가 별로 없었다. 이러한 진화 환경을 보면, 비만이 건강 문제가 된 이유를 어느 정도 알 수 있다. 단식은 분명 강력하고 실험적인 새로운 수단이었지만 단식 때 작용하는 다양한 기전은 아직 풀어야 할 난제다. 현재까지 대부분의 연구는 단식의 체중 감량 측면에만 집중해왔다(먹을 기회가 적어지면 먹는 양을 줄이기 더 쉽지 않은가). 그러나 염증 조절 및 면역 활성화라는 단식의 성질은 최근 들어 지나치게 선정적으로 다루어진 감이 없지 않다. 대중매체는 단식이 자가면역에 의해 유린된 장기 전체를 재생할 수 있다고 대서특필하며 법석을 떤다. 하지만 이러한 광고 뒤의 진실은 무엇일까?

음식이 없다는 것은 일종의 스트레스다. 앞에서 본 바대로 스트레스는 생체의 보호 반응을 유발한다. 열량을 제한하면 세포에게 가지고 있는 자원을 보존하라고 지시하는 유전자가 활성화된다. 단식 상황에 처한 세포는 성장과 분열을 멈추고 시동을 끈다. 이 상태에서 세포는 질병과 추가 스트레스에 저항하도록 돕는 단백질을 상향 조절한다. 결국 세포들은 자가포식autophagy이라는 자기 재활용 과정을 시작할 수밖에 없다. 죽었거나 독성이 있는 세포 물질을 깨끗이 치우고, 손상된 성분들을 수리하고 재활용하는 과정이다. 이 과정을 통해 낡고 닳아서 못쓰게 된 '좀비' 면역세포, 잘못될 확률이 높은 좀비세포들이 제거된다(124쪽 참조). 굶으면 몸은 에너지를 저장하려 한다. 손상을 입었거나 늙은 세포들은 재활용의 영향을 받기가 훨씬 더 쉽다. 그래서 단식이 건강에 도움이 되는 메커니즘으로 여겨지는 것이다. 멋진 것은 단식 후 다시 식사를 하게 되면 골수에서 신선하고 새로운 면역세포가 생성되어 손상된 세포를 대체한다는 점이다. 이러한 상태에서 단식 순환은 스위치를 다시 켜고 면역계를 회생시킨다. 이러한 집안일이 정기적으로 이루어지지 않으면 자가면역질환에 걸릴 수 있다. 그러나 걱정할 필요는 없다. 우리 몸이 쓰레기를 내다버리는 방법에는 단식만 있는 건 아니니까. 수면과 운동 역시 잠재적으로는 이 집안일에 도움이 된다.

단식을 여러 면역기능 요소의 호전과 연계한 연구들이 있다. 자가포식은 면역의 다양한 성질을 조종할 뿐 아니라 감염을 감지하고 찾아내는 능력을 조율하는 데 중심 역할을 하는 듯하다. 자가포식은 2장에서 살펴본 노화 좀비세포들을 최소화하고 달갑지 않은 염증을 줄일 수 있다.[20] 보조T17세포 같은 면역세포들이 하루에 한 끼를 먹는 사람들에게서 나타났고, 이는 자가면역질환 환자들에게 희망을 준다. 암을 감시하는 자연살해세포는 종양세포를 찾아내는 데 더 능숙하다. 그리고 최근에 보고된 바에 따르면 격일로 칼로리를 제한했더니 천식 증상이 호전되었다.

현재 시점에서 이런저런 형태의 단식은 망가진 면역계를 재생시킬 수 있다. 이는 자가면역질환을 치료할 뿐 아니라 심지어 완치시킬 수 있는 엄청난 잠재력이다. 게다가 일부 암을 예방하고 치료하는 데도 기여할 가능성이 있다. 그러나 이러한 고무적인 연구에도 불구하고 모든 연구가 동일한 결과를 보이는 것은 아니다. 자가포식이 자가면역 질환에 해로운 영향을 끼친다는 것이 입증된 경우도 있다. 류머티즘성 관절염의 경우 자가포식의 활성화가 염증 유발성 신호들을 상향 조정해, 관절 구조의 파괴를 촉진시킨 것이다. 마찬가지로 자가포식 신호전달에 조절 장애가 생기면 루푸스와 크론병이 생길 수 있다. 게다가 자가포식은 매우 복잡한 과정이다. 이 과정이 언제 일어나는지, 그리고 몸의 어느 곳에서 일어나는지(모든 세포가 동시에 자가포식을 겪는지?) 정확히 알려져 있지 않다. 이 과정을 측정할 수 있는 좋은 방법도 아직은 전무하다. 대부분의 연구가 실험실에서 행해지는 데다 실험 대상도 효모균에서 영장류에 이르기까지 동물에 국한되기 때문에 이러한 발견들이 늘 인간에게 직접 적용되는 것은 아니다. 진정한 의미의 단식은 수명이 짧고 몸집이 작은 포유류의 생존 메커니즘을 분명 가동시킨다. 그러나 수명도 길고 덩치도 큰 인간에게도 똑같은 일이 일어난다는 보장은 없다.

단식의 어두운 이면

과학이 단식의 영향이라는 문제와 씨름하는 동안, 당신은 단식을 지지하는 끊임없는 경험담과 사례에 마음이 끌릴 수 있다. 하지만 단식을 하게 되면 영양부족, 근육 손실, 잠재적인 담석, 골밀도 감소, 호르몬 변화, 흉선 기능 저하를 경계해야 하고, 피로와 운동 역량 감소도 감내해야 한다. 수면 부족과 심리적 피해는 말할 것도 없다. 일부 연구에서는 48시간 동안 온전히 금식한 결과 부교감신경의 활동이 약화되는 동시에 교감신경의 스트레스 활성화가 일어난다는 사실이 밝혀졌다. 스트레스호르몬인 코르티솔이 엄청나게 증가했기 때문이다. 살아가면서 해야 할 일이 많아 이미 끙끙거리는 상황이라면, 단식으로 스트레스 반응을 늘리는 것은 자신을 벼랑 끝에서 밀어버리는 짓이 될 수 있다. 일부 실험에 따르면 급격한 식이 제한은 면역계를 약화시키고 수명까지 단축시킬 수 있다. 초파리를 대상으로 한 흥미로운 연구에 따르면 정상 식사량의 절반을 먹고 식중독을 일으키는 살모넬라균에 노출된 초파리들은 온전한 식사량을 채운 초파리들보다 거의 두 배 더 살았지만, 또 다른 식중독균인 리스테리아균에 감염되었을 때는 식이를 제한한 초파리가 단 4일 만에 죽은 반면 정상 식이를 한 초파리는 6~7일 만에 죽었다.

식이 제한을 통해 장수를 바라는 이들에게 이러한 결과는 경종을 울릴 수 있다. 그러나 여러분이 나처럼 호기심이 많고 자기를 대상으로 실험을 하는 부류라면, 일정 시간 내에 규칙적으로 하루치 열량이 함유된 식사를 시도하는 것이 감당할 만한 단식의 출발점일 수 있다.

식습관

건강을 위해 식습관을 재고하려 한다면 개별 음식과 영양소에 초점을 맞추지 말아야 한다. 왜일까?

오늘날에는 영양 관련 질병의 비중이 크게 변했다. 괴혈병과 구루병 같은 영양결핍 질환은 이제 더 이상 식사가 유발하는 질병이 아니다. 오히려 영양과잉과 섬유질 및 식물성 영양소가 모자란 식사가 만성 염증성 질환의 소리 없는 주범이다. 건강을 위한 식습관을 선택할 때 최상의 방법은 영양소가 아니라 유기적으로 통합된 식사 패턴을 찾는 것이다. 우리는 영양소를 따로따로 섭취하지 않는다. 음식은 늘 부분의 총합이지 다량영양소와 미량영양소의 단순한 집합이 아니다. 그러므로 경직되거나 특정 식품군을 제외하지 말고, 먹는 음식과 음료 모든 것의 총체성을 지켜야 한다. 건강에 이롭고 적응 가능한 식사 패턴을 유지하고, 되도록 음식물을 통해 영양소를 충족시키는 쪽이 안전하다. 그러나 음식은 또한 구조와 질감, 사회문화적 함의, 환경적·정치적 함의도 갖고 있다. 이들은 모두 먹는 시간, 먹는 양, 몸이 반응하는 방식에 영향을 끼친다.

미국인 표준 식단, SAD

서양식 식단WPD, Western pattern diet은 대개 미국인 표준 식단SAD, Standard American Diet(일명 '슬픈' 식단)이라고도 하는데, 서양 국가에서 흔히 나타나는 현대식 식사 패턴이자 날로 세계화되는 전 세계에서 급속히 채택되고 있는 습관이기도 하다. 수많은 생활 습관 변화가 일어나고 있는 동안 SAD는 면역매개질환을 증가시키는 요인으로 급격히 주목을 끌고 있다. SAD는 총열량과 포화지방(지방이 많은 가축용 육류와 가공육), 정제 곡물, 설탕, 알코올, 그리고 소금 함량이 높은 동시에 과일과 채소의 비중이 낮아 섬유질 섭취의 감소가 특징이다.

SAD는 사회경제적 위상 때문에 강력한 모방의 대상이 되었다. 물론 여기서는 간단하게 언급하겠지만 이 식단이 이 책의 범위를 넘어서 더 큰 문제의 일부라는 뜻이다. 지난 몇십 년 동안 현대인의 생활이 운동이 감소하는 쪽으로 변하고 더 바빠지고 스트레스가 많아지면서 우리는 어쩔 수 없이 SAD 식단에 의지하는 방향으로 흘러갈 수밖에 없었다. 이러한 문화적 이행 이후 서서히 건강 문제가 등장하기 시작했다. 지난 몇십 년은 생활 습관으로 인한 만성질환이 천천히 부화되는 시기였음이 확연히 드러난 것이다.

이는 SAD의 열량이 대개 '가공'식품에서 나온다는 뜻이다. 현재 '가공식품'의 정의는 논란의 대상이다. 식품점에서 파는 거의 모든 음식이 어느 정도 가공을 거친다. 저온살균, 진공포장, 조리, 냉동, 강화를 거치고, 보존제와 향미 증진제를 더한 식품이 즐비하다는 뜻이다. 이 가공 중 일부는 음식의 영양가를 변화시킬 수 있다. '최소 가공'했다는 평가를 받는 음식은 냉동, 건조, 조리 혹은 진공포장 음식이지만 설탕이나 소금이나 기름은 첨가하지 않았다. 오늘날 영국 가정에서 사들이는 음식의 50퍼센트 이상은 '고도가공ultra-processed'식품이라 여겨진다. 다섯 가지나 그 이상의 첨가제, 착색제나 안정제를 첨가한, 바로 먹을 수 있는 형태의 음식으로서 나트륨과 합성 트랜스지방과 인공감미료를 넣어 풍미를 더하고 유통기한을 늘린 제품이다. 영국의 국민식단 및 영양조사에 따르면 대부분이 지나치게 많은 양의 지방과 소금과 설탕을 섭취하고 있고, 하루에 다섯 차례 일정량의 야채와 과일을 먹는 사람은 극소수에 불과하다.

SAD가 매우 위험한 이유는 무엇일까?

고도가공식품으로 SAD 식사를 하는 사람들은 전통적인 식사를 하는 사람들에 비해 건강이 악화되어 있다. 이는 널리 알려진 사실이다. 그뿐만이 아니라 면역기능 손상과 염증성질환 위험 가능성까지 있다. 대부분의 염증성질환은 원인이 복잡하지만 SAD 식사 패턴은 염증을 가속화하고 증상을 악화시킬 수 있다.[21] 그러나 SAD가 이렇게 건강을 악화시키고 있는 것이 분명한데도 SAD의 나쁜 점이 정확히 무엇인지 꼭 집어 말하기는 어렵다.

지방이 지나치게 많거나, 지나치게 달거나, 지나치게 짜거나

면역계가 SAD에 대응하는 방식은 세균 감염에 대응하는 방식과 똑같다. 바로 다루기 힘든 염증이다. 정제된 탄수화물, 단맛이 나는 탄수화물, 포화지방과 트랜스지방에다 지나치게 많은 염분은 모두 위험 신호로 기능한다. 염증 활성화의 방아쇠를 당겨 염증반응을 가동시키고 면역계에 장기적인 자극을 일으켜 당뇨와 심장병 같은 식이 관련 문제를 일으키는 역할을 한다. 이러한 식습관이 꾸준히 지속될 때 위험은 멈추지 않고 염증도 계속된다.

앞에서 살펴본 바대로 포화지방과 트랜스지방은 면역에 나쁜 소식이다. 혈당 조절 실패가 나쁜 소식인 것과 마찬가지다.

소금은 생리 기능에 필수적이고 균형 잡힌 식사를 한다면 하루 필요량을 채우기 매우 쉬운 물질이다. 문제는 과다 섭취 또한 너무 쉽다는 점, 그리고 오늘날의 식사에서 염분을 피하기가 쉽지 않다는 점이다. 최근의 한 연구 결과에 의하면, 염분 소비 조사 대상 187개국 중 6개국만 빼고 전부 소금 소비량이 지나치게 높았다. 영국의 성인은 평균 하루 8그램 정도의 소금을 섭취한다. 최고 권장량보다 2그램 더 많다.

연구가 제공한 강력한 증거에 따르면, 소금 섭취 과다는 자가면역 질환을 일으키고 증상을 악화시킬 수 있다.[22,23] 소금 섭취가 과도한 흡연자들은 류머티즘성 관절염을 앓을 위험이 두 배나 높다.[24] 그리고 소금이 지나치게 많이 든 음식은 장을 보호하는 점액을 빼앗기 때문에 좋은 미생물에게도 아주 해롭다. 따라서 식사에 소금을 좀 더 요령 있게 쓰라는 조언을 할 수밖에 없다.

지나치게 달고 지방이 많고 짜기 때문에 건강을 해칠 수 있지만 식물성 영양소, 섬유질, 오메가3지방산이 없는 것도 SAD가 해로운 이유다. 알다시피 이 세 가지 영양소는 건강에 매우 중요하다. 게다가 우리 장내미생물 또한 정크푸드를 좋아하지 않는다. 음식 첨가물, 특히 유화제는 미생물총에 영향을 끼친다. SAD 섭취에 의한 감염질환의 위험 증가는 설탕, 소금, 지방 함량 때문이 아니라 섬유소 결핍으로 장내 미생물을 굶겨 죽이고 있기 때문일 수 있다. 더 충격적인 사실은 해로운 식사의 영향이 미래 세대에게까지 영향을 끼칠 수 있다는 점이다. 모체의 식단이 태아의 수많은 건강 요인을 바꾼다는 사실은 잘 알려져 있다. 풍미에 대한 선호나 식사 선택에 이르기까지 태아의 많은 취향이 모체의 영향을 받는다.

그리고 지나치게 맛이 좋거나

SAD의 또 한 가지 큰 문제는 맛이 지나치게 좋다는 것이다. 고도로 가공한 음식은 더없는 행복감을 준다. 더하지도 덜하지도 않은 적정량의 소금이나 설탕이나 지방이 맛을 최적화해놓은 바람에 입에 착착 감긴다. 인간의 몸은 이러한 맛을 좋아하는 쪽으로 진화했다. 뇌는 맛난 음식에 '엔도르핀'의 형태로 '보상'을 제공하며, 이러한 보상을 얻기 위해 무엇을 했는지 기억했다가 다시 같은 일을 하도록 몸을 조종한다. 수많은 가공식품의 질감과 맛은 빠르고 쉽게 먹을 수 있게 되어 있고, 이는 건강에도 큰 영향을 끼친다. 빠르게 먹을수록 소모하는 열량보다 섭취 열량이 많아지기 쉽고 이는 체중 증가의 핵심 요인이다.

열량의 균형은 저울과 같다. 균형을 잃지 않으려면 (음식에서) 섭취한 칼로리와 (정상 신체 기능, 일상의 활동과 운동에서) 사용한 열량이 같아야 한다. SAD 식사 패턴은 열량의 과다 섭취로 쉽게 이어진다. 영양과다라는 현상인데 일종의 영양불량 상태다. 영양분이 충분치 않은 음식을 몸이 원하는 양 이상으로 공급한 것이기 때문이다. 영양과다의 영향은 며칠이나 몇 주 사이에는 느껴지지 않지만 몇 년에 걸쳐 축적되며 많은 면에서 면역에 해롭다. 규칙적인 과식은 에너지 섭취량과 사용량 사이의 불균형을 초래한다. 체중이 늘어나면 우리는 이 불균형을 알아차리게 된다. 우리 몸의 세포는 추가로 공급받은 많은 에너지로 무엇을 해야 할지 모르기 때문에, 신진대사 폐기물을 과다 생산하게 되고 이는 만성염증으로 이어진다. 지방세포들은 지나치게 많은 에너지를 처치하려 애쓰다 스트레스를 받게 된다. 이들은 거짓 경보로 작용할 수 있는 염증 물질을 방출하고, 이 거짓 경보는 시간이 지나면서 면역계가 감염에 대한 반응을 낮추도록 유도하므로 서서히 만성염증이 발달하는 바탕이 마련된다. 비만 자체가 면역력 저하의 주요 요인이 되는 원인 중 하나는 이러한 작용 때문이다.

간식에 무슨 문제가 있을까?

40년 전만 해도 사람들은 대부분 집에서 식사를 했고 건강하고 균형 잡힌 음식을 조리할 기본적인 기술을 습득했다. 사람들에게는 대체로 규칙적인 일상이 있었다. 하루 세끼, 사회적으로 규정된 시간에 따뜻하고 다정한 분위기에서 충분한 양의 건강한 식사를 했다. 간식은 오늘날과 달랐다. 학교나 일터에는 자판기가 없었고, 학교 매점도 없었다. 골목 상점에서 패스트푸드를 파는 일도 극히 드물었다. 그러나 조리할 시간이 거의 없어진 오늘날에는 다행인 건지 어딜 가도 음식이 지천에 널려 있다. 이젠 먹고살기 위해 조리할 필요가 없다.

불과 지난 몇십 년 동안 크게 변모한 음식 환경은 특정 목적을 위해 설계된 것이다. 싸고 맛있고 대량생산하기 쉽고 휴대가 간편하며 유통기한이 넉넉하고 먹기 쉬운 음식이라는 목적이다. '건강에 좋은' 가공식품도 이러한 목적에 부합한다. 무엇을 먹어야 할지 언제 먹어야 할지에 대한 규칙도 점점 줄어들고 있다. 먹을 수 있으면 먹고, 먹고 싶으면 먹고, 기분에 따라 먹는다. 포부나 염원이나 윤리가 먹는 행위를 좌지우지한다. 무엇을 먹을지 선택할 때 건강상의 영향을 더 의식하고 하루 세끼 균형 잡힌 식사를 이상화하면서도, 실제로 그렇게 먹는 사람은 드물다.

또한 전보다 자주 먹는다. 대개 식사 시간 이외에도 뭔가를 먹는다. 새로운 스마트폰 앱 데이터는 우리가 불규칙한 식습관이 있다는 것을 입증한다. 먹는 행위 전체의 절반은 '간식'으로 규정된다.[25] 많은 사람들은 (수면 시간을 제외하고) 하루 16시간 동안 뭔가 '먹는' 상태다. 변화하는 식사 패턴은 영양과다를 일으키며 신진대사 혼잡을 초래하고 우리의 몸을 본질적인 염증 상태로 만든다. 오늘날 우리는 약간 배고픈 상태도 괜찮다는 것을 잊은 듯하다. 배고픔은 심지어 병으로 취급받는다. 이제는 만족스러운 식사를 더 적은 횟수로 하고 간식이 정말 필요한지 자문할 때가 된 것 같다.

간식이 다 나쁜 것은 아니다. 먹은 후 지속되는 포만감은 식사 때 과식을 막아주는 중요한 요인이다. 끼니 사이에 간식을 먹으면 포만감이 늘어나고 매일의 영양소를 충실하게 채울 가능성도 높아진다. 단백질과 섬유질이 높은 음식과 통곡물(견과류와 요구르트, 과일, 채소, 복합탄수화물)은 간식으로 먹으면 포만감이 높아진다. 그러나 오늘날 대다수의 간식은 지나치게 맛이 좋고 염분과 당분이 많으며 열량만 높을 뿐 영양가는 빈약하다. 심지어 이런 간식 중 일부는 '건강하다'고 광고를 한다. 따라서 24시간 내내 간식을 먹는 사람들의 몸은 결국 항시적인 염증 상태에 있게 된다.

공공보건 메시지를 다들 잘 아는데도 SAD는 피하기 어렵다. 24시간 일주일 내내 음식이 지천에 널린 탓이다. 편리함은 좋지만 대가가 따른다. 횟수와 양을 조절할 책임은 자신에게 있다.

간식이 필요할까?

내 친구들과 가족은 나를 간식 반대자로 알고 있다. 그러나 내가 정말 바라는 점은 몸이 보내는 신호에 맞추어 음식을 조절하는 것이다.

- 뭔가 먹고 싶은 이유가 배가 고파서인가? 아니면 권태나, 주변 온갖 곳에 음식이 있다는 사실 때문인가?
- 에너지 상태는 어떠한가? 먼저 먹은 식사는 균형이 잡혀 있고 양이 충분했는가? 아니면 어떤 식으로건 '좋아지려고' 일부러 모자라게 먹었는가?
- 몸의 반응을 탐지하라. 속이 더부룩하고 집중력이 저하되었는가? 음식은 몸이 떨리기 전, 저혈당이 온다는 느낌이 들기 전에 먹어야 가장 좋다.

지중해 식단

'지중해 식단Mediterranean diet'이라는 용어는 1960년대 초창기 건강 관련 데이터에서 탄생했다. 그 자료는 그리스와 이탈리아 남부에서 는 전통적으로 내려오는 식습관 덕에 심장병과 신경 퇴화와 암 위험이 낮다고 보고했다. 대체로 신선한 과일과 채소, 통곡물과 올리브오일의 비중이 높고, 포화지방의 비중이 낮은 지중해 식단은 그 이후 집중 검토 대상이 되었다. 그리고 수천 건의 연구논문이 나오면서 현재 지중해 식단은 세계적으로 가장 연구가 잘되어 있고 대체로 건강에 좋은 식사 패턴으로 자리 잡았다.

증거에 따르면 지중해 식단을 따르는 식이 습관 그리고 생활 습관은 만성질환을 전반적으로 감소시키고 장수라는 이점도 제공한다. 기억해야 할 점은 지중해 식단에 한 가지 형식만 있는 것이 아니라는 사실이다. 지중해 연안 18개국에는 여러 변형된 식단들이 있다. 하지만 이 나라들은 모두 양질의 음식을 선택하고 가공식품을 제한하는 식이 패턴을 갖고 있으며 다음의 특징을 공유한다.

- **높은 밀도의 영양**: 식물성 영양소와 섬유질이 집중된 음식 구성, 풍부한 과일과 채소, 빵과 그 밖의 통곡물, 시리얼, 콩, 견과류, 씨앗류.
- **가공 최소화**: 원래 지중해 식단은 가난한 사람들의 식사 패턴이었고, 그랬기 때문에 지역에서 재배한 제철 음식이 주로 포함되었다. 또한 음식의 양을 최대한 늘리고, 고기 없이 단백질원을 공급하기 위해 콩류를 이용했다.
- **단 음식 제한**: 신선한 과일이 일상의 디저트다. 단 음식의 재료로 견과류와 꿀과 올리브오일을 사용한다.
- **양질의 지방**: 올리브오일은 바다에서 나오는 다른 지방과 더불어 조리에 쓰이는 주요 지방원이며 전체 지방 섭취량은 과하지 않은 정도다.
- **적당한 유제품 섭취**: 유제품은 주로 치즈와 요구르트로 이용한다.

- **단백질**: 육류는 적당한 범위 내에서 가끔 섭취한다. 다양한 해산물을 섭취하고 먹는 양도 적당하다.
- **허브와 향신료**: 음식의 풍미를 더하기 위해 주로 쓰인다.

항염증 식이

SAD식 식습관을 나쁘게 만드는 것이 한 가지 음식이나 영양소 때문만이 아니듯, 지중해 식단에서 오는 건강상의 이점도 간단하지 않다. 지중해 식단의 장점은 개별 음식의 결과물이라기보다는 음식의 조합, 즉 양질의 영양분이 밀집된 음식을 더 먹은 결과일 수 있기 때문이다. 식물성 영양소, 섬유소, 양질의 지방, 그리고 풍미가 살아 있는 음식에는 모두 항산화성, 항균성, 항염증성이 있다. 게다가 지중해 식단에서는 일반적으로 고도가공식품을 먹지 않는다.

지중해 식단에 대한 연구는 많은 경우 신진대사와 심장 건강에 집중한다. 다수의 연구에 따르면 제2형 당뇨병이 있는 사람들이 지중해 식단을 따를 경우 혈당 조절 능력이 개선되고 만성적인 위험 요인이 감소한다. 지중해 식단에 당뇨병 위험이 있는 사람들을 보호하는 효과가 있다는 보고가 많다. 심지어 혈압약조차도 전통 지중해 식단을 따르는 이들에게 효능이 더 크다. 또한 지중해 식단은 암과 자가면역질환 등 저강도 만성염증 관련 질환 역시 예방해준다. 물론 이러한 결과가 지중해라는 지역 외부에서도 달성이 가능한지 확정하려면 연구가 더 필요하다.

지중해 식단은 항염증성이 있다.[26,27] 그러나 지중해 식단이 건강에 좋은 유일한 식이 패턴은 절대 아니다. 물론 염증성질환과 만성 비전염성질환의 상승세를 막고 질환을 치료하는 데 있어 인류가 가지고 있는 가장 좋은 무기 중 하나임에는 틀림없다.

식탁의 기쁨 '조이 델라 타볼라'

지금껏 지중해 식단의 초점은 음식이었지만 여기에는 다른 곳에서는 재창조할 수 없는 문화적 측면도 있다. 내 가족 중 절반은 나폴리에 뿌리를 둔 사람들이라, 나는 종종 '조이 델라 타볼라Gioie Della Tavola'를 느껴본 적이 있다. 이탈리아의 식탁 주변에서 창조되는 가족의 유대(그리고 싸움), 드라마와 축하, 그리고 대체적인 기쁨, 온기와 마법이 그것이다. 더불어 제대로 씹고 소화시킬 시간도 충분하다. 이렇듯 충만한 시간 덕에 나날이 빨라지는 현대 생활에 쫓겨 음식을 허겁지겁 삼켜 생기는 소화불량 또한 피할 수 있다.

조리법과 양념 배합과 재료는 문화마다 다양하지만, 전 세계 거의 모든 전통 식사의 중심은 과일, 채소, 통곡물, 다양한 콩류, 견과류, 씨앗류, 풀, 향신료, 섬유소 등 식물 기반의 음식이다. 현대 스코틀랜드 식단이 세계에서 가장 건강하다고 알려져 있지는 않다. 하지만 스코틀랜드에 사시는 내 90세 조부모님을 생각하면 생각이 달라진다. 문제는 무엇을 먹는가가 아니라 전체적인 삶의 패턴이 아닌가 싶다. 내 조부모님은 아침에 일어나 지방을 제거하지 않은 차가운 우유를 듬뿍 얹은 곡물 죽(포리지)으로 하루를 시작하고, 점심은 집에서 만든 제철 스프와 빵, 그리고 따뜻한 저녁 식사로 하루를 마감한다(두 분은 늘 시간을 내어 케이크를 먹고 때로는 위스키도 마신다). 결국 식물성 영양소, 섬유소, 좋은 지방과 양념에 초점을 맞춘 계획적이고 규칙적인 식사, 그저 함께 밥을 먹는 것을 넘어 조화롭고 온전한 삶의 경험 쪽으로 발을 내딛는 것이 중요한 게 아닐까.

우리가 먹는 음식은 삶의 방식과 행동 방식에 관해 우리가 하고 있고 해온 다양한 선택 일부에 불과하다. 건강한 생활 방식으로 키워주는 전통 식사의 가치들 가운데 많은 것이 사라지면 지중해 식단을 지킨다 해도 거기서 얻을 수 있는 것은 식사가 주는 이득을 넘어서지 못할 것이다.

술

지중해 식단처럼 건강에 좋은 수많은 식사 패턴에서 음식과 함께 소량으로 마시는 와인을 빼놓을 수 없다. 그러나 면역 측면에서 규칙적인 알코올 섭취는 면역 방어에 좋지 않을 수 있다.

먼저, 수면에 끼치는 알코올의 영향 때문에 면역이 간접적인 영향을 받을 수 있다. 술을 먹는 경우 수면의 질도 떨어지고 수면 시간도 확보하기 힘들다. 장 건강의 측면에서도 술은 심각한 문제를 초래할 수 있다. 장내세균 불균형gut dysbiosis은 규칙적으로 술을 마시는 사람들에게 더 흔하며[28] 특히 (진처럼) 독한 증류주는 유익한 장내세균 수를 감소시킨다. 하지만 적포도주는 장 건강에 좋은 세균을 증가시키는 반면, 해로운 세균은 감소시키는 것으로 밝혀졌다.[29] 적정량의 적포도

주가 장내세균에 갖는 이로운 영향은 그 속에 들어 있는 식물성 영양소, 특히 폴리페놀 때문인 듯 보인다.

몸이 알코올에 반응하는 방식은 여러 요인에 달려 있다. 술 하면 떠오르는 꼴사나움의 원인은 바로 뇌 속에 있는 면역세포 때문이다! 가끔씩 유기농 적포도주 한잔을 즐기는 것은 주말 내내 독주를 폭음하는 것과는 완전히 다른 영향을 끼친다. 적정량의 술을 마시는 것은 건강상의 이점이 좀 있지만 양이 많아질수록 심각한 문제를 일으킬 수 있다. 과도하게 술을 마시는 사람들은 감염질환의 위험이 증가하는 경향이 있고 질병 회복이 더디며 수술 후 합병증도 더 많다. 지나친 알코올 섭취는 간과 골수 줄기세포처럼 면역을 조절하는 장기에 영향을 끼칠 수 있다. 간은 세균성질환을 퇴치하는 항세균 단백질을 생성하며 골수 줄기세포는 새 면역세포를 만들어낸다. 이는 크리스마스 파티 시즌이나 주말에 벌인 소란스러운 파티 후에 왜 몸이 아픈지 설명해준다. 만성질환을 앓고 있다면 술은 누적 효과가 있으므로 증상을 악화시킬 수 있다.

식품 알레르기 대 음식 불내성

밥을 먹은 후 이따금씩 소화가 잘 안 되는 것은 큰일이 아니다. 정상 반응이다. 소화불량은 아주 사소하거나 드물거나 좌절스러울 정도나 생활이 불편할 정도에서 때로는 끔찍한 정도까지 범위가 넓다. 식사 후 발생하는 가벼운 불편함을 넘어서는 반응은 어떤 것이건 음식 부작용이라고 할 수 있다. 원인은 음식 불내성이거나 실제로 식품 알레르기 때문일 수도 있다. 오늘날 사람들은 자신이 어떤 종류의 음식 부작용을 겪고 있다고 섣부른 결론을 내린 뒤 식단에서 원인이 될 만한 식품을 대부분 제외한다. 하지만 실제로 무엇 때문일까? 알레르기? 아니면 불내성? 그리고 더 중요한 질문, 왜 이것이 중요할까?

식품 알레르기와 음식 불내성을 구분하는 일은 혼란을 줄 수 있다. 이러한 오해가 어디서 비롯되는지 알기란 어렵지 않다. 둘 다 음식이 관여되어 있지 않겠는가. 두 증상이 공유하는 많은 증상 사이에 회색지대가 있다. 더부룩함, 메스꺼움, 복통, 설사, 구토, 심지어 발진과 관절 통증, 두통까지 포함된다. 하지만 유사성은 여기까지다. 식품 알레르기 반응은 생명을 위협할 수 있고 원인이 되는 음식을 엄격히 끊어야 하는 반면, 음식 불내성에 대해 똑같은 접근법을 취하는 것은 장기적으로 최상의 방법이 아닐 수 있다. 따라서 의심이 가는 음식을 식단에서 빼기 전에 의료 전문가와 꼭 의논해야 한다.

진짜 식품 알레르기

식품 알레르기는 드물지만 치명적일 가능성이 있고, 이 경우 원인이 되는 음식을 미량만 섭취해도 알레르기가 일어난다. 믿을 만한 추정치들에 따르면 영국 내에 진정한 식품 알레르기를 겪는 사람은 4퍼센트 미만이다. 음식 불내성과 달리 알레르기는 면역계가 일으킨다. 알레르기는 감염과 싸울 수 있도록 아무 때나 나서지 않는 정상 면역 방어 체계가 엇나가는 바람에 음식의 무해한 성분에 부적절하게 반응해서 생기는 증상이다.

일반적으로 소화계는 섭취한 음식에 면역반응을 일으키지 않고 상호작용을 일으킨다. 면역계가 음식이 감염 위협을 만들지 않는다는 것을 인식하는 스위치를 장착하고 이를 적절히 가동시키기 때문이다. 따라서 면역계는 음식에 대해서는 '내성이 있어' 스위치를 꺼둔다. 이것을 '경구면역관용immunological oral tolerance'이라 한다. 때로 경구면역관용을 발휘하지 못하거나 경구면역관용에 문제가 생기면 면역계가 음식을 위험으로 오해하고 민감해져, 면역글로불린 EIgE, immunoglobulin E라는 특정 유형의 항체를 방출해 대응하게 된다. 면역글로불린 E는 소화관 점막에 있는 비만세포mast cell에 붙어 있다. 여기서 이 항체는 문제가 되는 음식이 다음에 들어올 때 염증반응을 일으킬 태세를 갖추고 있다.

알레르기가 생기면 증상의 범위는 짜증스러운 가려움증과 부어오름부터 생명을 위협하는 전신반응—과민성쇼크anaphylactic shock라 한다—까지 다양하다. 가장 흔하게 문제를 일으키는 음식은 땅콩, 견과류, 우유, 달걀, 콩, 밀, 그리고 어패류다. 구강 알레르기 증후군OAS, oral allergy syndrome은 꽃가루-식품 알레르기 증후군pollen-food allergy syndrome으로도 알려져 있는데 원인은 꽃가루와 익히지 않은 과일이나 채소에서 발견되는 교차반응 알레르겐(알레르기항원)이다. 꽃가루 알레르기가 있다면 그리고 동일한 생과일이나 생채소를 먹고 나서 항상 입이 가렵다면 알레르기일 확률이 높다. 구강 알레르기 증후군은 대부분 경미해 심각한 문제를 일으키지 않는다. 음식을 익히면 문제를 일으키는 단백질의 성질이 변하므로 익혀 먹는 것은 증상을 피할 수 있는 한 가지 방안이다.

음식 불내성과 달리 식품 알레르기의 경우는 증거에 기반을 둔 **유효한** 검사들이 있다. 피부단자시험skin-prick challenge도 한 가지 검사법이다. 알레르기를 일으킨다고 의심이 가는 음식 성분을 희석시켜 소량을 피부에 떨어뜨리고 바늘로 따끔하게 찌른다. 작게 부풀어 오르면 (상세한 병력과 연계하여) 면역글로불린 E가 매개하는 식품 알레르기 진단이 나올 수 있다. 그러나 진정한 식품 알레르기 진단을 위한 현재의 황금률은 병력의 맥락에서 특정 면역글로불린 E 혈액검사를 한 다음 이중맹검 위약 대조 음식 검사를 하는 것이다. 이 검사를 할 때는 의심스러운 음식을 피험자에게 제공하지만 피험자와 실험자 둘 다 무엇이 의심스러운 음식인지 모른다. 식품 알레르기는 생명을 위협할 수도 있으므로 이 검사는 대개 의료기관에서 검증된 의료 전문가들이 실행한다. 가벼운 반응을 치료할 때는 경구 항히스타민제를 처방하고 심각한 증상일 경우에는 아드레날린을 주사하거나 심폐소생술을 쓴다. 식품 알레르기 치료는 대개 문제 음식을 완전히 배제하는 것이며 면역요법을 쓰기도 한다. 문제가 되는 음식 추출물의 양을 주사하거나 혀 밑에 넣는 방법으로, 양을 점차 늘려간다. 이 방법은 현재 과민성쇼크의 위험 때문에 연구실에서 검사와 실험만 진행하고 있는 실정이다.

음식 불내성

음식 불내성, 그리고 진단하기 힘든 일부 장질환은 알레르기와 쉽게 혼동된다. 추정에 따르면 20퍼센트 이상의 사람들이 음식에 대한 부작용을 경험한 후 그 때문에 식단을 바꾼다.[30] 자가진단이 흔하며, 여기에는 알레르기가 없는데 갖고 있다고 생각하는 사람들과 알레르기 반응이 있었지만 원인을 잘못 짚은 사람들이 포함된다. 969명의 아동을 연구한 결과 부모 중 34퍼센트는 자기 아이들에게 식품 알레르기가 있다고 보고했지만 실제로 알레르기가 있었던 아동은 5퍼센트에 불과했다. 불필요한 식이 제한은 영양결핍뿐 아니라 광범위한 건강 문제를 일으킨다.[31,32]

음식 불내성은 음식에 대한 소화계의 비면역반응이다. 증상은 다양하지만, 은밀히 퍼지는 경향이 있으며 대부분은 소화계—설사, 더부룩함, 역류, 메스꺼움, 변비—와 피부 및 호흡계에 증상을 일으킨다. 통증과 발진, 무기력과 불안, 두통, 콧물도 일반적이다. 혼란스럽게도 이러한 많은 증상은 의학적으로 설명되지 않으며, 이들은 섬유근육통fibromyalgia(근육, 관절, 인대, 힘줄 등 연부조직에 만성적인 통증을 일으키는 증후군-옮긴이)과 만성피로증후군 같은 질환에서도 나타난다.

음식을 먹은 직후 바로 반응이 온다면 알레르기 반응일 확률이 높다. 음식 불내성의 경우 증상은 급속히 일어날 수도 있지만 일반적으로 최대 48시간까지 지연되기도 하고 수 시간 혹은 심지어 며칠 동안 지속되기도 한다.[33] 이 때문에 문제가 되는 음식을 짚어내기가 특히 어렵다. 게다가 불내성이 있는 여러 가지 음식을 자주 먹는 경우 증상을 특정 음식 탓으로 돌리기도 어렵다. 음식 일기를 쓰면 불내성을 일으키는 음식의 범위를 좁히는 데 도움을 받을 수 있다.

음식 불내성은 대체로 소화과정에서 음식을 제대로 분해하지 못하거나 해당 음식이 소화관을 자극하기 때문에 일어난다. 음식 불내성의 원인을 넓게 범주화하면 생리학적 원인(가령 젖당의 경우 효소 부족) 때문이거나 기능적 원인(가령 프룩탄 같은 음식 성분에 대한 반응인 과민대장증후군irritable bowel syndrome) 때문이거나 아니면 약리적인 원인(음식 첨가물에 대한 불내성, 아니면 아황산염 같은 음식의 자연 발생 성분에 대한 불내성) 때문일 수 있다. 불내성은 심리적인 원인 때문에 일어날 수도 있다(식이장애의 경우). 또 어떤 경우는 딱히 음식 때문이 아닌데도 증상이 나타날 수 있다(이를 특발성이라고 한다). 미생물총 교란과 식습관(가령 음식을 제대로 씹지 않는 것)도 문제의 원인일 수 있다.

불내성을 재고하고 회피의 실체 폭로하기

문제가 된다고 의심할 만한 음식을 딱 끊으면 대부분의 경우 증상이 즉각 경감된다. 하지만 문제 없이 소량을 섭취하는 방법도 있다. 게다가 일부 전문가들은 문제 음식을 완전히 끊는 것은 권장하지 않는다고 말한다.

예를 들어 대부분의 사람들은 5세에서 6세가 되면 우유를 소화하는 효소를 잃어버리지만 이로운 장내세균이 젖당을 먹고 살면서 우유를 대신 소화시켜준다. 그런데 유제품을 끊으면 젖당을 먹는 이 유용한 세균 개체군이 줄어들어 젖당 불내성lactose intolerance이 악화된다.[34] 따라서 젖당 불내성이 있다면 많은 양의 우유를 먹지는 못하더라도 규칙적으로 소량씩 먹는 것은 도움이 된다. 지금까지 이루어진 연구는 주로 젖당에 관해서이지만 글루텐 같은 다른 음식에도 동일한 규칙을 당연히 적용할 수 있다. 장내미생물은 우리가 먹는 것에 적응하기 때문에 음식을 피하는 것은 음식을 더 소화하기 어렵게 만드는 적응을 만들어 내, 예기치 않았던 새로운 부작용을 유발할 수도 있다.

제대로 알지 못하고 특정 음식을 끊을 경우 문제가 되는 또 한 가지 이유는 영양결핍의 위험 때문이다. 게다가 특정 음식을 피하는 습관은 버겁게 느껴질 수도 있고 아니면 다른 문제나 불안을 은폐하는 데서 오는 것일 수도 있다. 특히 늘고 있는 우려 하나는, 음식 불내성 때문이라 여기고 심하게 식이 제한을 하는 사람들 중 상당수에게 실제로는 새로운 형태의 섭식장애가 있을지도 모른다는 점이다.[35] 회피적/제한적 음식 섭취 장애ARFID, avoidant/restrictive food intake disorder는 최근 『정신질환의 진단 및 통계 편람DSM, Diagnostic and Statistical Manual of Mental Disorders』에 추가된 질환이다.[36] 회피적/제한적 식이 행동을 보이는 이들이 증가하고 있다는 인식의 방증이다.

음식 불내성은 심각하게 여겨야 할 질환이고 가능 요인도 광범위해 진단이 복잡하다. 설상가상으로 식품 알레르기와 음식 불내성을 진단할 수 있다고 주장하는 못 믿을 '검사'들이 시중에 그리고 인터넷상에 널려 있다. 응용운동요법에서 면역글로불린 G 혈액검사까지 종류도 다양하다. 설사 타당성이 있다고 해도 어떤 검사가 증거를 갖춘 것인지 구분하기도 어렵다.[37,38,39]

음식 불내성의 '과학' 중 대부분 알려진 요인은 특정 음식에 대한 면역글로불린 G의 농도 증가다. 하지만 이 농도는 증상이 없는 사람들에게서도 흔히 나타나며, 대조군 연구에서 밝힌 증상과 인과관계가 있다는 입증도 아직 이루어지지 못했고 임상적으로도 '무의미'하다고 간주된다. 특정 음식에 알레르기가 있거나 불내성이 있어야만 면역글로불린 G 항체를 만드는 것은 아니기 때문이다.[40]

현재 음식 불내성에 대한 진단 및 치료 전략은 진정한 식품 알레르기를 제외하고 나면 별로 쓸 만한 것이 없다. '제거 및 도전Elimination and challenge'을 의료 전문가와 의논해 실행하는 것이 그나마 최상의 접근법이다. 제거는 흔히 불내성을 일으키는 음식을 일정 기간, 보통 2주 정도나 증상이 잦아들 때까지 끊는 것이다. 그런 다음 증상을 모니터하면서 그 음식을 다시 가끔씩 먹는다. 환자와 전문가 편에서 보면 시간과 노력이 상당히 드는 일이긴 하지만, 주의 깊게 관찰만 하면 증상을 겪지 않고 먹을 수 있는 음식 유형과 양을 확인할 수 있다. 가령 젖당 불내성이 있는 사람들은 최대 7그램(우유 약 반 컵) 정도는 먹어볼 수 있다. 수많은 연구에서는 식사에 소량으로 문제가 되는 음식을 함께 먹는 것은 먹은 후의 증상 발현 확률을 줄인다는 것도 발견했다. 수소/메탄 호흡 검사법은 젖당과 과당 흡수 불량 같은 특정 불내성을 확인하는 데 유용하다. 이 검사는 과당이나 젖당 물질을 먹은 다음 두세 시간에 걸쳐 규칙적으로 호흡 검사를 한다. 흡수 불량 문제가 있을 경우 과도한 수소나 메탄이 들숨에서 나오게 된다. 그러나 누구나 감지할 만한 양을 내뱉는 것은 아니므로 100퍼센트 정확하지는 않다.[41]

대부분의 사람들은 적정량만 지킨다면 별 부작용 없이 먹고 싶은 것을 뭐든 먹어도 된다. 그러나 이제 포만감을 더부룩함이나 음식에 대한 부작용이라고 오해하는 지경에 이르렀다. 음식 불내성이 초래한 증상을 겪고 있다고 생각하면 닥터 구글에서 신속한 답을 찾거나 비싸기만 하고 검증도 되지 않은 검사 키트를 이용하려는 행태도 늘고 있다. 물론 이해가 가지 않는 바는 아니다. 그러나 자신에게 불내성이 있다고 확신하고 스스로 처방한 제거 식단을 시작하기 전에 음식 일기에 증상을 기록하고 자격을 갖춘 의료 전문가들과 의논하라. 이들은 구글보다 더 정교한 도구를 갖고 도움을 줄 것이다.

식품 알레르기와 음식 불내성 구분 가이드

식품 알레르기란?

- 면역계의 대항 반응이며
- 대개 갑자기 찾아온다
- 소량으로도 유발 가능하다
- 특정 음식을 먹을 때마다 양이나 빈도에 상관없이 일어난다
- 생명을 위협할 수 있다

음식 불내성이란?

- 면역계가 관여하지 않으며
- 대부분 점진적으로 찾아온다
- 일반적으로 먹는 음식의 양과 관련이 있다

- 대개 음식을 먹는 빈도와 관련이 있다
- 생명을 위협하지 않는다

면역 증강 식품: 사실인가 허구인가?

건강식품점을 돌아다니다 보면 영양제, 감기 치료제, 면역력 '증강'을 보장하는 강화식품을 잔뜩 볼 수 있다. 하지만 면역계를 증강 가능한 내부 힘의 장으로 보는 통념은 과학을 오해한 데서 비롯된 것이다(48쪽 참조). 사실 면역은 면역계가 작동하도록 설계된 방식 때문에 애초에 증강 자체가 불가능하다! 비록 '면역 증강'이라는 말이 불행한 어불성설이기는 해도 우리의 목표는 주로 계절마다 찾아드는 감기 같은 질환을 피하고 신속히 몸을 회복시키는 것(비록 잠재적 위약효과 또한 일을 복잡하게 만들기는 하지만—가령 시장에서 우리 기분을 좋게 하려고 광고하고 파는 것들에 투자하기 때문에 실제로 몸이나 기분이 나아지는 것처럼 느낀다)이라는 점은 인정해야 한다. 그러니 이제부터 면역 증강과 관련된 주장들을 좀 살펴보자.

감기와 독감을 예방하는 에키네시아

에키네시아Echinacea(북미가 원산지인 국화과의 풀, 가새풀이라고도 한다-옮긴이)라는 식물이 감기를 치료하거나 예방하는 데 도움이 될 수도 있다는 증거가(다량의 메타분석까지 포함하여) 많긴 하지만 확실한 판단은 아직 나오지 않은 상태다. 에키네시아도 세 가지 다른 종이 있고 이 식물의 많은 부분에 다양한 활성 성분이 함유되어 있다는 사실 때문에 상황이 간단하지 않다. 어떤 형태로 섭취해야 좋을지, 섭취량이나 섭취 기간에 대한 정보나 합의도 없는 상태에서 800가지가 넘는 각기 다른 에키네시아 제품이 출시되어 있는 상황이다. 게다가 에키네시아는 일부 약물과도 상호작용을 일으킬 수 있다. 연구 결과에 따르면 건강에 가장 이롭다고 밝혀진 종은 에키네시아 퍼퓨레아*E. purpurea*다. 최근 독일 정부는 항바이러스, 항세균 및 항염증 성질 때문에 이 물질을 감기 예방제로 권장하기도 했다.

감염과 싸우는 강황

강황Turmeric은 건강 관련 미디어에서 전성기를 맞고 있는 성분이다. 그러나 이 과대광고에 우리 또한 휘말려야 할까? 물론 강황에 견고한 항염증 및 항산화제 성질이 있다는 사실이 임상 결과로 입증되었고 관절염 같은 특정 질환을 치료하는 데 효과가 있다고 한다. 그러나 미디어는 이 주장들을 과장하여 강황을 만병통치약으로 둔갑시키고 있다. 연구의 많은 부분은 강황의 활성 성분 중 하나인 쿠르쿠민curcumin에 관한 것이다. 그러나 강황에는 300가지가 넘는 화합물이 있고 쿠르쿠민이 없는 강황 또한 임상 효과가 있었기 때문에 강황을 쓰려거든 뿌리 전체를 다 쓰는 편이 낫다. 흥미롭게도 날것 그대로의 강황이 항염증성이 더 큰 반면 조리된 것들은 산화 손상으로부터 보호하는 효과가 더 낮았다. 강황은 또한 바이러스의 세포 진입을 억제한다. 따라서 강황을 정기적으로 식사에 섞어 먹는 것은 감염 퇴치에 유용할 수 있다. 생체이용률이 문제일 수 있으나 지방과 흑후추 약간과 같이 먹으면 소화흡수율이 놀랍게 향상된다. 즉, 강황을 먹을 때는 지방과 후추를 함께 먹을 것.

매운 음식으로 땀 내기

매운 음식을 먹고 '땀을 흠뻑 내면' 치유 효과가 있다고 장담하는 사람들이 있다. 얼얼하게 매운 감각을 내는 고추의 성분인 캡사이신이 실제 코막힘 증상에 효과적이고 염증을 완화시키므로 증상이 개선된다. 통증 관리에도 임상적 유용성이 있다는 점 역시 입증되었다. 몸이 좋지 않을 때 영양분이 풍부한 카레를 맵게 즐기는 것도 좋다. 매운 야채와 향신료 또한 항산화물질과 섬유소, 폴리페놀을 건강하게 섭취할 수 있는 좋은 방법이다.

엘더베리는 유서 깊은 면역 증강제인가?

엘더베리Elderberry(자줏빛 검은색 열매를 가진 딸기류의 식물-옮긴이)는 겨울 식물이며 수천 년 동안 약물로 쓰였고 음식에도 사용해온 열매다. 통증과 염증을 줄이고 항바이러스성이 있다. 연구들은 아닌 게 아니라 엘더베리 시럽이 특히 호흡기감염 기간을 단축하고 증상도 완화한다는 것을 입증하고 있다. 항인플루엔자 약물인 타미플루와 함께 투약 실험을 했을 때 엘더베리 추출물이 더 효과가 있는 것으로 나타났다. 또한 엘더베리에 든 성분은 애초에 바이러스가 세포로 들어오지 못하도록 예방하는 효능도 있다. 그러나 조심해야 할 점이 있다. 현재 연구는 엘더베리의 감염예방 효과에 대한 주장을 입증하는 듯 하지만 연구 규모가 작고, 대부분 엘더베리 제품을 만드는 기업들의 지원으로 이루어진 것들이다. 연구와 임상시험 결과를 부정하는 것은 아니지만 이익 충돌이 있는 것만큼은 사실이다.

면역의 슈퍼 트리오: 레몬, 꿀, 생강

여러 세대 동안 사용되어온 레몬과 꿀과 생강은 시간의 시험에서 살아남았지만 실제 감기를 치료하는 것은 아니며, 회복을 촉진한다는 증거도 꽤 희박하다. 하지만 꿀은 예외다. 꿀은 아동의 기침억제제로 덱스트로메토르판dextromethorphan(일반적인 기침약의 유효성분)과 비교했을 때 효과가 더 좋은 것으로 밝혀졌다. 사실 영국의 국민보건서비스는 국립임상보건연구원NICE, National Institute for Health and Care Excellence의 지침에 의거하여 기침 치료제로 항생제 대신 꿀을 더 권장한다. 과학적 증거를 제쳐놓고 보더라도 유구한 전통을 자랑하는 이 슈퍼 트리오는 뜨거운 음료와 섞으면 진정 작용과 수분 공급에 탁월하며, 약국에서 파는 약품에 대한 실용적이고 저렴한 대안이 될 수 있다. 그러나 물론 이 슈퍼 트리오도 기적의 약물은 아니다.

유대인의 페니실린

닭고기 수프는 아마 닭과 수프만큼 오래된 음식일 것이다. 고대 이집트에서는 감기에 닭고기 수프를 처방했고 중세 시대에도 닭고기 수프는 내내 강력한 치료제로 여겨졌다. 12세기의 유대인 의사 모세 마이모니데스Moses Maimonides는 치질에서 한센병에 이르기까지 모든 질환에 닭고기 수프를 처방했고 이 수프는 '유대인의 페니실린'이라는 이름을 얻게 되었다. 최근까지도 과학적 증거가 부족했음에도 불구하고 몸이 좋지 않다고 느끼는 사람들에게는 주로 닭고기 수프를 권했다. 엄밀히 말해 보충제는 아니지만 그래도 닭고기 수프는 실제로 기운을 내는 데 가장 효과적인 음식 중 하나로 통용된다. 수많은 물질이 함유되어 있는 덕분이다. 가령 카르노신carnosine은 면역세포의 힘을 증강시키고, 비타민과 다른 영양소들은 점액을 자극하는 호중성백혈구neutrophil의 성장을 억제하여 기도의 점액과 염증을 완화한다. 닭을 조리할 때 방출되는 성질은 아세틸시스테인acetylcysteine이라는 약과 비슷하다. 아세틸시스테인은 흔히 호흡기질환에 처방하는 약물이다. 심지어 혈압도 낮아진다. 콜라겐 단백질이 ACE 억제제와 비슷한 효과를 내기 때문이다. 최소한 동물실험에서는 그러했다. 닭고기 수프를 먹는 것은 또한 채소와 풀과 향신료를 먹을 수 있는 손쉽고 영양가 높은 방법인 동시에 수분 섭취를 돕는 편리한 방법이기도 하다.

마늘: 음식일까 약일까?

마늘은 수백 년 동안 음식이자 약물로 사용되었다. 마늘에는 면역세포의 세균 퇴치 능력을 개선하는 성분이 함유되어 있을 뿐 아니라 감염을 막는 데 도움이 될 수 있다. 실질적으로 모든 연구에서 마늘이 몸에 좋다는 것을 확증한다. 마늘은 강력한 항산화제이자 항생제로서 포도

상구균감염을 일으키는 포도상구균을 퇴치한다. 벌써 기원전 3000년 경부터 아시리아와 수메르 사람들은 마늘을 해열제로, 염증과 상처 치료제로 이용했다. 그러나 이를 입증하는 많은 연구의 질이 낮았기 때문에 이로운 효과를 보기 위해 지속적으로 마늘을 먹어야 하는지 명확하지 않다. 마늘을 숙성시켜 만든 흑마늘을 90일 동안 먹었을 때 효능을 살핀 최근의 한 연구는 피험자들의 T세포와 자연살해세포가 상당히 늘어, 일상적인 감염에 대한 방어 능력이 훨씬 높아졌음을 발견했다. 마늘을 가공하는 방법에 따라 그 효과는 달라질 수 있다. 식물성 영양소 전체를 최적화하려면 '으깬 다음 방치'하는 방법을 사용하라. 신선한 마늘을 으깨서 몇 분간 두었다가 조리하면 알린alliin이라는 효소가 주요 유효성분인 알리신allicin으로 전환된다.

면역 강화를 위한 조리법

유명 연예인의 식단이나 소셜미디어에서 인기를 끄는 사람들은 음식과 건강에 대한 우리의 강박관념을 더욱 부채질한다. 과학계에서도 식단과 건강에 관해 공개된 글만 수백만 건이고, 염증에 관한 과학 참고문헌은 68만 건 이상, 식단과 염증과 건강의 관계에 관해 동료검토를 거쳐 발표한 논문은 3만 편이 넘는다. 소셜미디어 인사들은 차치하고 이 거대한 문헌만 근거로 보아도 그렇다. 식사는 면역 강화에 중요하며, 염증에 영향을 끼쳐 주요 만성 비전염성질환의 위험도를 바꿀 수 있다. 하지만 이미 병을 앓고 있다면 어떻게 해야 할까? 자신이 먹는 음식에 신경을 더 쓰는 일은 긍정적 조치지만, 건강을 '확실히 지키는' 방법으로 엄격한 식단을 지키자는 운동이 급증하고 있는 현 상황은 전보다 양극화가 심하고 따라서 혼란만 가중한다. 게다가 건강 시장이 기하급수적으로 성장하면서 인생을 바꾼다는 식단 계획이 하루가 멀다 하고 언론매체에 등장하고 있다. 그러나 사람은 먹는 것으로만 결정되는 존재가 아니다. 유전적으로 물려받은 성향과 생리적 기벽이 뒤죽박죽 섞인 존재이기도 하다.

명확히 해두자. 식사가 도움이 되긴 하지만 복잡한 문제를 한 방에 해결하는 특효약은 아니다. 이 책을 읽는 독자들은 아마 이번 주 장보기 목록에 보탤 면역 증강 슈퍼 푸드를 찾고 있을지도 모르겠다. 하지만 특정 질환에 좋은 특정 음식을 홍보할 만한 지식도 아직은 확립되어 있지 않고, 어떤 식이 유행이 어떤 질환의 필요에 적합한지 확인할 길도 없다. 우리가 원하는 만큼의 구체적인 음식 관련 권고, 우리가 이해할 수 있을 정도의 친절한 권장 사항은 앞으로 등장하겠지만 지금은 아니다. 그렇다고 식사가 변화를 일으키지 못한다는 말은 아니다.

특정 비타민이나 미네랄 결핍이 없다 해도 식사는 다른 생활 습관과 함께 특정 질환에 영향을 끼치는 주된 요인일 수 있다. 현재 등장하고 있는 큰 그림은 다음과 같은 정도이다. '면역력에 좋은 식사'를 위해 열량 균형 내에서 음식을 섭취하되, 양질의 지방과 식물성 영양소와 섬유소를 양질의 탄수화물 및 다양한 단백질 공급원과 함께 충분히 섭취하라는 것. 기본적으로 SAD 식사 습관을 피하고(362쪽 참조) 소위 슈퍼 푸드에만 집중하지도 말 것. 음식을 볼 때는 유기적으로 생각하고 다른 건강한 생활 습관의 역할도 도외시하지 말 것. 이러한 변화를 조금씩 실천하는 것이 장기적으로 성공할 수 있는 최상의 방안이다.

양질의 지방과 식물성 영양소, 섬유질, 생선, 양념

다음은 면역력 강화를 위한 기초 지침이다.

- **지방**: 다량영양소를 두려워 말라. 지방은 건강에 중요한 영양소이며 면역 형성에서 특정 역할을 수행한다. 다중불포화지방과 단일불포화지방 같은 이로운 지방 식품을 세심하게 선택하라.
- **식물성 영양소**: 식물성 영양소 중 하나를 골라야 한다면 단연 슈퍼 푸드다. 종류가 아주 많다는 점을 고려하면 고를 선택지는 늘 많다. 어떤 사람들은 감염과 싸우는 식물성 영양소와 염증을 완화시키는 종류로 나누지만 겹치는 것이 많으니 큰 의미는 없다.
- **섬유질**: 섬유질은 양질의 탄수화물에 들어 있고 미생물총을 통해 면역력을 키우는 탁월한 방법이다.
- **생선**: 단백질은 면역에 중요하다. 단백질원을 위해 생선을 이용하면 붉은 육류 같은 동물성 단백질원에서 섭취하는 포화지방량을 줄일 수 있다. 생선과 해산물은 완벽한 단백질원이며 오메가3 같은 추가적 이점도 있다.
- **양념**: 인간은 맛을 추구하도록 설계된 존재다. 맛을 인지하는 DNA는 생존을 돕도록 진화했다. 맛은 상한 음식이나 해로운 음식을 피하게 해줄 뿐 아니라 좋은 음식을 찾도록 동기부여를

해준다. 자연식품을 먹는다고 무미건조할 필요는 없다. 양념과 향신료 등을 다양하게 활용해 음식에 풍미를 더하라.

식탁의 즐거움을 되찾자

음식의 영양가가 중요하듯 식사와 관련된 감정 역시 중요하다. 식탁은 오랜 세월 친구들과 가족과 음식을 나누는 장소였다('조이 델라 타볼라'를 떠올려보라). 그러나 언제부터인지 우리의 생활은 더 바빠졌고 식탁의 전통은 사라졌다. 식사 자리가 목적이 아니라 수단이나 장식이 되어버리지는 않았는가? 소파에서 휴대폰만 보며 밥을 먹는 일이 빈번하지는 않은가? 이런 일이 익숙하다면 식사에 주의를 기울이지 않는다는 뜻이다. 이렇게 되면 배가 불러도 제대로 인식하지 못한다. 단호히 촉구한다! 식탁의 즐거움을 되찾자!

소식하기: 배가 80퍼센트 부르면 먹기를 중단하라

일본에서는 가족들이 식사 시간을 엄수하여 바닥에 둘러앉아 함께 밥을 먹는다. 동시에 '하라하치부'라는 규칙을 따른다. 하라하치부는 '80퍼센트 정도 배가 부르면 식사를 멈추는 것'이다. 장과 소화과정 자체는 염증성 스트레스이고 염증은 노화를 추진하는 핵심 인자다. 따라서 많이 먹을수록 몸은 더 많은 염증성 피해에 대처해야 한다. 밥을 먹고 나서 뇌가 포만감을 인식하는 데 대체로 30분이 걸리므로 식사를 일찍 중단하면 도움이 된다.

요리를 배우라

바쁘고 분주한 현대 사회, 언제 어디서나 음식을 포장해 가져다 먹을 수 있는 시대에 집에서 요리하는 데 시간을 쓸 이유가 어디 있단 말인가? 그러나 요리가 그 자체로 건강을 증진시킨다면? 요리는 더 많은 섬유질과 식물성 영양소와 건강한 지방을 먹도록 북돋을 뿐 아니라 우리에게 소비자뿐 아니라 생산자가 되는 경험을 제공한다. 연구 결과에 따르면 요리를 해서 함께 먹는 가족은 더 건강하고 과식도 덜한다. 집에서 요리하는 문화의 쇠퇴는 비만을 증가시킬 뿐 아니라 생활 습관에서 오는 온갖 만성질환도 늘린다. 건강을 위해 자신에게 줄 수 있는 가장 큰 선물은 기본적 요리 기술을 습득하는 것 혹은 새로운 조리법과 양념을 실험해보는 것이다.

눈으로도 먹으라

내 어머니는 전문 요리사였고 평생 외식산업에 종사하셨다. 어머니는 늘 "눈으로 음식을 먹으라"고 말씀하셨다. 과학적으로도 어머니 말씀은 옳다. 연구들의 결과에 의하면, 생각하고 배려해서 차려놓은 음식은 더 즐거운 식사로 이어진다.[42] 심지어 샐러드나 스테이크나 칩 같은 기본 음식일 경우에도 잘 차려놓은 음식은 더 맛나게 느껴진다. 음식 사진을 찍어 소셜미디어에 올리면서 세상에 자신이 먹는 음식을 자랑하는 이유도 그래서가 아닐까(물론 이런 행위에 병적 측면이 없지 않다는 것이 내 확신이긴 하다). 어떤 면에서든 이러한 활동은 집에서 음식을 하도록 더 노력을 기울이기 위한 동기를 부여한다. 특히 자신에게 음식을 제공할 때 그러하다. 한번 생각해보자. 친구들에게 음식을 내놓을 때 접시에 아무렇게나 툭 던지겠는가? 소셜미디어에 올릴 사진을 준비하는 일은 친구들을 초대하는 것과 비슷한 기능을 한다. 어린이들에게 음식을 놀이하듯 재미있게 차려주는 일 또한 권장할 만하다.

계절을 활용하라

비타민과 미네랄 보충제를 먹기 전에 음식을 우선시하라. 음식이나 재료는 소규모로 구입하고 지역 상점을 활용하며 지역 재배업자와 직거래 시장을 통해 제철 농산물 섭취를 늘려라. 경제와 환경을 생각하라. 제철 음식은 값도 싸다. 창의성을 발휘하라. 제철 음식을 먹으면 요리를 더 할 수밖에 없고 창의성을 발휘할 상황에 놓이게 된다. 새로운 요리법을 검색해보고 직접 요리를 개발해보라. 허브와 향신료는 음식의 다양성과 다채로움을 증대시키는 탁월한 방법이다. 물론 식물성 영양소 덩어리이기도 하다.

특정 식품에 딱지를 붙이지 말고 전체 패턴을 보라

가공식품이라고 다 나쁜 것은 아니다. 음식에 딱지를 붙이고 멀리하는 것은 도움이 되지 않는다. 대부분의 시간에 무엇을 먹고 무엇을 하느냐가 중요하다. 음식의 감옥에 갇히지 말고 감사하는 태도를 기르라.

맺음말

면역계는 신체와 정신, 건강의 모든 측면을 관장한다. 세포와 분자가 상호작용하는 네트워크의 깊은 층위들은 태어날 때부터 건강한 몸에 대한 민감한 인식을 개발하도록 훈련된다. 이러한 인식은 건강 상태에 맞게 조율된 핵심 투입물을 참고하는 학습을 통해 이루어진다. 면역 건강은 특정 질환이 없는 상태만이 아니라 몸의 특정 상태다.

포괄적이고 과도하게 단순화한 건강 권고들이 늘어나고 있는 현 상황은 우려스럽다. 완벽한 건강을 시도하다 실패한 수치와 죄의식까지 섞여 있다. 닥터 구글을 통해 면역매개질환을 '치료하지' 못했다고 좌절할 수 있다. 나의 희망은 이 책을 통해 한 가지만큼 분명히 해두는 것이다. 면역은 복잡한 현상이며, 건강은 끊임없이 흐르는 유동 상태라는 것. 누구나 자신만의 고유한 면역 정체성이 있고 그것은 우리의 미생물총과, 심리사회적 환경적 투입요소들과 부단히 상호작용하고 있다. 이러한 상호작용이야말로 우리가 진화해온 세균투성이의 세상에서 인간종이 생존하는 데 긴요했다. 그러나 이러한 정밀한 방어 체계를 얻으려면 대가가 필요하다.

과식으로 점철된 광속의 현대 생활이 핵심적인 면역 투입물을 잠식하고 해로운 것들로 바꾸어 주의 깊게 구축된 면역계의 균형을 서서히 무너뜨리고 있다는 사실을 더 이상 간과해서는 안 된다. 현대 생활은 면역을 느리게 타오르는 만성염증이라는 비상사태에 빠뜨릴 수 있다. 향후 몇십 년간 건강이 악화되는 상태가 지속되는 것이다. 면역계는 자정작용을 할 수 있지만 지나치게 균형이 깨지면 자정작용 자체가 불가능해질 수 있다.

마찬가지로 모든 것을 '제대로' 한다 해도 우리가 사는 세계는 이상적인 세상이 아니다. 현대 생활에 맞서 자신의 면역에서 가장 좋은 것을 어떻게 얻을 수 있을까? 단기 전략보다는 기본을 충실히 지키라고 권고하고 싶다. 건강은 영양제나 슈퍼 푸드에서 오는 것은 아니라는 점을 깨달아야 한다. 우리가 삶을 영위하는 오늘날의 환경은 인간이 진화했던 과거의 환경과 상당히 동떨어져 있다. 현대 생활이 제공하는 근사한 이익이 많다 해도 건강의 미래는 현대식 생활과 과거식 생활의 융합 속에 달려 있다. 이제는 '옛 친구들'과 다시 만나야 하고, 전통적인 식습관과 다시 친해져야 하며, 자신의 몸과 마음이 원하는 것을 충족시키기 위해 직관을 존중할 필요가 있다.

이 책은 즉효 약이나 완벽한 치료법을 보장하지 못한다. 아는 것이 힘이고 교육은 지식을 제공한다. 그러나 이 책이 여러분에게 올바른 전략을 제시함으로써 건강법을 외치는 주위의 소음을 차단하고 더 나은 지식과 선택과 건강에 가까이 다가가도록 안내하기를 바란다. 삶은 우리에게 꼭 유리하게 돌아가지 않는다. 그래도 치러야 할 인생이라는 경기를 장기적인 전망으로 바라보고 평생 동안 면역력을 튼튼하게 길러보자.

주

1장

1. Blalock, J. E. (1984) 'The immune system as a sensory organ.', *Journal of Immunology* (Baltimore, Md.: 1950), 132(3), pp. 1067–1070. Available at: http://www.ncbi.nlm.nih.gov/pubmed/6363533 (Accessed: 30 November 2019).
2. Gruber-Bzura, B. M. (2018) 'Vitamin D and influenza–Prevention or therapy?', *International Journal of Molecular Sciences*. MDPI AG. doi: 10.3390/ijms19082419.
3. Mackowiak, P. A. et al. (1981) 'Effects of physiologic variations in temperature on the rate of antibiotic-induced bacterial killing', *American Journal of Clinical Pathology*, 76(1), pp. 57–62. doi: 10.1093/ajcp/76.1.57.
4. Young, P. et al. (2015) 'Acetaminophen for fever in critically ill patients with suspected infection', *New England Journal of Medicine*. Massachussetts Medical Society, 373(23), pp. 2215–2224. doi: 10.1056/NEJMoa1508375.
5. Irwin, R. S. (2006) 'Introduction to the diagnosis and management of cough: ACCP evidence-based clinical practice guidelines', *Chest*, pp. 25S-27S. doi: 10.1378/chest.129.1_suppl.25S.
6. Pradeu, T. and Cooper, E. L. (2012) 'The danger theory: 20 years later', *Frontiers in Immunology*, 3(SEP). doi: 10.3389/fi mmu.2012.00287.
7. Matzinger, P. (1994) 'Tolerance, Danger, and the Extended Family', *Annual Review of Immunology*. Annual Reviews, 12(1), pp. 991–1045. doi: 10.1146/annurev.iy.12.040194.005015.
8. Zindel, J. and Kubes, P. (2020) 'DAMPs, PAMPs, and LAMPs in Immunity and Sterile Inflammation', *Annual Review of Pathology: Mechanisms of Disease*, 15(1), p. 2129251537. doi:10.1146/annurev-pathmechdis-012419-032847.
9. Chen, G. Y. and Nunez, G. (2010) 'Sterile inflammation: Sensing and reacting to

damage', *Nature Reviews Immunology*, pp. 826–837. doi: 10.1038/nri2873.

10. Brown, K. F. et al. (2018) 'The fraction of cancer attributable to modifiable risk factors in England, Wales, Scotland, Northern Ireland, and the United Kingdom in 2015', *British Journal of Cancer*. Nature Publishing Group, 118(8), pp. 1130–1141. doi: 10.1038/s41416-018-0029-6.
11. Hunter, P. (2012) 'The inflammation theory of disease: the growing realization that chronic inflammation is crucial in many diseases opens new avenues for treatment', *EMBO Reports*, 13(11), pp. 968–970. doi: 10.1038/embor.2012.142.
12. McDade, T. W. (2012) 'Early environments and the ecology of inflammation', *Proceedings of the National Academy of Sciences of the United States of America*, pp. 17281–17288. doi: 10.1073/pnas.1202244109.
13. Lorenzatti, A. and Servato, M. L. (2018) 'Role of antiinflammatory interventions in coronary artery disease: Understanding the Canakinumab Anti-inflammatory Thrombosis Outcomes Study (CANTOS)', *European Cardiology Review*. Radcliffe Cardiology, 13(1), pp. 38–41. doi: 10.15420/ecr.2018.11.1.
14. Bally, M. et al. (2017) 'Risk of acute myocardial infarction with NSAIDs in real world use: Bayesian meta-analysis of individual patient data', *BMJ (Online)*. BMJ Publishing Group, 357. doi: 10.1136/bmj.j1909.
15. Doux, J. D. et al. (2005) 'Can chronic use of anti-inflammatory agents paradoxically promote chronic inflammation through compensatory host response?', *Medical Hypotheses*, 65(2), pp. 389–391. doi: 10.1016/j.mehy.2004.12.021.
16. Anderson, K. and Hamm, R. L. (2012) 'Factors that impair wound healing', *Journal of the American College of Clinical Wound Specialists*. Elsevier Inc., pp. 84–91. doi: 10.1016/j.jccw.2014.03.001.
17. Hauser, R. (2010) 'The Acceleration of Articular Cartilage Degeneration in Osteoarthritis by Nonsteroidal Anti-inflammatory Drugs', *Journal of Prolotherapy*, 2(1), pp. 305–322

2장

1. Boehm, T. and Zufall, F. (2006) 'MHC peptides and the sensory evaluation of genotype', *Trends in Neurosciences*, pp. 100–107. doi: 10.1016/j.tins.2005.11.006.
2. Wedekind, C. et al. (1995) 'MHC-dependent mate preferences in humans', *Proceedings of the Royal Society B: Biological Sciences*. Royal Society, 260(1359), pp. 245–249. doi: 10.1098/rspb.1995.0087.
3. Day, S. et al. (2016) 'Integrating and evaluating sex and gender in health research', *Health Research Policy and Systems*. BioMed Central Ltd., 14(1). doi: 10.1186/s12961-016-0147-7.
4. Liu, K. A. and Dipietro Mager, N. A. (2016) 'Women's involvement in clinical trials: Historical perspective and future implications', *Pharmacy Practice*. Grupo de Investigacion en Atencion Farmaceutica. doi: 10.18549/PharmPract.2016.01.708.
5. Van Eijk, L. T. and Pickkers, P. (2018) 'Man flu: Less inflammation but more consequences in men than women', *BMJ (Online)*. BMJ Publishing Group. doi: 10.1136/bmj.k439.
6. Ubeda, F. and Jansen, V. A. A. (2016) 'The evolution of sex-specific virulence in infectious diseases', *Nature Communications*. Nature Publishing Group, 7. doi: 10.1038/ncomms13849.
7. Arruvito, L. et al. (2007) 'Expansion of CD4 + CD25 + and FOXP3 + Regulatory T Cells during the Follicular Phase of the Menstrual Cycle: Implications for Human Reproduction', *The Journal of Immunology*. The American Association of Immunologists, 178(4), pp. 2572–2578. doi: 10.4049/jimmunol.178.4.2572.
8. Ngo, S. T., Steyn, F. J. and McCombe, P. A. (2014) 'Gender differences in autoimmune disease', *Frontiers in Neuroendocrinology*. Academic Press Inc., pp. 347–369. doi:10.1016/j.yfrne.2014.04.004.
9. Hughes, G. C. (2012) 'Progesterone and autoimmune disease', *Autoimmunity Reviews*. doi: 10.1016/j.autrev.2011.12.003.
10. Laffont, S. et al. (2017) 'Androgen signaling negatively controls group 2 innate

lymphoid cells', *Journal of Experimental Medicine*. Rockefeller University Press, 214(6), pp. 1581–1592. doi: 10.1084/jem.20161807.

11. Lorenz, T. and van Anders, S. (2014) 'Interactions of sexual activity, gender, and depression with immunity', *Journal of Sexual Medicine*. Blackwell Publishing Ltd, 11(4), pp. 966–979. doi: 10.1111/jsm.12111.
12. Lorenz, T. K., Heiman, J. R. and Demas, G. E. (2017) 'Testosterone and immune-reproductive tradeoffs in healthy women', *Hormones and Behavior*. Academic Press Inc., 88, pp. 122–130. doi: 10.1016/j.yhbeh.2016.11.009.
13. Lorenz, T. K., Demas, G. E. and Heiman, J. R. (2017) 'Partnered sexual activity moderates menstrual cycle–related changes in inflammation markers in healthy women: an exploratory observational study', *Fertility and Sterility*. Elsevier Inc., 107(3), pp. 763-773.e3. doi: 10.1016/j.fertnstert.2016.11.010.
14. Ghosh, M., Rodriguez-Garcia, M. and Wira, C. R. (2014) 'The immune system in menopause: Pros and cons of hormone therapy', *Journal of Steroid Biochemistry and Molecular Biology*. Elsevier Ltd, pp. 171–175. doi: 10.1016/j.jsbmb.2013.09.003.
15. Rowe, J. H. et al. (2012) 'Pregnancy imprints regulatory memory that sustains anergy to fetal antigen', *Nature*, 490(7418), pp. 102–106. doi: 10.1038/nature11462.
16. Carr, E. J. et al. (2016) 'The cellular composition of the human immune system is shaped by age and cohabitation', *Nature Immunology*. Nature Publishing Group, 17(4), pp. 461–468. doi: 10.1038/ni.3371.
17. Swaminathan, S. et al. (2015) 'Mechanisms of clonal evolution in childhood acute lymphoblastic leukemia', *Nature Immunology*. Nature Publishing Group, 16(7), pp. 766–774. doi: 10.1038/ni.3160.
18. Ciabattini, A. et al. (2019) 'Role of the microbiota in the modulation of vaccine immune responses', *Frontiers in Microbiology*. Frontiers Media S.A. doi: 10.3389/fmicb.2019.01305.
19. Di Mauro, G. et al. (2016) 'Prevention of food and airway allergy: Consensus of the Italian Society of Preventive and Social Paediatrics, the Italian Society of

Paediatric Allergy and Immunology, and Italian Society of Pediatrics', *World Allergy Organization Journal*. BioMed Central Ltd. doi: 10.1186/s40413-016-0111-6.

20. Stein, K. (2014) 'Severely restricted diets in the absence of medical necessity: The unintended consequences', Journal of the Academy of Nutrition and Dietetics. Elsevier, 114(7), pp. 986–987. doi: 10.1016/j.jand.2014.03.008.
21. Chan, E. S. et al. (2018) 'Early introduction of foods to prevent food allergy', *Allergy, Asthma & Clinical Immunology*, 14(S2), p. 57. doi: 10.1186/s13223-018-0286-1.
22. Shaker, M. et al. (2018) '"To screen or not to screen": Comparing the health and economic benefits of early peanut introduction strategies in five countries', *Allergy: European Journal of Allergy and Clinical Immunology*. Blackwell Publishing Ltd, 73(8), pp. 1707–1714. doi: 10.1111/all.13446.
23. Eder, W., Ege, M. J. and Von Mutius, E. (2006) 'The asthma epidemic', *New England Journal of Medicine*, pp. 2226–2235. doi: 10.1056/NEJMra054308.
24. Baiz, N. et al. (2019) 'Maternal diet before and during pregnancy and risk of asthma and allergic rhinitis in children', *Allergy, Asthma & Clinical Immunology*, 15(1), p. 40. doi: 10.1186/s13223-019-0353-2.
25. Lang, J. E. et al. (2018) 'Being overweight or obese and the development of asthma', *Pediatrics*. American Academy of Pediatrics, 142(6). doi: 10.1542/peds.2018-2119.
26. Jones, E. J. et al. (2018) 'Chronic family stress and adolescent health: The moderating role of emotion regulation', *Psychosomatic Medicine*. Lippincott Williams and Wilkins, 80(8), pp. 764–773. doi: 10.1097/PSY.0000000000000624.
27. Baranska, A. et al. (2018) 'Unveiling skin macrophage dynamics explains both tattoo persistence and strenuous removal', *Journal of Experimental Medicine*. Rockefeller University Press, 215(4), pp. 1115–1133. doi: 10.1084/jem.20171608.
28. De Heredia, F., Gomez-Martinez, S., & Marcos, A. (2012). 'Obesity, inflammation and the immune system'. *Proceedings of the Nutrition Society*, 71(2), 332-338. doi:10.1017/S0029665112000092
29. Nishimura, S. et al. (2009) 'CD8+ effector T cells contribute to macrophage

recruitment and adipose tissue inflammation in obesity', *Nature Medicine*, 15(8), pp. 914–920. doi: 10.1038/nm.1964.

30. Han, S. J. et al. (2017) 'White Adipose Tissue Is a Reservoir for Memory T Cells and Promotes Protective Memory Responses to Infection', *Immunity*. Cell Press, 47(6), pp. 1154-1168.e6.doi: 10.1016/j.immuni.2017.11.009.
31. Lynch, L. et al. (2016) 'iNKT Cells Induce FGF21 for Thermogenesis and Are Required for Maximal Weight Loss in GLP1 Therapy', *Cell Metabolism*. Cell Press, 24(3), pp. 510–519. doi: 10.1016/j.cmet.2016.08.003.32. *World report on Ageing And Health* (2015). Available at: www.who.int (Accessed: 1 December 2019).
33. Belsky, D. W. et al. (2015) 'Quantification of biological aging in young adults', *Proceedings of the National Academy of Sciences of the United States of America*. National Academy of Sciences, 112(30), pp. E4104–4110. doi: 10.1073/pnas.1506264112.
34. Palmer, S. et al. (2018) 'Thymic involution and rising disease incidence with age', *Proceedings of the National Academy of Sciences of the United States of America*. National Academy of Sciences, 115(8), pp. 1883–1888. doi: 10.1073/pnas.1714478115.
35. Jurk, D. et al. (2014) 'Chronic inflammation induces telomere dysfunction and accelerates ageing in mice', *Nature Communications*. Nature Publishing Group, 2. doi: 10.1038/ncomms5172.
36. Baker, D. J. et al. (2016) 'Naturally occurring p16 Ink4a-positive cells shorten healthy lifespan', *Nature*. Nature Publishing Group, 530(7589), pp. 184–189. doi: 10.1038/nature16932.
37. De la Fuente, M. (2002) 'Effects of antioxidants on immune system ageing', *European Journal of Clinical Nutrition*, 56, pp. S5–S8. doi: 10.1038/sj.ejcn.1601476.

3장

1. Canny, G. O. and McCormick, B. A. (2008) 'Bacteria in the intestine, helpful residents or enemies from within?', *Infection and Immunity*, pp. 3360–3373. doi: 10.1128/IAI.00187-08.

2. Qin, J. et al. (2010) 'ARTICLES A human gut microbial gene catalogue established by metagenomic sequencing', *Nature*. doi: 10.1038/nature08821.
3. Maslowski, K. M. and MacKay, C. R. (2011) 'Diet, gut microbiota and immune responses', *Nature Immunology*, pp. 5–9. doi: 10.1038/ni0111-5.
4. Walker, R. W. et al. (2017) 'The prenatal gut microbiome: are we colonized with bacteria in utero', *Pediatric Obesity*, 12, pp. 3–17. doi: 10.1111/ijpo.12217.
5. Lathrop, S. K. et al. (2011) 'Peripheral education of the immune system by colonic commensal microbiota', *Nature*, 478(7368), pp. 250–254. doi: 10.1038/nature10434.
6. Martin-Orozco, E., Norte-Muñoz, M. and Martinez-Garcia, J. (2017) 'Regulatory T cells in allergy and asthma', *Frontiers in Pediatrics*. Frontiers Media S.A. doi: 10.3389/fped.2017.00117.
7. Abdel-Gadir, A. et al. (2019) 'Microbiota therapy acts via a regulatory T cell MyD88/RORγt pathway to suppress food allergy', *Nature Medicine*. Nature Publishing Group, 25(7), pp. 1164–1174. doi: 10.1038/s41591-019-0461-z.
8. Dominguez-Bello, M. G. et al. (2010) 'Delivery mode shapes the acquisition and structure of the initial microbiota across multiple body habitats in newborns', *Proceedings of the National Academy of Sciences of the United States of America*, 107(26), pp. 11971–11975. doi: 10.1073/pnas.1002601107.
9. Salminen, S. et al. (2004) 'Influence of mode of delivery on gut microbiota composition in seven year old children [5]', *Gut*. BMJ Publishing Group, pp. 1388–1389. doi: 10.1136/gut.2004.041640.
10. Sevelsted, A. et al. (2015) 'Cesarean section chronic immune disorders', *Pediatrics*. American Academy of Pediatrics, 135(1), pp. e92–e98. doi: 10.1542/peds.2014-0596.
11. Pannaraj, P. S. et al. (2017) 'Association between breast milk bacterial communities and establishment and development of the infant gut microbiome', *JAMA Pediatrics*. American Medical Association, 171(7), pp. 647–654. doi: 10.1001/jamapediatrics.2017.0378.

12. Bode, L. (2012) 'Human milk oligosaccharides: Every baby needs a sugar mama', *Glycobiology*, pp. 1147–1162. doi: 10.1093/glycob/cws074.
13. Reynolds, A. et al. (2019) 'Carbohydrate quality and human health: a series of systematic reviews and meta-analyses', *The Lancet*. Lancet Publishing Group, 393(10170), pp. 434–445. doi: 10.1016/S0140-6736(18)31809-9.
14. Kunzmann, A. T. et al. (2015) 'Dietary fiber intake and risk of colorectal cancer and incident and recurrent adenoma in the Prostate, Lung, Colorectal, and Ovarian Cancer Screening Trial', *American Journal of Clinical Nutrition*. American Society for Nutrition, 102(4), pp. 881–890. doi: 10.3945/ajcn.115.113282.
15. Dai, Z. et al. (2017) 'Dietary intake of fibre and risk of knee osteoarthritis in two US prospective cohorts', *Annals of the Rheumatic Diseases*. BMJ Publishing Group, 76(8), pp. 1411–1419. doi: 10.1136/annrheumdis-2016-210810.
16. McDonald, D. et al. (2018) 'American Gut: an Open Platform for Citizen Science Microbiome Research', *mSystems*. American Society for Microbiology, 3(3). doi: 10.1128/msystems.00031-18.
17. Sonnenburg, E. D. et al. (2016) 'Diet-induced extinctions in the gut microbiota compound over generations', *Nature*. Nature Publishing Group, 529(7585), pp. 212–215. doi: 10.1038/nature16504.
18. Helander, H. F. and Fändriks, L. (2014) 'Surface area of the digestive tract-revisited', *Scandinavian Journal of Gastroenterology*. Informa Healthcare, 49(6), pp. 681–689. doi:10.3109/00365521.2014.898326.
19. Roomruangwong, C. et al. (2019) 'The menstrual cycle may not be limited to the endometrium but also may impact gut permeability', *Acta Neuropsychiatrica*. Cambridge University Press. doi: 10.1017/neu.2019.30.
20. Lozupone, C. A. et al. (2012) 'Diversity, stability and resilience of the human gut microbiota', *Nature*, pp. 220–230. doi: 10.1038/nature11550.
21. Bischoff, S. C. (2011) '"Gut health": A new objective in medicine?', *BMC Medicine, 9*. doi: 10.1186/1741-7015-9-24.

22. Dethlefsen, L. et al. (2008) 'The Pervasive Effects of an Antibiotic on the Human Gut Microbiota, as Revealed by Deep 16S rRNA Sequencing', *PLoS Biology*. Edited by J. A. Eisen, 6(11), p. e280. doi: 10.1371/journal.pbio.0060280.
23. Cox, L. M. et al. (2014) 'Altering the intestinal microbiota during a critical developmental window has lasting metabolic consequences', *Cell*, 158(4), pp. 705–721. doi: 10.1016/j.cell.2014.05.052.
24. Cox, L. M. and Blaser, M. J. (2015) 'Antibiotics in early life and obesity', *Nature Reviews Endocrinology*. Nature Publishing Group, pp. 182–190. doi: 10.1038/nrendo.2014.210.
25. Turnbaugh, P. J. et al. (2006) 'An obesity-associated gut microbiome with increased capacity for energy harvest', *Nature*, 444(7122), pp. 1027–1031. doi: 10.1038/nature05414.
26. Escobar, J. S. et al. (2017) 'Metformin Is Associated With Higher Relative Abundance of Mucin-Degrading Akkermansia muciniphila and Several Short-Chain Fatty Acid-Producing Microbiota in the Gut', *Diabetes Care*, 40. doi: 10.2337/dc16-1324.
27. Jackson, M. A. et al. (2016) 'Proton pump inhibitors alter the composition of the gut microbiota', *Gut*. BMJ Publishing Group, 65(5), pp. 749–756. doi: 10.1136/gutjnl-2015-310861.
28. Rogers, M. A. M. and Aronoff, D. M. (2016) 'The influence of non-steroidal anti-inflammatory drugs on the gut microbiome', *Clinical Microbiology and Infection*. Elsevier B.V., 22(2), pp. 178.e1-178.e9. doi: 10.1016/j.cmi.2015.10.003.
29. Maier, L. et al. (2018) 'Extensive impact of non-antibiotic drugs on human gut bacteria', *Nature*. Nature Publishing Group, 555(7698), pp. 623–628. doi: 10.1038/nature25979.
30. Tropini, C. et al. (2018) 'Transient Osmotic Perturbation Causes Long-Term Alteration to the Gut Microbiota', *Cell*. Cell Press, 173(7), pp. 1742-1754.e17. doi: 10.1016/j.cell.2018.05.008.

31. Hesselmar, B., Hicke-Roberts, A. and Wennergren, G. (2015) 'Allergy in children in hand versus machine dishwashing', *Pediatrics*. American Academy of Pediatrics, 135(3), pp. e590–e597. doi: 10.1542/peds.2014-2968.
32. Frenkel, E. S. and Ribbeck, K. (2015) 'Salivary mucins protect surfaces from colonization by cariogenic bacteria', *Applied and Environmental Microbiology*. American Society for Microbiology, 81(1), pp. 332–338. doi: 10.1128/AEM.02573-14.
33. Lynch, S. J., Sears, M. R. and Hancox, R. J. (2016) 'Thumbsucking, nail-biting, and atopic sensitization, asthma, and hay fever', *Pediatrics*. American Academy of Pediatrics, 138(2). doi:10.1542/peds.2016-0443.
34. Mills, J. G. et al. (2019) 'Relating urban biodiversity to human health with the "Holobiont" concept', *Frontiers in Microbiology*. Frontiers Media S.A. doi: 10.3389/fmicb.2019.00550.
35. Brodie, E. L. et al. (2007) 'Urban aerosols harbor diverse and dynamic bacterial populations', *Proceedings of the National Academy of Sciences of the United States of America*, 104(1), pp. 299–304. doi: 10.1073/pnas.0608255104.
36. Meadow, J. F. et al. (2014) 'Indoor airborne bacterial communities are influenced by ventilation, occupancy, and outdoor air source', *Indoor Air*, 24(1), pp. 41–48. doi: 10.1111/ina.12047.
37. Kembel, S. W. et al. (2012) 'Architectural design influences the diversity and structure of the built environment microbiome', *ISME Journal*, 6(8), pp. 1469–1479. doi: 10.1038/ismej.2011.211.
38. Olszak, T. et al. (2012) 'Microbial exposure during early life has persistent effects on natural killer T cell function', *Science*. American Association for the Advancement of Science, 336(6080), pp. 489–493. doi: 10.1126/science.1219328.
39. Riedler, J. et al. (2001) 'Exposure to farming in early life and development of asthma and allergy: A cross-sectional survey', *Lancet*. Lancet Publishing Group, 358(9288), pp. 1129–1133. doi: 10.1016/S0140-6736(01)06252-3.

40. Stanford, J. L. et al. (2001) 'Does immunotherapy with heatkilled Mycobacterium vaccae offer hope for the treatment of multi-drug-resistant pulmonary tuberculosis?', *Respiratory Medicine*. W.B. Saunders Ltd, 95(6), pp. 444–447. doi: 10.1053/rmed.2001.1065.
41. Skinner, M. A. et al. (2001) 'The ability of heat-killed Mycobacterium vaccae to stimulate a cytotoxic T-cell response to an unrelated protein is associated with a 65 kilodalton heatshock protein', *Immunology*, 102(2), pp. 225–233. doi: 10.1046/j.1365-2567.2001.01174.x.
42. O'Brien, M. E. R. et al. (2004) 'SRL 172 (killed Mycobacterium vaccae) in addition to standard chemotherapy improves quality of life without affecting survival, in patients with advanced non-small-cell lung cancer: Phase III results', *Annals of Oncology*, 15(6), pp. 906–914. doi: 10.1093/annonc/mdh220.
43. Wiley, A. S. and Katz, S. H. (1998) 'Geophagy in pregnancy: A test of a hypothesis', *Current Anthropology*, 39(4), pp. 532–545. doi: 10.1086/204769.
44. Krishnamani, R. and Mahaney, W. C. (2000) 'Geophagy among primates: Adaptive significance and ecological consequences', *Animal Behaviour*. Academic Press, pp. 899–915. doi: 10.1006/anbe.1999.1376.
45. Hickson, M. et al. (2007) 'Use of probiotic Lactobacillus preparation to prevent diarrhoea associated with antibiotics: Randomised double blind placebo controlled trial', *British Medical Journal*, 335(7610), pp. 80–83. doi: 10.1136/bmj.39231.599815.55.
46. Spaiser, S. J. et al. (2015) 'Lactobacillus gasseri KS-13, Bifidobacterium bifidum G9-1, and Bifidobacterium longum MM-2 Ingestion Induces a Less Inflammatory Cytokine Profile and a Potentially Beneficial Shift in Gut Microbiota in Older Adults: A Randomized, Double-Blind, Placebo-Controlled, Crossover Study', *Journal of the American College of Nutrition*. Routledge, 34(6), pp. 459–469. doi:10.1080/07315724.2014.983249.
47. Kumar, M. et al. (2016) 'Human gut microbiota and healthy aging: Recent

developments and future prospective', *Nutrition and Healthy Aging*. IOS Press, 4(1), pp. 3–16. doi: 10.3233/nha-150002.

48. Ouwehand, A. C. et al. (2008) '*Bifidobacterium* microbiota and parameters of immune function in elderly subjects', *FEMS Immunology & Medical Microbiology*, 53(1), pp. 18–25. doi:10.1111/j.1574-695X.2008.00392.x.
49. Hao, Q., Dong, B. R. and Wu, T. (2015) 'Probiotics for preventing acute upper respiratory tract infections', *Cochrane Database of Systematic Reviews*. John Wiley and Sons Ltd. doi: 10.1002/14651858.CD006895.pub3.
50. Wassermann, B., Muller, H. and Berg, G. (2019) 'An Apple a Day: Which Bacteria Do We Eat With Organic and Conventional Apples?', *Frontiers in Microbiology*, 10. doi: 10.3389/fmicb.2019.01629.
51. Dimidi, E. et al. (2019) 'Fermented Foods: Definitions and Characteristics, Impact on the Gut Microbiota and Effects on Gastrointestinal Health and Disease', *Nutrients*, 11(8), p. 1806. doi: 10.3390/nu11081806.

4장

1. GALLICCHIO, L. and KALESAN, B. (2009) 'Sleep duration and mortality: a systematic review and meta-analysis', *Journal of Sleep Research*, 18(2), pp. 148–158. doi: 10.1111/j.1365-2869.2008.00732.x.
2. Besedovsky, L., Lange, T. and Haack, M. (2019) 'The sleepimmune crosstalk in health and disease', *Physiological Reviews*. American Physiological Society, 99(3), pp. 1325–1380. doi: 10.1152/physrev.00010.2018.
3. Savard, J. et al. (no date) 'Chronic insomnia and immune functioning.', *Psychosomatic medicine*, 65(2), pp. 211–221. doi: 10.1097/01.psy.0000033126.22740.f3.
4. Cohen, S. et al. (2009) 'Sleep habits and susceptibility to the common cold', *Archives of Internal Medicine*, 169(1), pp. 62–67. doi: 10.1001/archinternmed.2008.505.
5. Westermann, J. et al. (2015) 'System Consolidation During Sleep–A Common Principle Underlying Psychological and Immunological Memory Formation',

Trends in Neurosciences. Elsevier Ltd, pp. 585–597. doi: 10.1016/j.tins.2015.07.007.

6. Irwin, M. R. et al. (2008) 'Sleep Loss Activates Cellular Inflammatory Signaling', *Biological Psychiatry*, 64(6), pp. 538–540. doi: 10.1016/j.biopsych.2008.05.004.
7. Irwin, M. et al. (2003) 'Nocturnal catecholamines and immune function in insomniacs, depressed patients, and control subjects', Brain, Behavior, and Immunity. Academic Press Inc., 17(5), pp. 365–372. doi: 10.1016/S0889-1591(03)00031-X.
8. Vgontzas, A. N. et al. (2004) 'Adverse Effects of Modest Sleep Restriction on Sleepiness, Performance, and Inflammatory Cytokines', *The Journal of Clinical Endocrinology & Metabolism*, 89(5), pp. 2119–2126. doi: 10.1210/jc.2003-031562.
9. Lentz, M. J. et al. (1999) 'Effects of selective slow wave sleep disruption on musculoskeletal pain and fatigue in middle aged women', *Journal of Rheumatology*, 26(7), pp. 1586–1592.
10. Ben Simon, E. and Walker, M. P. (2018) 'Sleep loss causes social withdrawal and loneliness', *Nature Communications*. Nature Publishing Group, 9(1). doi: 10.1038/s41467-018-05377-0.
11. Smith, R. P. et al. (2019) 'Gut microbiome diversity is associated with sleep physiology in humans', *PLOS ONE*. Edited by P. Aich, 14(10), p. e0222394. doi: 10.1371/journal.pone.0222394.
12. Smith, R. P. et al. (2019) 'Gut microbiome diversity is associated with sleep physiology in humans', *PLOS ONE*. Edited by P. Aich, 14(10), p. e0222394. doi: 10.1371/journal.pone.0222394.
13. Hoyle, N. P. et al. (2017) 'Circadian actin dynamics drive rhythmic fibroblast mobilization during wound healing', *Science Translational Medicine*. American Association for the Advancement of Science, 9(415). doi: 10.1126/scitranslmed.aal2774.
14. Pietroiusti, A. et al. (2010) 'Incidence of metabolic syndrome among night-shift healthcare workers', *Occupational and Environmental Medicine*, 67(1), pp. 54–7. doi: 10.1136/oem.2009.046797.

15. Stevens, R. G. et al. (2014) 'Breast cancer and circadian disruption from electric lighting in the modern world', *CA: A Cancer Journal for Clinicians*, 64(3), pp. 207–218. doi: 10.3322/caac.21218.
16. Vacchio, M. S., Lee, J. Y. and Ashwell, J. D. (1999) 'Thymusderived glucocorticoids set the thresholds for thymocyte selection by inhibiting TCR-mediated thymocyte activation.', *Journal of immunology (Baltimore, Md. : 1950)*, 163(3), pp. 1327–1333. Available at: http://www.ncbi.nlm.nih.gov/pubmed/10415031 (Accessed: 1 December 2019).
17. Cinzano, P., Falchi, F. and Elvidge, C. D. (2001) 'The first World Atlas of the artifi cial night sky brightness', *Monthly Notices of the Royal Astronomical Society*, 328(3), pp. 689–707. doi: 10.1046/j.1365-8711.2001.04882.x.
18. Hale, L. and Guan, S. (2015) 'Screen time and sleep among school-aged children and adolescents: A systematic literature review', *Sleep Medicine Reviews*. W.B. Saunders Ltd, pp. 50–58. doi: 10.1016/j.smrv.2014.07.007.
19. Scott, H., Biello, S. M. and Woods, H. C. (2019) 'Social media use and adolescent sleep patterns: cross-sectional findings from the UK millennium cohort study', *BMJ open*. NLM (Medline), 9(9), p. e031161. doi: 10.1136/bmjopen-2019-031161.
20. Crowley, S. J. et al. (2018) 'An update on adolescent sleep: New evidence informing the perfect storm model', *Journal of Adolescence*. Academic Press, pp. 55–65. doi: 10.1016/j.adolescence.2018.06.001.
21. O'Hagan, J. B., Khazova, M. and Price, L. L. A. (2016) 'Low-energy light bulbs, computers, tablets and the blue light hazard', *Eye (Basingstoke)*. Nature Publishing Group, 30(2), pp. 230–233. doi: 10.1038/eye.2015.261.
22. CIE Technical Committee 6-15 and International Commission on Illumination (no date) *A Computerized Approach to Transmission and Absorption Characteristics of the Humaneye*.
23. Cissé, Y. M., Russart, K. L. G. and Nelson, R. J. (2017) 'Parental Exposure to Dim Light at Night Prior to Mating Alters Offspring Adaptive Immunity', *Nature*

Publishing Group. doi: 10.1038/srep45497.

24. Meijden, W. P. van der et al. (2019) 'Restoring the sleep disruption by blue light emitting screen use in adolescents: a randomized controlled trial', *Endocrine Abstracts*. Bioscientifica. doi: 10.1530/endoabs.63.p652.
25. Kimberly, B. and James R., P. (2009) 'Amber lenses to block blue light and improve sleep: A randomized trial', *Chronobiology International*, 26(8), pp. 1602–1612. doi: 10.3109/07420520903523719.
26. Van Der Lely, S. et al. (2015) 'Blue blocker glasses as a countermeasure for alerting effects of evening light-emitting diode screen exposure in male teenagers', *Journal of Adolescent Health*. Elsevier USA, 56(1), pp. 113–119. doi: 10.1016/j.jadohealth.2014.08.002.
27. Rangtell, F. H. et al. (2016) 'Two hours of evening reading on a self-luminous tablet vs. reading a physical book does not alter sleep after daytime bright light exposure', *Sleep Medicine*. Elsevier B.V., 23, pp. 111–118. doi: 10.1016/j.sleep.2016.06.016.
28. Gominak, S. C. and Stumpf, W. E. (2012) 'The world epidemic of sleep disorders is linked to vitamin D deficiency', *Medical Hypotheses*, 79(2), pp. 132–135. doi: 10.1016/j.mehy.2012.03.031.
29. McCarty, D. E. et al. (2014) 'The link between vitamin D metabolism and sleep medicine', *Sleep Medicine Reviews*. W.B. Saunders Ltd, pp. 311–319. doi: 10.1016/j.smrv.2013.07.001.
30. Becquet, D. et al. (1993) 'Glutamate, GABA, glycine and taurine modulate serotonin synthesis and release in rostral and caudal rhombencephalic raphe cells in primary cultures', *Neurochemistry International*, 23(3), pp. 269–283. doi: 10.1016/0197-0186(93)90118-O.
31. Yamadera, W. et al. (2007) 'Glycine ingestion improves subjective sleep quality in human volunteers, correlating with polysomnographic changes', *Sleep and Biological Rhythms*, 5(2), pp. 126–131. doi: 10.1111/j.1479-8425.2007.00262.x.
32. Inagawa, K. et al. (2006) 'Subjective effects of glycine ingestion before bedtime on

sleep quality', *Sleep and Biological Rhythms*, 4(1), pp. 75–77. doi: 10.1111/j.1479-8425.2006.00193.x.

33. Liguori, I. et al. (2018) 'Oxidative stress, aging, and diseases', *Clinical Interventions in Aging*. Dove Medical Press Ltd., pp. 757–772. doi: 10.2147/CIA.S158513.
34. Forrest, K. Y. Z. and Stuhldreher, W. L. (2011) 'Prevalence and correlates of vitamin D deficiency in US adults', *Nutrition Research*, 31(1), pp. 48–54. doi: 10.1016/j.nutres.2010.12.001.
35. Nair, R. and Maseeh, A. (2012) 'Vitamin D: The sunshine vitamin', *Journal of Pharmacology and Pharmacotherapeutics*, pp. 118–126. doi: 10.4103/0976-500X.95506.
36. Garland, C. F. et al. (2014) 'Meta-analysis of all-cause mortality according to serum 25-hydroxyvitamin D', *American Journal of Public Health*. American Public Health Association Inc. doi: 10.2105/AJPH.2014.302034.
37. Phan, T. X. et al. (2016) 'Intrinsic photosensitivity enhances motility of T lymphocytes', *Scientific Reports*. Nature Publishing Group, 6. doi: 10.1038/srep39479.
38. Leavy, O. (2010) 'Immune-boosting sunshine', *Nature Reviews Immunology*, p. 220. doi: 10.1038/nri2759.
39. Yu, C. et al. (2017) 'Nitric oxide induces human CLA+CD25+Foxp3+ regulatory T cells with skin-homing potential', *Journal of Allergy and Clinical Immunology*. Mosby Inc., 140(5), pp. 1441-1444.e6. doi: 10.1016/j.jaci.2017.05.023.
40. Sloan, C., Moore, M. L. and Hartert, T. (2011) 'Impact of Pollution, Climate, and Sociodemographic Factors on Spatiotemporal Dynamics of Seasonal Respiratory Viruses', *Clinical and Translational Science*, 4(1), pp. 48–54. doi:10.1111/j.1752-8062.2010.00257.x.
41. Leekha, S., Diekema, D. J. and Perencevich, E. N. (2012) 'Seasonality of staphylococcal infections', *Clinical Microbiology and Infection*. Blackwell Publishing Ltd, pp. 927–933. doi: 10.1111/j.1469-0691.2012.03955.x.

42. Dopico, X. C. et al. (2015) 'Widespread seasonal gene expression reveals annual differences in human immunity and physiology', *Nature Communications*. Nature Publishing Group, 6. doi: 10.1038/ncomms8000.
43. Goldinger, A. et al. (2015) 'Seasonal effects on gene expression', *PLoS ONE*. Public Library of Science, 10(5). doi: 10.1371/journal.pone.0126995.

5장

1. Dantzer, R. (2009) 'Cytokine, Sickness Behavior, and Depression', *Immunology and Allergy Clinics of North America*, pp. 247–264. doi: 10.1016/j.iac.2009.02.002.
2. Iwashyna, T. J. et al. (2010) 'Long-term cognitive impairment and functional disability among survivors of severe sepsis', *JAMA –Journal of the American Medical Association*. American Medical Association, 304(16), pp. 1787–1794. doi: 10.1001/jama.2010.1553.
3. Harrison, N. A. et al. (2009) 'Neural Origins of Human Sickness in Interoceptive Responses to Inflammation', *Biological Psychiatry*, 66(5), pp. 415–422. doi: 10.1016/j.biopsych.2009.03.007.
4. Freedland, K. E. et al. (1992) 'Major depression in coronary artery disease patients with vs. without a prior history of depression', *Psychosomatic Medicine*, 54(4), pp. 416–421. doi: 10.1097/00006842-199207000-00004.
5. Panagiotakos, D. B. et al. (2004) 'Inflammation, coagulation, and depressive symptomatology in cardiovascular disease-free people; the ATTICA study', *European Heart Journal*, 25(6), pp. 492–499. doi: 10.1016/j.ehj.2004.01.018.
6. Saavedra, K. et al. (2016) 'Epigenetic modifications of major depressive disorder', *International Journal of Molecular Sciences*. MDPI AG. doi: 10.3390/ijms17081279.
7. Wray, N. R. et al. (2018) 'Genome-wide association analyses identify 44 risk variants and refine the genetic architecture of major depression', *Nature Genetics*. Nature Publishing Group, 50(5), pp. 668–681. doi: 10.1038/s41588-018-0090-3.
8. Raison, C. L. and Miller, A. H. (2013) 'The evolutionary significance of depression

in Pathogen Host Defense(PATHOS-D)', *Molecular Psychiatry*. Nature Publishing Group, 18(1), pp. 15–37. doi: 10.1038/mp.2012.2.

9. Penn, E. and Tracy, D. K. (2012) 'The drugs don't work? antidepressants and the current and future pharmacological management of depression', *Therapeutic Advances in Psychopharmacology*, 2(5), pp. 179–188. doi: 10.1177/204512531244546
10. Kessler, R. C. and Bromet, E. J. (2013) 'The Epidemiology of Depression Across Cultures', *Annual Review of Public Health*. Annual Reviews, 34(1), pp. 119–138. doi: 10.1146/annurev-publhealth-031912-114409.
11. Kohler, O. et al. (2016) 'Inflammation in Depression and the Potential for Anti-Inflammatory Treatment', *Current Neuropharmacology*. Bentham Science Publishers Ltd., 14(7), pp. 732–742. doi: 10.2174/1570159x14666151208113700.
12. Kappelmann, N. et al. (2018) 'Antidepressant activity of anticytokine treatment: A systematic review and meta-analysis of clinical trials of chronic inflammatory conditions', *Molecular Psychiatry*. Nature Publishing Group, 23(2), pp. 335–343. doi: 10.1038/mp.2016.167.
13. Al-Harbi, K. S. (2012) 'Treatment-resistant depression: Therapeutic trends, challenges, and future directions', *Patient Preference and Adherence*, pp. 369–88. doi: 10.2147/PPA.S29716.
14. O'Connell, P. J. et al. (2006) 'A novel form of immune signaling revealed by transmission of the inflammatory mediator serotonin between dendritic cells and T cells', *Blood*, 107(3), pp. 1010–1017. doi: 10.1182/blood-2005-07-2903.
15. Halaris, A. et al. (2015) 'Does escitalopram reduce neurotoxicity in major depression?', *Journal of Psychiatric Research*. Elsevier Ltd, 66–7, pp. 118–126. doi: 10.1016/j.jpsychires.2015.04.026.
16. Graham-Engeland, J. E. et al. (2018) 'Negative and positive affect as predictors of inflammation: Timing matters', *Brain, Behavior, and Immunity*. Academic Press Inc., 74, pp. 222–230. doi: 10.1016/j.bbi.2018.09.011.
17. Barlow, M. A. et al. (2019) 'Is Anger, but Not Sadness, Associated With Chronic

Inflammation and Illness in Older Adulthood? The Discrete Emotion Theory of Affective Aging Psychology and Aging', *Association*, 34(3), pp. 330–340. doi:10.1037/pag0000348.

18. Cole, S. W. et al. (2007) 'Social regulation of gene expression in human leukocytes', *Genome Biology*, 8(9), p. R189. doi: 10.1186/gb-2007-8-9-r189.
19. Tomova, L. et al. (2017) 'Increased neural responses to empathy for pain might explain how acute stress increases prosociality', *Social Cognitive and Affective Neuroscience*, 12(3), pp. 401–408. doi: 10.1093/scan/nsw146.
20. Patterson, A. M. et al. (2014) 'Perceived stress predicts allergy flares', *Annals of Allergy, Asthma and Immunology*. American College of Allergy, Asthma and Immunology, 112(4), pp. 317–321. doi: 10.1016/j.anai.2013.07.013.
21. Wainwright, N. W. J. et al. (2007) 'Psychosocial factors and incident asthma hospital admissions in the EPIC-Norfolk cohort study', *Allergy*, 62(5), pp. 554–560. doi: 10.1111/j.1398-9995.2007.01316.x.
22. Calam, R. et al. (2005) 'Behavior Problems Antecede the Development of Wheeze in Childhood', *American Journal of Respiratory and Critical Care Medicine*, 171(4), pp. 323–327. doi: 10.1164/rccm.200406-791OC.
23. Stevenson, J. and ETAC Study Group (no date) 'Relationship between behavior and asthma in children with atopic dermatitis.', *Psychosomatic medicine*, 65(6), pp. 971–975. doi: 10.1097/01.psy.0000097343.76844.90.
24. Dave, N. D. et al. (2011) 'Stress and Allergic Diseases', *Immunology and Allergy Clinics of North America*, pp. 55–68. doi: 10.1016/j.iac.2010.09.009.
25. Martino, M. et al. (2012) 'Immunomodulation Mechanism of Antidepressants: Interactions between Serotonin/Norepinephrine Balance and Th1/Th2 Balance', *Current Neuropharmacology*. Bentham Science Publishers Ltd., 10(2), pp. 97–123. doi: 10.2174/157015912800604542.
26. Koch-Henriksen, N. et al. (2018) 'Incidence of MS has increased markedly over six decades in Denmark particularly with late onset and in women', *Neurology*.

Lippincott Williams and Wilkins, 90(22), pp. e1954–e1963. doi: 10.1212/WNL.0000000000005612.

27. Banuelos, J. and Lu, N. Z. (2016) 'A gradient of glucocorticoid sensitivity among helper T cell cytokines', *Cytokine and Growth Factor Reviews*. Elsevier Ltd, pp. 27–35. doi: 10.1016/j.cytogfr.2016.05.002.
28. Roberts, A. L. et al. (2017) 'Association of Trauma and Posttraumatic Stress Disorder With Incident Systemic Lupus Erythematosus in a Longitudinal Cohort of Women', *Arthritis & Rheumatology*, 69(11), pp. 2162–2169. doi: 10.1002/art.40222.
29. Oral, R. et al. (2016) 'Adverse childhood experiences and trauma informed care: The future of health care', *Pediatric Research*. Nature Publishing Group, pp. 227–233. doi: 10.1038/pr.2015.197.
30. Weder, N. et al. (2014) 'Child abuse, depression, and methylation in genes involved with stress, neural plasticity, and brain circuitry', *Journal of the American Academy of Child and Adolescent Psychiatry*. Elsevier Inc., 53(4). doi: 10.1016/j.jaac.2013.12.025.
31. Song, H. et al. (2018) 'Association of stress-related disorders with subsequent autoimmune disease', *JAMA –Journal of the American Medical Association*. American Medical Association, 319(23), pp. 2388–2400. doi: 10.1001/jama.2018.7028.
32. Zaneveld, J. R., McMinds, R. and Thurber, R. V. (2017) 'Stress and stability: Applying the Anna Karenina principle to animal microbiomes', *Nature Microbiology*. Nature Publishing Group. doi: 10.1038/nmicrobiol.2017.121.
33. 'WHO | Burn-out an "occupational phenomenon": International Classifi cation of Diseases' (2019) *WHO*. World Health Organization.
34. Chan, J. S. Y. et al. (2019) 'Special Issue–Therapeutic Benefi ts of Physical Activity for Mood: A Systematic Review on the Effects of Exercise Intensity, Duration, and Modality', *Journal of Psychology: Interdisciplinary and Applied*. Routledge, pp. 102–125. doi: 10.1080/00223980.2018.1470487.
35. Zila, I. et al. (2017) 'Vagal-immune interactions involved in cholinergic anti-

inflammatory pathway', *Physiological Research*. Czech Academy of Sciences, pp. S139–S145.

36. Morrison, I. (2016) 'Keep Calm and Cuddle on: Social Touch as a Stress Buffer', *Adaptive Human Behavior and Physiology*. Springer International Publishing, 2(4), pp. 344–362. doi: 10.1007/s40750-016-0052-x.
37. Beetz, A. et al. (2012) 'Psychosocial and psychophysiological effects of human-animal interactions: The possible role of oxytocin', *Frontiers in Psychology*. doi: 10.3389/fpsyg.2012.00234.
38. Black, D. S. and Slavich, G. M. (2016) 'Mindfulness meditation and the immune system: a systematic review of randomized controlled trials', *Annals of the New York Academy of Sciences*. Blackwell Publishing Inc., 1373(1), pp. 13–24. doi: 10.1111/nyas.12998.
39. Kang, D. H. et al. (2011) 'Dose effects of relaxation practice on immune responses in women newly diagnosed with breast cancer: An exploratory study', *Oncology Nursing Forum*, 38(3). doi: 10.1188/11.ONF.E240-E252.
40. Ulrich, R. S. (1984) 'View through a window may influence recovery from surgery', *Science*, 224(4647), pp. 420–421. doi: 10.1126/science.6143402.
41. Velarde, M. D., Fry, G. and Tveit, M. (2007) 'Health effects of viewing landscapes – Landscape types in environmental psychology', *Urban Forestry and Urban Greening*. Elsevier GmbH, 6(4), pp. 199–212. doi: 10.1016/j.ufug.2007.07.001.
42. Cohen, N., Moynihan, J. A. and Ader, R. (1994) 'Pavlovian Conditioning of the Immune System', *International Archives of Allergy and Immunology*, 105(2), pp. 101–106. doi: 10.1159/000236811.
43. Vits, S. et al. (2011) 'Behavioural conditioning as the mediator of placebo responses in the immune system', *Philosophical Transactions of the Royal Society B: Biological Sciences*, pp. 1799–1807. doi: 10.1098/rstb.2010.0392.
44. Zschucke, E. et al. (2015) 'The stress-buffering effect of acute exercise: Evidence for HPA axis negative feedback', *Psychoneuroendocrinology*. Elsevier Ltd, 51, pp.

414–425. doi: 10.1016/j.psyneuen.2014.10.019.

45. Lunt, H. C. et al. (2010) '"Cross-adaptation": Habituation to short repeated cold-water immersions affects the response to acute hypoxia in humans', *Journal of Physiology*, 588(18), pp. 3605–3613. doi: 10.1113/jphysiol.2010.193458.
46. Kroger, M. et al. (2015) 'Whole-body Cryotherapy's enhancement of acute recovery of running performance in welltrained athletes', *International Journal of Sports Physiology and Performance*. Human Kinetics Publishers Inc., 10(5), pp. 605–612. doi: 10.1123/ijspp.2014-0392.
47. Lubkowska, A. et al. (2011) 'The effect of prolonged whole-body cryostimulation treatment with different amounts of sessions on chosen pro-and anti-inflammatory cytokines levels in healthy men', *Scandinavian Journal of Clinical and Laboratory Investigation*, 71(5), pp. 419–425. doi: 10.3109/00365513.2011.580859.
48. Pournot, H. et al. (2011) 'Correction: Time-Course of Changes in Inflammatory Response after Whole-Body Cryotherapy Multi Exposures following Severe Exercise', *PLoS ONE*. Public Library of Science (PLoS), 6(11). doi: 10.1371/annotation/0adb3312-7d2b-459c-97f7-a09cfecf5881.
49. Hirvonen, H. E. et al. (2006) 'Effectiveness of different cryotherapies on pain and disease activity in active rheumatoid arthritis. A randomised single blinded controlled trial', *Clinical and Experimental Rheumatology*, 24(3), pp. 295–301.
50. Šrámek, P. et al. (2000) 'Human physiological responses to immersion into water of different temperatures', *European Journal of Applied Physiology*, 81(5), pp. 436–442. doi: 10.1007/s004210050065.
51. Hu, X., Goldmuntz, E. A. and Brosnan, C. F. (1991) 'The effect of norepinephrine on endotoxin-mediated macrophage activation', *Journal of Neuroimmunology*, 31(1), pp. 35–42. doi: 10.1016/0165-5728(91)90084-K.
52. Ksiezopolska-Orłowska, K. et al. (2016) 'Complex rehabilitation and the clinical condition of working rheumatoid arthritis patients: Does cryotherapy always overtop traditional rehabilitation?', *Disability and Rehabilitation*. Taylor and Francis

Ltd, 38(11), pp. 1034–1040. doi: 10.3109/09638288.2015.1060265.

53. Gizińska, M. et al. (2015) 'Effects of Whole-Body Cryotherapy in Comparison with Other Physical Modalities Used with Kinesitherapy in Rheumatoid Arthritis', *BioMed Research International*. Hindawi Publishing Corporation, 2015. doi: 10.1155/2015/409174.
54. Braun, K.-P. et al. (2009) 'Whole-body cryotherapy in patients with inflammatory rheumatic disease. A prospective study.', *Medizinische Klinik (Munich, Germany : 1983)*, 104(3), pp. 192–196. doi: 10.1007/s00063-009-1031-9.
55. Buijze, G. A. et al. (2016) 'The effect of cold showering on health and work: A randomized controlled trial', *PLoS ONE*. Public Library of Science, 11(9). doi: 10.1371/journal. pone.0161749.
56. Bouzigon, R. et al. (2014) 'The use of whole-body cryostimulation to improve the quality of sleep in athletes during high level standard competitions', *British Journal of Sports Medicine*. BMJ, 48(7), pp. 572.1-572. doi: 10.1136/bjsports-2014-093494.33.
57. Lombardi, G., Ziemann, E. and Banfi , G. (2017) 'Whole-body cryotherapy in athletes: From therapy to stimulation. An updated review of the literature', *Frontiers in Physiology*. Frontiers Research Foundation. doi: 10.3389/fphys.2017.00258.
58. Laukkanen, T. et al. (2015) 'Association between sauna bathing and fatal cardiovascular and all-cause mortality events', *JAMA Internal Medicine*. American Medical Association, 175(4), pp. 542–548. doi: 10.1001/jamainternmed.2014.8187.
59. Brunt, V. E. et al. (2016) 'Passive heat therapy improves endothelial function, arterial stiffness and blood pressure in sedentary humans', *Journal of Physiology*. Blackwell Publishing Ltd, 594(18), pp. 5329–5342. doi: 10.1113/JP272453.
60. Faulkner, S. H. et al. (2017) 'The effect of passive heating on heat shock protein 70 and interleukin-6: A possible treatment tool for metabolic diseases?', *Temperature*, 4(3), pp. 292–304. doi: 10.1080/23328940.2017.1288688.
61. Leicht, C. A. et al. (2017) 'Increasing heat storage by wearing extra clothing during upper body exercise up-regulates heat shock protein 70 but does not modify the

cytokine response', *Journal of Sports Sciences*. Routledge, 35(17), pp. 1752–1758. doi: 10.1080/02640414.2016.1235795.

62. Hauet-Broere, F. et al. (2006) 'Heat shock proteins induce T cell regulation of chronic inflammation', in *Annals of the Rheumatic Diseases*. doi: 10.1136/ard.2006.058495.
63. Singh, R. et al. (2010) 'Anti-Inflammatory Heat Shock Protein 70 Genes are Positively Associated with Human Survival', *Current Pharmaceutical Design*. Bentham Science Publishers Ltd., 16(7), pp. 796–801. doi: 10.2174/138161210790883499.
64. Masuda, A. et al. (2005) 'The effects of repeated thermal therapy for patients with chronic pain', *Psychotherapy and Psychosomatics*, 74(5), pp. 288–294. doi: 10.1159/000086319.
65. Selsby, J. T. et al. (2007) 'Intermittent hyperthermia enhances skeletal muscle regrowth and attenuates oxidative damage following reloading', *Journal of Applied Physiology*, 102(4), pp. 1702–1707. doi: 10.1152/japplphysiol.00722.2006.
66. Laukkanen, J. A. and Laukkanen, T. (2018) 'Sauna bathing and systemic inflammation', *European Journal of Epidemiology*. Springer Netherlands, pp. 351–353. doi: 10.1007/s10654-017-0335-y.
67. Kunutsor, S. K., Laukkanen, T. and Laukkanen, J. A. (2017) 'Frequent sauna bathing may reduce the risk of pneumonia in middle-aged Caucasian men: The KIHD prospective cohort study', *Respiratory Medicine*. W.B. Saunders Ltd, 132, pp. 161–163. doi: 10.1016/j.rmed.2017.10.018.
68. Kukkonen-Harjula, K. and Kauppinen, K. (1988) 'How the sauna affects the endocrine system.', *Annals of Clinical Research*, 20(4), pp. 262–266. Available at: http://www.ncbi.nlm.nih.gov/pubmed/3218898 (Accessed: 1 December 2019).

6장

1. De Heredia, F. P., Gomez-Martinez, S. and Marcos, A. (2012) 'Chronic and degenerative diseases: Obesity, inflammation and the immune system', in *Proceedings*

of the Nutrition Society. Cambridge University Press, pp. 332–338. doi: 10.1017/S0029665112000092.

2. McGreevy, K. R. et al. (2019) 'Intergenerational transmission of the positive effects of physical exercise on brain and cognition', *Proceedings of the National Academy of Sciences of the United States of America*. National Academy of Sciences, 116(20), pp. 10103–10112. doi: 10.1073/pnas.1816781116.
3. Grazioli, E. et al. (2017) 'Physical activity in the prevention of human diseases: Role of epigenetic modifications', *BMC Genomics*. BioMed Central Ltd. doi: 10.1186/s12864-017-4193-5.
4. Hespe, G. E. et al. (2016) 'Exercise training improves obesityrelated lymphatic dysfunction', *Journal of Physiology*. Blackwell Publishing Ltd, 594(15), pp. 4267–4282. doi: 10.1113/JP271757.
5. Zaccardi, F. et al. (2019) 'Comparative Relevance of Physical Fitness and Adiposity on Life Expectancy: A UK Biobank Observational Study', *Mayo Clinic Proceedings*. Elsevier Ltd, 94(6), pp. 985–994. doi: 10.1016/j.mayocp.2018.10.029.
6. Barrett, B. et al. (2012) 'Meditation or exercise for preventing acute respiratory infection: A randomized controlled trial', *Annals of Family Medicine*. Annals of Family Medicine, Inc, 10(4), pp. 337–346. doi: 10.1370/afm.1376.
7. Nieman, D. C. et al. (2005) 'Immune response to a 30-minute walk', *Medicine and Science in Sports and Exercise*, 37(1), pp. 57–62. doi: 10.1249/01.MSS.0000149808.38194.21.
8. Pascoe, A. R., Fiatarone Singh, M. A. and Edwards, K. M. (2014) 'The effects of exercise on vaccination responses: A review of chronic and acute exercise interventions in humans', *Brain, Behavior, and Immunity*. Academic Press Inc., pp. 33–41. doi: 10.1016/j.bbi.2013.10.003.
9. Edwards, K. M. et al. (2006) 'Acute stress exposure prior to influenza vaccination enhances antibody response in women', Brain, Behavior, and Immunity, 20(2), pp. 159–168. doi: 10.1016/j.bbi.2005.07.001.

10. Edwards, K. M. et al. (2007) 'Eccentric exercise as an adjuvant to influenza vaccination in humans', *Brain, Behavior, and Immunity*, 21(2), pp. 209–217. doi: 10.1016/j.bbi.2006.04.158.
11. Pedersen, L. et al. (2016) 'Voluntary running suppresses tumor growth through epinephrine- and IL-6-dependent NK cell mobilization and redistribution', *Cell Metabolism*. Cell Press, 23(3), pp. 554–562. doi: 10.1016/j.cmet.2016.01.011.
12. Campbell, J. P. and Turner, J. E. (2018) 'Debunking the myth of exercise-induced immune suppression: Redefining the impact of exercise on immunological health across the lifespan', *Frontiers in Immunology*. Frontiers Media S.A. doi: 10.3389/fimmu.2018.00648.
13. Schafer, M. J. et al. (2016) 'Exercise prevents diet-induced cellular senescence in adipose tissue', *Diabetes*. American Diabetes Association Inc., 65(6), pp. 1606–1615. doi: 10.2337/db15-0291.
14. Cottam, M. A. et al. (2018) 'Links between Immunologic Memory and Metabolic Cycling', *The Journal of Immunology*. The American Association of Immunologists, 200(11), pp. 3681–3689. doi: 10.4049/jimmunol.1701713.
15. Gleeson, M., McFarlin, B. and Flynn, M. (2006) 'Exercise and toll-like receptors', *Exercise Immunology Review*, pp. 34–53.
16. Duggal, N. A. et al. (2018) 'Major features of immunesenescence, including reduced thymic output, are ameliorated by high levels of physical activity in adulthood', *Aging Cell*, 17(2), p. e12750. doi: 10.1111/acel.12750.
17. Bennett, J. A. and Winters-Stone, K. (2011) 'Motivating older adults to exercise: what works?', *Age and Ageing*, 40(2), pp. 148–149. doi: 10.1093/ageing/afq182.
18. Zhao, M. et al. (2019) 'Beneficial associations of low and large doses of leisure time physical activity with all-cause, cardiovascular disease and cancer mortality: A national cohort study of 88,140 US adults', *British Journal of Sports Medicine*. BMJ Publishing Group, 53(22), pp. 1405–1411. doi: 10.1136/bjsports-2018-099254.
19. Robinson, M. M. et al. (2017) 'Enhanced Protein Translation Underlies Improved

Metabolic and Physical Adaptations to Different Exercise Training Modes in Young and Old Humans', *Cell Metabolism*. Cell Press, 25(3), pp. 581–592. doi: 10.1016/j.cmet.2017.02.009.

20. Rall, L. C. et al. (1996) 'Effects of progressive resistance training on immune response in aging and chronic inflammation', *Medicine and Science in Sports and Exercise*. Lippincott Williams and Wilkins, 28(11), pp. 1356–1365. doi: 10.1097/00005768-199611000-00003.
21. Piasecki, J. et al. (2019) 'Comparison of Muscle Function, Bone Mineral Density and Body Composition of Early Starting and Later Starting Older Masters Athletes', *Frontiers in Physiology*, 10. doi: 10.3389/fphys.2019.01050.
22. Guthold, R. et al. (2018) 'Worldwide trends in insufficient physical activity from 2001 to 2016: a pooled analysis of 358 population-based surveys with 1·9 million participants', *The Lancet Global Health*. Elsevier Ltd, 6(10), pp. e1077–1086. doi:10.1016/S2214-109X(18)30357-7.
23. Vairo, G. L. et al. (2009) 'Systematic Review of Efficacy for Manual Lymphatic Drainage Techniques in Sports Medicine and Rehabilitation: An Evidence-Based Practice Approach', *Journal of Manual & Manipulative Therapy*. Informa UK Limited, 17(3), pp. 80E-89E. doi: 10.1179/jmt.2009.17.3.80e.
24. Poppendieck, W. et al. (2016) 'Massage and Performance Recovery: A Meta-Analytical Review', *Sports Medicine*. Springer International Publishing, pp. 183–204. doi: 10.1007/s40279-015-0420-x.
25. Abolins, S. et al. (2018) 'The ecology of immune state in a wild mammal, Mus musculus domesticus', *PLOS Biology*. Edited by D. Schneider, 16(4), p. e2003538. doi: 10.1371/journal.pbio.2003538.
26. Fuss, J. et al. (2015) 'A runner's high depends on cannabinoid receptors in mice', *Proceedings of the National Academy of Sciences of the United States of America*. National Academy of Sciences, 112(42), pp. 13105–13108. doi: 10.1073/pnas.1514996112.
27. Dietrich, A. and McDaniel, W. F. (2004) 'Endocannabinoids and exercise', *British*

Journal of Sports Medicine, pp. 536–541. doi: 10.1136/bjsm.2004.011718.

28. Raichlen, D. A. et al. (2012) 'Wired to run: Exercise-induced endocannabinoid signaling in humans and cursorial mammals with implications for the "runner's high"', *Journal of Experimental Biology*, 215(8), pp. 1331–1336. doi: 10.1242/jeb.063677.
29. Mørch, H. and Pedersen, B. K. (1995) 'βendorphin and the immune system – possible role in autoimmune diseases', *Autoimmunity*. Informa Healthcare, 21(3), pp. 161–171. doi: 10.3109/08916939509008013.
30. Schwarz, L. and Kindermann, W. (1992) 'Changes in β-Endorphin Levels in Response to Aerobic and Anaerobic Exercise', *Sports Medicine: An International Journal of Applied Medicine and Science in Sport and Exercise*, pp. 25–36. doi: 10.2165/00007256-199213010-00003.
31. Kraemer, W. J. et al. (1992) 'Acute hormonal responses in elite junior weightlifters', *International Journal of Sports Medicine*, 13(2), pp. 103–109. doi: 10.1055/s-2007-1021240.
32. Ekblom, B., Ekblom, O. and Malm, C. (2006) 'Infectious episodes before and after a marathon race', *Scandinavian Journal of Medicine and Science in Sports* 16(4), pp. 287–293. doi: 10.1111/j.1600-0838.2005.00490.x.
33. Fahlman, M., Engels, H. and Hall, H. (2017) 'SIgA and Upper Respiratory Syndrome During a College Cross Country Season', *Sports Medicine International Open*. Georg Thieme Verlag KG, 1(06), pp. E188–E194. doi: 10.1055/s-0043-119090.
34. Cavaglieri et al. (2011) 'Immune parameters, symptoms of upper respiratory tract infections, and training-load indicators in volleyball athletes', *International Journal of General Medicine*. Dove Medical Press Ltd., p. 837. doi: 10.2147/ijgm.s24402.
35. Parker, S., Brukner, P. and Rosier, M. (1996) 'Chronic fatigue syndrome and the athlete', *Sports Medicine, Training and Rehabilitation*. Taylor and Francis Ltd., 6(4), pp. 269–278. doi: 10.1080/15438629609512057.

36. Meeusen, R. et al. (2013) 'Prevention, diagnosis, and treatment of the overtraining syndrome: Joint consensus statement of the european college of sport science and the American College of Sports Medicine', *Medicine and Science in Sports and Exercise*, 45(1), pp. 186–205. doi: 10.1249/MSS.0b013e318279a10a.
37. Costa, R. J. S. et al. (2017) 'Systematic review: exercise-induced gastrointestinal syndrome-implications for health and intestinal disease', *Alimentary Pharmacology & Therapeutics*, 46(3), pp. 246–265. doi: 10.1111/apt.14157.
38. Spence, L. et al. (2007) 'Incidence, etiology, and symptomatology of upper respiratory illness in elite athletes', *Medicine and Science in Sports and Exercise*, 39(4), pp. 577–586. doi: 10.1249/mss.0b013e31802e851a.
39. Svendsen, I. S. et al. (2016) 'Training-related and competitionrelated risk factors for respiratory tract and gastrointestinal infections in elite cross-country skiers', *British Journal of Sports Medicine*. BMJ Publishing Group, 50(13), pp. 809–815. doi: 10.1136/bjsports-2015-095398.
40. Cavaglieri et al. (2011) 'Immune parameters, symptoms of upper respiratory tract infections, and training-load indicators in volleyball athletes', *International Journal of General Medicine*. Dove Medical Press Ltd., p. 837. doi: 10.2147/ijgm.s24402.
41. Marques-Jimenez, D. et al. (2016) 'Are compression garments effective for the recovery of exercise-induced muscle damage? A systematic review with meta-analysis', *Physiology and Behavior*. Elsevier Inc., pp. 133–148. doi: 10.1016/j.physbeh.2015.10.027.
42. Costello, J. T. et al. (2015) 'Whole-body cryotherapy (extreme cold air exposure) for preventing and treating muscle soreness after exercise in adults', *Cochrane Database of Systematic Reviews*. doi: 10.1002/14651858.CD010789.pub2.
43. Hohenauer, E. et al. (2015) 'The effect of post-exercise cryotherapy on recovery characteristics: A systematic review and meta-analysis', *PLoS ONE*. Public Library of Science, 10(9). doi: 10.1371/journal.pone.0139028.
44. Gunzer, W., Konrad, M. and Pail, E. (2012) 'Exercise-induced immunodepression in

endurance athletes and nutritional intervention with carbohydrate, protein and fat-what is possible, what is not?', *Nutrients*. MDPI AG, pp. 1187–1212. doi: 10.3390/nu4091187.

45. Weidner, T. G. et al. (1998) 'The effect of exercise training on the severity and duration of a viral upper respiratory illness', *Medicine and Science in Sports and Exercise*. American College of Sports Medicine, 30(11), pp. 1578–1583. doi: 10.1097/00005768-199811000-00004.
46. Arrieta, M. C., Bistritz, L. and Meddings, J. B. (2006) 'Alterations in intestinal permeability', *Gut*, pp. 1512–1520. doi: 10.1136/gut.2005.085373.
47. Sharif, K. et al. (2017) 'Physical activity and autoimmune diseases: Get moving and manage the disease'. doi: 10.1016/j.autrev.2017.11.010.
48. Iversen, M. D. et al. (2017) 'Physical Activity and Correlates of Physical Activity Participation Over Three Years in Adults With Rheumatoid Arthritis', *Arthritis Care and Research*. John Wiley and Sons Inc., 69(10), pp. 1535–1545. doi: 10.1002/acr.23156.
49. O'Neill, H. M. (2013) 'AMPK and exercise: Glucose uptake and insulin sensitivity', *Diabetes and Metabolism Journal*, pp. 1–21. doi: 10.4093/dmj.2013.37.1.1.
50. Johnson, J. L. et al. (2007) 'Exercise Training Amount and Intensity Effects on Metabolic Syndrome (from Studies of a Targeted Risk Reduction Intervention through Defined Exercise)', *American Journal of Cardiology*, 100(12), pp. 1759–1766. doi: 10.1016/j.amjcard.2007.07.027.

7장

1. Hemila, H. (1997) 'Vitamin C supplementation and the common cold –Was Linus Pauling right or wrong?', *International Journal for Vitamin and Nutrition Research*, 67(5), pp. 329–335.
2. Hemilä, H. and Chalker, E. (2013) 'Vitamin C for preventing and treating the common cold', *Cochrane Database of Systematic Reviews*. John Wiley and Sons Ltd.

doi: 10.1002/14651858.CD000980.pub4.

3. Mocchegiani, E. (2007) 'Zinc and ageing: Third Zincage conference', *Immunity and Ageing*, 4. doi: 10.1186/1742-4933-4-5.
4. Singh, M. and Das, R. R. (2011) 'Zinc for the common cold', in Singh, M. (ed.) *Cochrane Database of Systematic Reviews*. Chichester, UK: John Wiley & Sons, Ltd. doi: 10.1002/14651858.CD001364.pub3.
5. ublic Health England (2016) 'National Diet and Nutrition Survey –GOV.UK', *Public Health England*, 3, pp. 1–9. Available at: https://www.gov.uk/government/collections/national-diet-and-nutrition-survey (Accessed: 16 December 2019).
6. Maggini, S., Pierre, A. and Calder, P. (2018) 'Immune Function and Micronutrient Requirements Change over the Life Course', *Nutrients*, 10(10), p. 1531. doi: 10.3390/nu10101531.
7. Arola-Arnal, A. et al. (2019) 'Chrononutrition and Polyphenols: Roles and Diseases', *Nutrients*, 11(11), p. 2602. doi: 10.3390/nu11112602.
8. Barański, M. et al. (2014) 'Higher antioxidant and lower cadmium concentrations and lower incidence of pesticide residues in organically grown crops: A systematic literature review and meta-analyses', *British Journal of Nutrition*. Cambridge University Press, pp. 794–811. doi: 10.1017/S0007114514001366.
9. Ristow, M. et al. (2009) 'Antioxidants prevent health-promoting effects of physical exercise in humans', *Proceedings of the National Academy of Sciences of the United States of America*, 106(21), pp. 8665–8670. doi: 10.1073/pnas.0903485106.
10. Peternelj, T. T. and Coombes, J. S. (2011) 'Antioxidant supplementation during exercise training: Beneficial or detrimental?', Sports Medicine, pp. 1043–069. doi: 10.2165/11594400-000000000-00000.
11. Wu, G. (2013) 'Arginine and immune function', in *Diet, Immunity and Inflammation*. Elsevier Ltd., pp. 523–543. doi: 10.1533/9780857095749.3.523.
12. Cruzat, V. et al. (2018) 'Glutamine: Metabolism and immune function, supplementation and clinical translation', *Nutrients*. MDPI AG. doi: 10.3390/

nu10111564.

13. Brigham, E. P. et al. (2019) 'Omega-3 and Omega-6 Intake Modifies Asthma Severity and Response to Indoor Air Pollution in Children', *American Journal of Respiratory and Critical Care Medicine*, 199(12), pp. 1478–1486. doi: 10.1164/rccm.201808-1474OC.
14. Sun, Q., Li, J. and Gao, F. (2014) 'New insights into insulin: The anti-inflammatory effect and its clinical relevance', *World Journal of Diabetes*. Baishideng Publishing Group Inc., 5(2), p. 89. doi: 10.4239/wjd.v5.i2.89.
15. Aeberli, I. et al. (2011) 'Low to moderate sugar-sweetened beverage consumption impairs glucose and lipid metabolism and promotes inflammation in healthy young men: A randomized controlled trial', *American Journal of Clinical Nutrition*, 94(2), pp. 479–485. doi: 10.3945/ajcn.111.013540.
16. Duncan, S. H. et al. (2007) 'Reduced Dietary Intake of Carbohydrates by Obese Subjects Results in Decreased Concentrations of Butyrate and Butyrate-Producing Bacteria in Feces', *Applied and Environmental Microbiology*, 73(4), pp. 1073–1078. doi: 10.1128/AEM.02340-06.
17. Catassi, C. et al. (2013) 'Non-celiac gluten sensitivity: The new frontier of gluten related disorders', *Nutrients*. MDPI AG, pp. 3839–3853. doi: 10.3390/nu5103839.
18. Sapone, A. et al. (2012) 'Spectrum of gluten-related disorders: consensus on new nomenclature and classifi cation', *BMC Medicine*, 10(1), p. 13. doi: 10.1186/1741-7015-10-13.
19. Sapone, A. et al. (2011) 'Divergence of gut permeability and mucosal immune gene expression in two gluten-associated conditions: celiac disease and gluten sensitivity', *BMC Medicine*, 9(1), p. 23. doi: 10.1186/1741-7015-9-23.
20. Dixit, V. D. et al. (2011) 'Controlled meal frequency without caloric restriction alters peripheral blood mononuclear cell cytokine production', *Journal of Inflammation*, 8. doi: 10.1186/1476-9255-8-6.
21. Willebrand, R. and Kleinewietfeld, M. (2018) 'The role of salt for immune cell

function and disease', *Immunology*. Blackwell Publishing Ltd, pp. 346–353. doi: 10.1111/imm.12915.

22. Yosef, N. et al. (2013) 'Dynamic regulatory network controlling TH 17 cell differentiation', *Nature*, 496(7446), pp. 461–468. doi: 10.1038/nature11981.
23. Wu, C. et al. (2013) 'Induction of pathogenic TH 17 cells by inducible salt-sensing kinase SGK1', *Nature*, 496(7446), pp. 513–517. doi: 10.1038/nature11984.
24. Sundstrom, B., Johansson, I. and Rantapaa-Dahlqvist, S. (2015) 'Interaction between dietary sodium and smoking increases the risk for rheumatoid arthritis: results from a nested case-control study', *Rheumatology*, 54(3), pp. 487–493. doi: 10.1093/rheumatology/keu330.
25. Gill, S. and Panda, S. (2015) 'A Smartphone App Reveals Erratic Diurnal Eating Patterns in Humans that Can Be Modulated for Health Benefi ts', *Cell Metabolism*. Cell Press, 22(5), pp. 789–798. doi: 10.1016/j.cmet.2015.09.005.
26. Casas, R., Sacanella, E. and Estruch, R. (2014) 'The Immune Protective Effect of the Mediterranean Diet against Chronic Low-grade Inflammatory Diseases', *Endocrine, Metabolic & Immune Disorders-Drug Targets*. Bentham Science Publishers Ltd., 14(4), pp. 245–254. doi: 10.2174/1871530314666140922153350.
27. Sureda, A. et al. (2018) 'Adherence to the mediterranean diet and inflammatory markers', *Nutrients*. MDPI AG, 10(1). doi: 10.3390/nu10010062.
28. Mutlu, E. A. et al. (2012) 'Colonic microbiome is altered in alcoholism', *American Journal of Physiology –Gastrointestinal and Liver Physiology*, 302(9). doi: 10.1152/ajpgi.00380.2011.
29. Queipo-Ortuño, M. I. et al. (2012) 'Influence of red wine polyphenols and ethanol on the gut microbiota ecology and biochemical biomarkers', *American Journal of Clinical Nutrition*, 95(6), pp. 1323–1334. doi: 10.3945/ajcn.111.027847.
30. Zopf, Y. et al. (2009) 'Differenzialdiagnose von nahrungsmittelunverträglichkeiten', *Deutsches Arzteblatt*, 106(21), pp. 359–370. doi: 10.3238/arztebl.2009.0359.
31. Venter, C. et al. (2008) 'Prevalence and cumulative incidence of food hypersensitivity

in the first 3 years of life', *Allergy: European Journal of Allergy and Clinical Immunology*, 63(3), pp. 354–359. doi: 10.1111/j.1398-9995.2007.01570.x.

32. Isolauri, E. et al. (1998) 'Elimination diet in cow's milk allergy: Risk for impaired growth in young children', *Journal of Pediatrics*. Mosby Inc., 132(6), pp. 1004–1009. doi: 10.1016/S0022-3476(98)70399-3.
33. Ozdemir, O. et al. (2009) 'Food intolerances and eosinophilic esophagitis in childhood', *Digestive Diseases and Sciences*, pp. 8–14. doi: 10.1007/s10620-008-0331-x.
34. Savaiano, D. A. et al. (2013) 'Improving lactose digestion and symptoms of lactose intolerance with a novel galactooligosaccharide(RP-G28): A randomized, double-blind clinical trial', *Nutrition Journal*. BioMed Central Ltd., 12(1). doi: 10.1186/1475-2891-12-160.
35. Fitzgerald, M. and Frankum, B. (2017) 'Food avoidance and restriction in adults: a cross-sectional pilot study comparing patients from an immunology clinic to a general practice', *Journal of Eating Disorders*, 5(1), p. 30. doi: 10.1186/s40337-017-0160-4.
36. First, M. B. (2013) *DSM-5® Handbook of Differential Diagnosis, DSM-5® Handbook of Differential Diagnosis*. American Psychiatric Publishing. doi: 10.1176/appi.books.9781585629992.
37. Hammond, C. and Lieberman, J. A. (2018) 'Unproven Diagnostic Tests for Food Allergy', *Immunology and Allergy Clinics of North America*. W.B. Saunders, pp. 153–163. doi: 10.1016/j.iac.2017.09.011.
38. Lavine, E. (2012) 'Primer: Blood testing for sensitivity, allergy or intolerance to food', *CMAJ*. Canadian Medical Association, 184(6), pp. 666–668. doi: 10.1503/cmaj.110026.
39. Mullin, G. E. et al. (2010) 'Testing for food reactions: The good, the bad, and the ugly', *Nutrition in Clinical Practice*, pp. 192–198. doi: 10.1177/0884533610362696.
40. Stapel, S. O. et al. (2008) 'Testing for IgG4 against foods is not recommended as

a diagnostic tool: EAACI Task Force Report*', *Allergy*, 63(7), pp. 793–796. doi: 10.1111/j.1398-9995.2008.01705.x.

41. Gibson, P. R. et al. (2007) 'Review article: Fructose malabsorption and the bigger picture', *Alimentary Pharmacology and Therapeutics*, pp. 349–363. doi: 10.1111/j.1365-2036.2006.03186.x.
42. Michel, C. et al. (2014) 'A taste of Kandinsky: assessing the influence of the artistic visual presentation of food on the dining experience', *Flavour*, 3(1), p. 7. doi: 10.1186/2044-7248-3-7.

지은이 **제나 마치오키Jenna Macciochi**

20년간 면역을 전문적으로 연구해온 면역학자다. 글래스고 대학교에서 면역학으로 이학사 학위를 받았고, 임페리얼 칼리지 런던에서 박사 학위를 받았다.
마치오키 박사는 서섹스 대학교에서 강의를 하고 있으며, 자격증을 갖춘 전문 피트니스 강사이기도 하다. 《타임스The Times》, 《위민스 헬스Women's Health》, 《마리끌레르Marie Claire》, 《글래머 매거진Glamour Magazine》, 《메트로Metro》 등에 꾸준히 글을 싣고 있다.
쌍둥이의 엄마이자 가정식에 깊은 애정을 지닌 요리사이기도 한 그는 밭에서 직접 가꾼 재료로 음식을 하고 스코틀랜드 전통뿐 아니라 남편의 이탈리아 전통 식문화를 활용한 새로운 조리법을 창안하여, 면역에 도움이 되는 영양과 식단을 알리는 일에도 힘쓴다.
대중을 호도하는 수많은 거짓 정보와 면역 관련 신화의 위험성을 느끼고, 언론과 광고 뒤에 숨은 과학과 비과학을 식별하고자 『면역의 힘』을 집필하였다.
www.drjennamacciochi.com

옮긴이 **오수원**

서강대학교 영어영문학과를 졸업하고 같은 대학원에서 석사학위를 받았다. 동료 번역가들과 '번역인'이라는 공동체를 꾸려 전문 번역가로 활동하면서 과학, 철학, 역사, 문학 등 다양한 분야의 책을 우리말로 옮기고 있다. 『문장의 일』, 『조의 아이들』, 『데이비드 흄』, 『처음 읽는 바다 세계사』, 『현대 과학 · 종교 논쟁』, 『세상을 바꾼 위대한 과학실험 100』, 『비』, 『잘 쉬는 기술』, 『뷰티풀 큐어』, 『우리는 이렇게 나이 들어간다』 등을 번역했다.

면역의 힘 **살면서 마주하는 모든 면역의 과학**

펴낸날 초판 1쇄 2021년 1월 15일
초판 5쇄 2023년 7월 3일

지은이 제나 마치오키

옮긴이 오수원

펴낸이 이주애, 홍영완

편집 양혜영, 오경은, 문주영, 백은영, 장종철

디자인 김주연, 박아형, 기조숙

마케팅 박진희, 김태윤, 김소연, 김애리

경영지원 박소현

도움 교정 김영은

펴낸곳 (주)윌북 **출판등록** 제2006-000017호

주소 10881 경기도 파주시 광인사길 217

전화 031-955-3777 **팩스** 031-955-3778

홈페이지 willbookspub.com

블로그 blog.naver.com/willbooks **포스트** post.naver.com/willbooks

트위터 @onwillbooks **인스타그램** @willbooks_pub

ISBN 979-11-5581-331-7 (03470)